엄마가
직접 만드는
슬로우푸드

프리미엄 이유식 & 유아식

체계적으로 쉽게 배우고,
구체적으로 재미있게 만드는
대한민국 이유식 대백과!

단편적인 정보가 아닌 체계적이고 구체적인 자료로 가치가 있는 책!

최근 소아 알레르기 환자나 소아 비만이 급증하여 사회적 문제로 대두되면서 이유식은 아이를 키우는 부모들에게 적지 않은 부담으로 인식되고 있습니다. 실제로 소아과를 찾는 엄마들 가운데 상당수가 이유식 문제로 고민하고 있지요.

십 수년간 소아과 의사로서 육아상담 및 소아과 진료를 해오면서 이유식을 하는 아이의 부모들에게 좋은 식습관을 위한 이유식에 대하여 나름대로 설명해 왔습니다. 또한 인터넷이나 육아잡지를 통하여 이유식의 시기와 방법 그리고 식품에 대한 도움말 및 컬럼 등으로 아이의 올바른 식습관을 교육하기 위한 노력을 하기도 하였지요.

그러나 육아상담실이나 소아과 진료실에서는 시간의 제한이 따르므로 이들 궁금증을 모두 해소해주기에는 미흡한 점이 많았습니다. 또한 인터넷이나 육아잡지를 통한 정보는 단편적이어서 이유식에 대한 체계적이고 구체적인 교육자료로서는 한계가 있었습니다.

이유식의 갈림길에서 갈팡질팡하는 부모를 위한 이유식 길라잡이!

많은 부모들은 아이의 식습관을 올바로 길러주는 것이 아주 중요하다고 생각하면서도 막상 현실에 부딪치게 되면 어떻게 해야 할지 몰라서 갈팡질팡하게 됩니다. 이런저런 정보를 주변으로부터 많이 들어 아는 듯하지만 부모에게 확신을 주는 체계적인 정보는 부족하기 때문에 부모 스스로도 답답할 때가 많습니다. 육아책을 지침으로 삼아 정성껏 만든 이유식을 아이가 거부하는 경우가 많기 때문입니다. 결국 먹이려는 엄마와 먹지 않으려는 아이의 실랑이가 시작되는데 안 먹으려는 아이에게 무턱대고 먹일 수는 없는 일입니다.

이유식을 시작하기에 딱 맞는 시기와 음식을 꼭꼭 집어 알려준다

이유식은 적절한 시기에 적절한 음식으로 시작하여야 합니다. 이유식을 너무 빨리 시작하면 아직 발달이 미숙한 소화기관에 무리를 주어 알레르기를 유발할 수 있고, 너무 늦게 시작하면 아기의 성장과 발달을 저해할 수 있습니다. 또한 이유식을 잘 먹어야 건강하게 자라고 뇌 발달에도 도움이 됩니다. 물론 그 동안에도 이유식에 관한 많은 책들이 나왔지만 이유식을 체계적이고 구체적으로 다룬 책은 드문 실정이어서 오랫동안 그 필요성을 느껴왔습니다. 그러던 차에 이렇게 좋은 이유식 책을 만나게 되어 참으로 기쁩니다.

이유식을 쉽게 이해할 수 있고 각종 트러블에 적절히 대처할 수 있다

이 책은 아기의 먹거리로 고민을 하고 있는 부모들이 이유식을 쉽게 이해하고, 이유식과 관련하여 흔히 부딪히는 문제점들에 적절히 대처할 수 있도록 구성되어 있습니다. 이유식을 언제부터 시작해야 하는지, 어떤 재료를 선택해야 하는지, 어떻게 만들어야 하는지 등 이유식에 대한 기본적인 사항들이 체계적으로 기술되어 있어 이유식에 대한 정확한 이해와 확고한 태도를 가지는데 효과적입니다.

내용과 사진이 풍부하고 구체적이어서 실전에 바로 활용할 수 있다

또한 부모들이 중간부터 읽더라도 내용을 쉽게 이해할 수 있도록 문답형식이 많이 포함되어 있으며 그림과 사진도 풍부하고 구체적이어서 바로 실전에 적용할 수 있습니다. 특히 성장발달 과정에 있는 아이들을 위하여 뇌 발달이나 질병치료에 도움이 되는 이유식 등을 따로 다루고 있어, 갑자기 나타나는 아기들의 여러 가지 증상에 상비약의 역할을 톡톡히 해낼 것입니다. 아이들에게 바람직한 식습관을 기르게 하기 위해서는 부모가 이유식의 시작 시기부터 진행과정과 완료까지 관심과 정성을 기울이는 것이 필요하며, 이를 위하여 이 책이 널리 활용되기를 바랍니다.

가톨릭대학교 소아과학 교수 김영훈

CONTENTS

1.
시작 전 꼼꼼체크
이유식 준비하기

2.
초기·중기·후기
단계별 이유식

3.
매일 새로운 메뉴
요일별 이유식

4.
편식 않는 아이로 키우는
재료별 이유식

5.
건강한 아이로 키우는
주제별 이유식

책속 보너스 |

신재용의 이유식 동의보감

6.
두뇌·성장발달에 도움 주는
상황별 유아식

7.
알레르기·아토피 있는 아이 위한
오가닉 간식&음료

책속 보너스 2

우리아기 ♥ 건강캘린더
이유식 다이어리

영양의 밸런스를 맞추자

A ···그룹
탄수화물 식품
몸을 움직이는 에너지원이 되는 식품

B ···그룹
단백질 식품
체내의 피와 살을 만들어주는 식품

감자

고구마

밥

마카로니·파스타

빵

스파게티·당면

우동

밀가루

오트밀

콘플레이크

조개류

육류

생선류

뼈째 먹는 생선

우유

milk

치즈

두부

콩류

달걀

···그룹

C 비타민·미네랄식품

저항력을 키워주고 몸의 상태를 조절해주는 식품

사과

딸기

오렌지

포도

토마토

청경채

당근

브로콜리

양배추

다시마

미역

김

1 A·B·C 그룹의 식품을 골고루 선택한다

이유식을 만들 때 필요한 식품은 주요 영양소별로 크게 세 그룹으로 나눌 수 있다. 옆의 그림과 도표를 참고로 A·B·C 그룹의 식품을 골고루 선택하여 이유식을 만들면 영양가 면에서 훌륭한 밸런스를 맞출 수 있다.

2 A그룹은 탄수화물, B그룹은 단백질, C그룹은 비타민·미네랄 식품이다

A·B·C 그룹의 식품 중 A그룹은 밥이나 국수 등 주식에 해당하는 탄수화물 식품이며, B그룹은 수프나 찌개로 사용하는 고기나 생선류의 단백질 식품, C그룹은 반찬이 되는 야채류나 과일 등 비타민과 미네랄을 함유한 식품이다. 결론적으로 '연습식'으로 먹는 이유식이라고 해도 밥·국·반찬이라는 한 끼의 식사 메뉴가 모두 포함되므로 성인 식단과 큰 차이가 없다고 할 수 있다.

3 매일 완벽한 메뉴가 아니더라도 영양의 밸런스만 맞춰주면 OK!

매일 완벽한 이유식을 만들어준다는 것은 결코 쉬운 일이 아니나. 또 아기도 메뉴대로 음식을 먹는 것이 아니므로 너무 원칙에 구애받지 말고 가벼운 마음으로 이유식 시기를 보내는 것이 좋다. 가령 아기가 오늘 야채 반찬을 별로 먹지 않았다면 다음날 야채를 보충해준다거나 2~3일 단위로 영양의 밸런스를 맞춰주는 방법으로 메뉴를 짜도 좋다.

아기에게 맞는
식품 카탈로그

아기의 소화기관은 아직 미숙한 상태이므로 이유 시기별 아기에게 맞는 음식을 적절히 선택하는 것이 중요하다. 어떤 식품을 어느 시기에 사용하는 것이 좋은지 식품 종류별로 알아본다.

 안 좋은 식품

 좋은 식품

| 도표를 보는 방법 |

O 먹여도 괜찮아요

△ 경우에 따라 먹여도 돼요

X 아직 먹이지 마세요

곡류 & 두유

두부

초기	O
중기	O
후기	O
완료기	O

이유식에서 빼놓을 수 없는 재료로 양질의 식물성 단백질을 듬뿍 함유하고 있다. 이유식 초기부터 사용할 수 있으나 반드시 익혀서 조리하는 것이 포인트다.

땅콩류

초기	X
중기	X
후기	X
완료기	X

땅콩류는 잘게 부수거나 그대로 주면 목이나 기관지에 걸릴 수 있으므로 위험하다. 땅콩류를 주는 것은 4세 이후부터 가능하다. 또한 땅콩류에도 알레르기를 일으키는 성분이 있다는 보고가 있으므로 주의한다.

달걀

초기	X
중기	X
후기	X
완료기	X

이유식 초기는 한 스푼의 달걀노른자부터 시작한다. 단, 반드시 완숙을 해서 주고 흰자는 소화가 잘 안되기 때문에 중기 후반부터 조금씩 주도록 한다.

유부

초기	X
중기	△
후기	△
완료기	O

유부는 얇게 자른 두부를 기름에 튀긴 것. 이유식으로 사용할 때는 반드시 살짝 데쳐 기름을 제거하고 조리한다. 아기에게 어금니가 없을 때는 씹기 어려우므로 잘게 다져 점성을 붙여주는 등 먹기 쉽게 만들어 준다.

콩류

초기	X
중기	O
후기	O
완료기	O

식물성 단백질을 듬뿍 함유하고 있어 적극적으로 사용해도 좋다. 부드럽게 데쳐 껍질을 벗기고 조리한다. 특히 그린피스나 풋콩에는 비타민과 미네랄이 풍부하므로 곱게 으깨 수프나 샐러드 등에 첨가한다.

오트밀

초기	O
중기	O
후기	O
완료기	O

귀리를 얇게 갈아 만든 것으로 철분과 칼슘 함유량이 높고 영양가도 풍부하다. 소화 흡수가 좋기 때문에 이유식의 주재료로 적극적으로 사용해볼 만하다. 이유식 초기에는 익혀서 으깨주는 것이 좋다.

해조류

등푸른생선

초기	X
중기	X
후기	O
완료기	O

몸에 좋은 어유를 다량 함유하고 있는 등푸른생선은 신선한 것을 택하고 구입 즉시 조리하는 것이 포인트. 단, 알레르기를 일으킬 가능성도 있으므로 고등어는 돌 이후부터 주는 것이 안전하다.

굴

초기	X
중기	△
후기	O
완료기	O

'바다의 우유' 라고 불릴 정도로 영양분이 풍부. 특히 굴은 다른 조개류에 비해 열을 가해도 부드러운 상태를 유지하고 있는 것이 특징이다. 신선한 굴을 선택하여 완전히 익혀서 준다.

다시마채

초기	X
중기	△
후기	O
완료기	O

염분이 다량 함유되어 있으므로 더 이상 간을 하는 것은 금물. 소화가 잘되는 편이 아니므로 이유식 초기에는 사용하지 않는다. 잘게 썰어 수분이 많은 메뉴에 넣어주면 점성을 내는 역할도 해준다.

흰살생선

초기	△
중기	○
후기	○
완료기	○

지방분이 적기 때문에 이유식 초기부터 먹일 수 있다. 단, 대구나 넙치 등은 알레르기를 일으킬 가능성이 있으므로 도미부터 시작하는 것이 안전하다. 도미 살은 익으면 푸석해지므로 점성을 붙여 조리해야 한다.

붉은살생선

초기	×
중기	○
후기	○
완료기	○

흰살생선에 익숙해지면 이유식 중기부터 붉은살생선을 주는 것도 좋다. 점성이 있는 재료와 버무려 아기가 먹기 쉽게 만들어 준다. 소량으로 시작하여 조금씩 양을 늘려가도록 한다.

닭고기

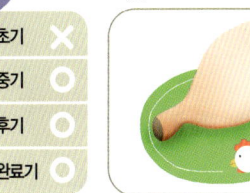

초기	×
중기	○
후기	○
완료기	○

육류는 이유식 중기부터 지방이 적은 닭 가슴살부터 시작한다. 처음은 부드럽게 익혀 체에 갈아 한 스푼 정도로 점성을 붙여서 준다. 아기의 상태를 관찰하면서 점차 양을 늘려간다.

새우·게

초기	×
중기	×
후기	△
완료기	○

가열하면 딱딱해지므로 되도록 부드럽게 조리해준다. 알레르기를 일으킬 우려가 있으므로 이유식 후기 이후부터 사용한다. 아기가 소화시키는 상태에 따라 양을 늘려간다.

잔멸치

초기	△
중기	○
후기	○
완료기	○

이유식 초기 후반부터 가능. 단, 염분이 많기 때문에 뜨거운 물을 끼얹어 염분을 완전히 제거한 후 조리한다. 냉동 보관하는 것이 안전하다. 칼슘 함유량이 높아 이유식 완료기에는 간식으로 사용해도 좋다.

쇠고기

초기	×
중기	△
후기	○
완료기	○

닭고기에 익숙해지면 이유식 중기 후반부터 쇠고기를 주기 시작한다. 살이 뭉그러질 정도로 부드럽게 익히고 다진 고기에서 시작하여 차츰 얇게 자른 고기, 고기 완자 등을 만들어 준다.

가리비·모시조개

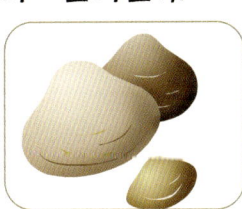

초기	×
중기	×
후기	○
완료기	○

근섬유가 많고 강한 탄력을 지니고 있기 때문에 후기 이후부터 먹일 수 있다. 단, 통조림 타입은 편리하지만 염분 함유량이 많으므로 조금씩 사용한다.

염장미역

초기	△
중기	◎
후기	◎
완료기	◎

염분이 많기 때문에 물에 담가 염분을 제거한 후 사용한다. 익혀서 조리하고 이유식 초기부터 수프나 죽 등에 넣어주면 된다.

간

초기	×
중기	△
후기	○
완료기	○

닭 가슴살에 익숙해지면 이유식 중기부터 간을 조금씩 준다. 간은 부드럽고 철분 함유량이 높은 닭간부터 주는 것이 좋다. 단, 간은 빨리 상하므로 신선할 때 조리하는 것이 포인트다.

건오징어

초기	×
중기	×
후기	△
완료기	△

염분이 많으므로 이유식에 사용할 때 주의한다. 아기가 좋아할 경우만 이유식 후기부터 부드럽게 물에 불려 목에 걸리지 않을 정도로 잘게 잘라서 준다. 단, 아기가 입에서 잘 씹지 못할 때는 삼가는 것이 좋다.

구이김

초기	△
중기	○
후기	○
완료기	○

물에 쉽게 풀어지고 소화가 잘 되는 것이 특징. 양념을 전혀 하지 않은 상태라면 이유식 초기부터 죽이나 무침 등에 넣을 수 있다. 이유식 완료기가 되면 김밥을 만들어 먹여도 좋다.

돼지고기

초기	×
중기	×
후기	○
완료기	○

붉은살이라도 지방 함유량이 많기 때문에 닭고기나 간, 쇠고기에 익숙해지면 이유식 후기부터 주기 시작한다. 살이 뭉그러질 정도로 푹 익혀서 기름을 뺀 찜 요리로 만들어 준다.

과일 · 과즙

초기	△
중기	◎
후기	◎
완료기	◎

종류에 따라 차이가 있지만 대개 과일은 이유식 초기부터 사용할 수 있다. 가열이 기본인 이유식 재료에서 과일은 날것으로 먹는 경우가 많기 때문에 잘 익고 신선한 것을 택하는 것이 기본이다.

야채

초기	△
중기	◎
후기	◎
완료기	◎

마늘·생강 등 향이 강한 야채를 제외하면 대부분 이유식에 사용할 수 있다. 이유식 초기에는 곱게 으깨어 사용한다. 야채는 β카로틴이 풍부한 황록색 야채와 미네랄과 섬유소가 풍부한 청색 야채를 섞어 조리한다.

우유

초기	△
중기	△
후기	△
완료기	◎

조리시 사용하는 정도라면 이유식 초기부터 가능하다. 단, 우유를 그냥 주는 것은 이유식 완료기부터가 적당하다. 1세가 지나면 1일 300~400㎖가 목표량이다.

버섯

초기	◎
중기	◎
후기	◎
완료기	◎

곱게 체에 내려 조리하면 이유식 초기부터 가능. 섬유질이 풍부하여 특히 변비가 있는 아기에게는 좋은 식품이 될 수 있다. 풍미가 좋기 때문에 우동이나 덮밥 재료로 사용해도 좋다.

마늘 · 생강

초기	✕
중기	✕
후기	✕
완료기	△

아기의 혀와 위장에 강한 자극을 줄 수 있으므로 이유식 기간에는 사용하지 않는 것이 원칙이다. 단, 완료기가 되어 성인용 음식에서 아기 것을 덜어 줄 때 소량 들어가 있는 정도는 상관없다.

두유

초기	△
중기	△
후기	△
완료기	△

무가당이라면 이유식 초기부터 음식을 만들 때 사용해도 좋다. 단, 영양가 면으로는 모유나 분유에 비해 떨어지기 때문에 모유 대신 먹이는 일이 없도록 주의한다.

파

초기	✕
중기	✕
후기	△
완료기	△

부드럽게 익히면 이유식 후기부터 줄 수 있으나 섬유소가 많아 가능하면 잘게 썰어서 조리한다. 날것은 자극이 강하기 때문에 이유식 후기라도 맛의 액센트 효과를 내기 위해 소량 사용하는 정도로 한다.

샐러리

초기	△
중기	◎
후기	◎
완료기	◎

수프나 부드러운 찜 요리로 만들면 이유식 초기부터 줄 수 있다. 깨끗이 씻어 줄기를 제거하고 체에 곱게 내려 목으로 넘어가기 쉽게 조리해준다.

플레인요구르트

초기	◎
중기	◎
후기	◎
완료기	◎

플레인 요구르트는 이유식 초기부터 먹일 수 있다. 단, 과당이나 과일 등의 첨가물이 많이 들어간 것은 이유식 완료기가 되어도 적게 주는 것이 원칙이다.

콩나물

초기	◎
중기	◎
후기	◎
완료기	◎

가능하면 뿌리와 머리 부분을 제거하고 부드럽게 익혀서 준다. 이유식 초기부터 체에 곱게 내려 수프 등에 넣어주어도 좋다

피망

초기	✕
중기	✕
후기	△
완료기	◎

부드럽게 익히면 이유식 후기부터 사용할 수 있다. 단, 냄새가 강하고 약간 쓴맛도 있어 아기가 싫어하면 무리하게 줄 필요는 없다.

프로세스 치즈

초기	△
중기	△
후기	◎
완료기	◎

치즈에는 일반적으로 양질의 단백질이 풍부하다. 그러나 커티지 치즈를 제외한 다른 치즈에는 염분과 지방 함유량이 많아 주의가 필요하다. 가루 치즈를 소량 사용하는 정도라면 이유식 초기에도 가능하다.

간장

초기	✕
중기	△
후기	△
완료기	△

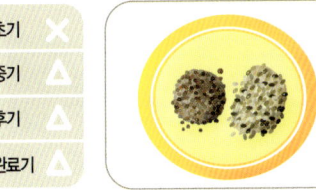

간장 1작은술에는 평균 0.9g의 염분이 함유되어 있으므로 소금과 더불어 이유식 초기에는 사용할 수 없다. 이유식 중기 이후에도 되도록 적게 사용하고 완료기가 되어도 1/3작은술 이하로 첨가한다.

설탕

초기	△
중기	△
후기	△
완료기	△

식품 자체에 당분이 함유되어 있는 경우가 많으므로 설탕은 가능한 한 억제하는 것이 좋다. 또한 아기는 단맛에 한번 습관이 들면 고치기 어려우므로 항상 적량 이하로 사용하도록 한다.

토마토 케첩

초기	✕
중기	△
후기	○
완료기	○

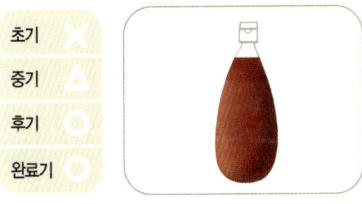

1작은술에 약 0.2g의 염분이 함유되어 있다. 이유식 중기 이후 케첩을 넣어 끓이는 요리를 할 때도 1작은술이 적량이다. 염분이 들어가 있지 않은 토마토 퓌레는 이유식 초기부터 사용해도 괜찮다.

잼

초기	✕
중기	△
후기	△
완료기	△

시판하는 잼에는 대부분 당분이나 식품 첨가물이 함유되어 있으므로 100% 과일로 만든 제품을 선택하는 것이 포인트. 플레인 요구르트에 섞어 주는 정도라면 이유식 중기부터 사용해도 괜찮다.

참깨

초기	✕
중기	△
후기	△
완료기	○

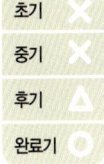

기관지에 들어가면 트러블을 일으킬 염려가 있으므로 입자 형태로 주는 것은 절대 금물이다. 잘게 부숴 페이스트 상태로 만들면 이유식 중기부터 먹일 수 있다.

벌꿀

초기	✕
중기	✕
후기	✕
완료기	○

아기에게 식중독을 일으킬 수 있는 보툴리누스균이 혼합되어 있는 경우가 있으므로 체력이 향상되는 1세까지는 먹이지 않는 것이 좋다. 흑설탕도 이와 마찬가지로 후기까지는 사용하지 않는다.

와사비 · 겨자

초기	✕
중기	✕
후기	✕
완료기	✕

자극이 강하기 때문에 소량이라도 이유식에 사용하는 것은 금물. 아기가 2살이 넘어도 향을 좋아하지 않는 경우가 많으므로 초등학교에 들어갈 때까지는 취향에 따라 매운맛을 제거하고 준다.

땅콩버터

초기	✕
중기	△
후기	△
완료기	△

지방과 염분 함유량이 많고 아기에게는 자극이 강할 수 있으므로 완료기 이후부터 조금씩 사용한다. 단, 무당 · 무염 타입이라면 이유식 중기부터 소량씩 사용해도 좋다.

메밀국수

초기	✕
중기	✕
후기	△
완료기	△

메밀은 알레르기를 일으킬 우려가 있으므로 이유식 후기부터 사용하는 것이 안전하다. 단, 아기의 상태를 관찰해 가면서 신중하게 준다. 면을 익힌 후 깨끗이 헹궈 메밀분을 완전히 제거하고 조리한다.

당면

초기	○
중기	○
후기	○
완료기	○

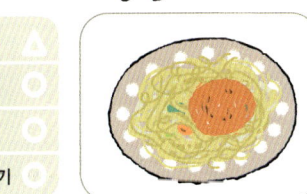

전분이 주원료여서 점성을 붙여 조리하면 이유식 초기부터 사용할 수 있다. 수프에 넣으면 쉽게 풀어지므로 소화가 잘되고, 후반기부터는 손으로 들고 먹을 수 있게 조리해도 좋다.

우동 · 소면 · 중화면

초기	△
중기	△
후기	△
완료기	△

우동은 이유식 초기부터, 소면은 중기부터 사용해도 좋다. 우동과 소면은 염분을 함유하고 있지만 익히면 대폭 감소한다. 기름기가 많은 중화면은 후기부터 가능하나 되도록 기름에 튀기지 않은 면을 택한다.

파스타

초기	✕
중기	✕
후기	△
완료기	△

이유식 재료로 문제가 없지만 굵은 것은 탄력이 너무 강해 가능하면 면이 가는 것을 골라 이유식 후기부터 조금씩 준다. 익혀서 냉동하면 훨씬 부드럽기 때문에 미리 삶아서 소량씩 보관해 놓고 사용한다.

떡

초기	✕
중기	✕
후기	✕
완료기	✕

쌀이 주원료이므로 이유식 재료로는 적당하나 목이 막히는 사고가 많기 때문에 후기까지는 주지 않는 것이 좋다. 완료기 후반부터 부드러운 상태로 만들어 조금씩 주도록 한다.

콘플레이크

초기	◎
중기	◎
후기	◎
완료기	◎

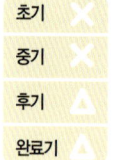

당분이 첨가되지 않은 제품을 고른다. 옥수수 전분이 원료이므로 소화되기 쉽고 오래 보관할 수 있어 이유식 재료로 많이 쓰인다. 따뜻한 분유나 수프 등에 넣으면 쉽게 풀어지므로 이유식 초기부터 먹일 수 있다.

김밥

초기	✕
중기	✕
후기	△
완료기	△

이유식 후기부터 유부초밥이나 김밥을 조금씩 주는 것은 괜찮다. 단, 완료기가 되어도 생선 초밥을 주는 것은 위험하다. 날 생선에는 세균이 번식되어 있을 가능성이 높으므로 생선은 언제나 익혀서 주도록 한다.

프라이드치킨

초기	✕
중기	✕
후기	◎
완료기	△

집에서 직접 조리한 것이라면 이유식 후기부터 OK. 단, 튀김을 할 때는 옷을 입히지 말고 고기에 간을 하지 않는 것이 원칙. 시판하는 프라이드 치킨을 구입한 경우라면 튀김옷을 벗기고 맛이 엷은 부분을 골라서 준다.

어묵

초기	✕
중기	△
후기	◎
완료기	◎

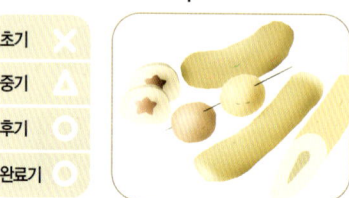

어묵은 이유식에 사용할 수 있는 재료로 만들어졌지만 염분 함유량이 많고 달걀 흰자가 들어가 있어 이유식 중기 후반부터 사용하는 것이 좋다. 알레르기 체질의 아기는 극히 소량을 주고 첨가물에도 주의한다.

참치통조림

초기	✕
중기	△
후기	△
완료기	◎

오일이 없는 타입은 이유식 중기부터 사용해도 좋다. 그러나 오일이 첨가된 것은 염분과 오일 함량이 높아 가는 체에 거르거나 키친 타월 등으로 즙을 완전히 제거한 뒤 소량씩 사용한다.

김치

초기	✕
중기	✕
후기	△
완료기	△

고춧가루를 아기에게 주는 것은 금물. 이유식 후기부터 극히 소량을 잘게 썰어 물로 깨끗이 헹군 후 익혀서 주는 정도로 한다. 또한 초등학교에 들어가기 전까지는 가능하면 자극을 줄여서 주는 것이 좋다.

빵·과자

초기	✕
중기	✕
후기	△
완료기	△

당분이 많고 칼로리가 높기 때문에 가능하면 주지 않는 것이 좋다. 이유식 후기가 되면 한 입 정도만 주고 습관화되지 않도록 주의한다.

과일·야채주스

초기	✕
중기	△
후기	△
완료기	◎

연하게 희석시켜 주면 이유식 중기부터 사용할 수 있다. 단, 토마토나 야채주스에는 염분이 많으므로 되도록 무염 제품을 선택한다. 100% 과즙은 당분이 일정 비율로 함유되어 있으므로 주의해서 먹인다.

포타주

초기	✕
중기	✕
후기	△
완료기	△

인스턴트 수프에는 염분이 많이 함유되어 있으므로 이유식 후기 이후부터 맛을 엷게 하여 소량씩 사용한다. 단, 인스턴트 수프는 일반 제품보다 베이비 푸드 제품을 선택하는 것이 좋다.

달걀덮밥

초기	✕
중기	✕
후기	✕
완료기	✕

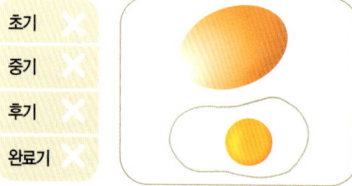

달걀이 반숙인 경우는 식중독이나 알레르기를 예방하는 차원에서 유아기 때는 주지 않는 것이 좋다. 염분 함유량도 높기 때문에 완료기가 훨씬 지난 후 달걀을 충분히 익혀 소량씩 준다.

튀김류

초기	✕
중기	△
후기	△
완료기	△

튀김은 튀김옷에 함유된 유분이 가장 큰 문제다. 야채 튀김이라면 옷을 벗기고 내용물을 으깨어 이유식 중기부터 소량씩 주도록 한다. 집에서 조리할 때는 튀김옷을 입히지 않고 튀기는 것이 원칙이다.

저울이 따로 필요 없는 눈대중·손대중

이유식을 만들 때 소량의 재료를 각각 저울에 올려보고 양을 측정한 다음 음식을 만들려고 하면 시간도 많이 걸리거니와 여간 스트레스가 아니다. 이럴 때 눈대중과 손대중을 익혀두면 편리하다. 이유식에 이용되는 식품의 양은 10g~30g씩인 경우가 많으므로 많이 이용하는 식품들은 미리 그 분량을 시각으로 촉각으로 익혀두자. 이유식 만드는 시간이 훨씬 쉽고 즐거워진다.

고기&달걀&가공식품류

	100g	30g
쇠고기	2cm 두께로 손바닥 크기만한 것 1조각	1×1cm 4조각 정도
돼지고기	한손에 쏙 들어갈 정도의 토막 1개	1×1cm 4조각 정도
닭고기	가슴살 큰 덩어리 1개	1×1cm 3조각 정도
간	한손에 쏙 들어갈 정도의 토막 1개	1/3토막
달걀	중간 크기 2개	달걀 푼 것 2큰술
두부	1/6모 정도	으깬 것 3큰술
마른새우	두손에 담아 약간 넘칠 정도	1/4컵
국수	200가닥 정도, 삶은 국수 1컵	60가닥 정도, 삶은 것 1/4컵 정도
스파게티면	100가닥 정도, 삶은 면 1컵	30가닥 정도, 삶은 것 1/4컵 정도
마카로니	양손에 가볍게 한 움큼 쥐어지는 정도	가볍게 한손에 쥐어지는 정도

곡류&야채류

	100g	30g
감자	달걀보다 조금 큰 것 1개	달걀보다 조금 큰 것의 1/3
고구마	중간 크기 1/2개	중간 크기의 1/6
무	8×3cm 크기 1토막	8×3cm 크기 1/3토막
배추	바깥쪽 큰 잎 1장	배춧잎 1/3장 정도
표고버섯	중간 크기 6~7개	중간 크기 2개
느타리버섯	두손에 가득	한손에 2/3 정도
양송이버섯	중간 크기 8~9개	3개 정도
팽이버섯	한봉지	1/3봉지
부추	가볍게 한줌 정도	6뿌리 정도
브로콜리	작은 송이 7~8개	작은 송이 2~3개 정도
시금치	중간 크기로 한손 가득	중간 크기로 3줄기 정도
양배추	작은 것 1/6개, 겉잎은 2장 정도	겉잎으로 2/3장 정도
양상추	겉잎으로 3장 정도	겉잎 1장 정도
오이	중간 크기의 것 1개	중간 크기의 것 1/3 정도
강낭콩	한손에 소복이 찰 정도	한손에 2/3 정도
완두콩	1/2컵 정도	2큰술 정도
콩나물	한손에 가득할 정도	한손에 2/3 정도
파	굵은파 다듬은 것 1뿌리	굵은파 다듬은 것 1/3뿌리
피망	큼직한 것 1개	큼직한 것의 1/3개
호박	큰 것으로 8~9cm 두께 한 토막	큰 것으로 3cm 두께 한 토막

생선&해물&해조류

	100g	30g
가자미	작은 것 한 마리	작은 것 1/2토막
갈치	5×10cm 크기 한 토막	1/3 토막 정도
고등어	8~9cm 길이 한 토막 반	1/5토막 정도
굴	한손 가득	3개 정도
꽃게	작은 것 1마리(꽃게살은 2마리)	작은 것 2/3마리(꽃게살만)
오징어	10×10cm 크기 2장	10×10cm 크기 2/3장
다시마	10×10cm 13상	10×10cm 4장 정도
미역	두손에 올려지는 정도(불린 미역)	1/4컵 정도(불린 미역)
대구	손질한 것 한 토막(1/5마리 정도)	살만 발라 2큰술 정도
도미	손질한 것 한 토막(1/5마리 정도)	살만 발라 2큰술 정도
멸치	중간 크기 것으로 두손 가득	3큰술 정도
뱅어포	촘촘하게 말린 것 2장 정도	2/3장 정도
병어	작은 것 1마리(큼직한 것 2/3마리)	살만 발라 2큰술 정도
삼치	포 뜬 것 1/4쪽(1/4마리)	2/3토막 정도(1/6마리 정도)
새우	작은 것 8~10, 큰 것 2~3마리	3큰술 정도(새우살만)
장어	10cm 길이 한 토막 정도	손질한 것 3/5토막 정도
조개	중간 크기 3~4개	3큰술 정도(조갯살만)
전복	중간 크기 1개(전복살은 1개 40g)	2/3개(전복살만)
조기	1마리 정도	손질한 것 1/2토막 정도
홍합	큰 것으로 껍질째 4~5개 정도	3큰술 정도(홍합살만)

part 1

시작 전 꼼꼼체크
이유식 준비하기

이유식을 체계적으로 진행하기 위해서는 몇 가지 기본 상식이 필요하다.
어떤 식품을 선택해야 하는지, 빠르고 쉽게 이유식을 만드는 요령은 무엇
인지 알아보고 기본 조리법과 저장·냉동 포인트도 체크한다. 편리한 이유식
조리 기구들도 미리 준비해 두자.

이유식 **시작 전 체크** 포인트

이유식을 시작하려는 엄마들은 사소한 것 하나에도 걱정이 앞선다. 어떤 재료로 시작해야할지, 어떤 상태로 만들어 먹여야할지, 얼마만큼씩 먹여야할지, 간을 어떻게 맞춰야할지, 먹이고 나서 문제는 없을지, 토하거나 설사를 할 때는 어떻게 해야 할지 등등 이유식에 대한 걱정은 꼬리에 꼬리를 물고 엄마들을 긴장시킨다. 하지만 아기의 반응을 읽어 가면서 조심스럽게 시작한다면 저절로 감정의 교류가 이루어지고 기분좋게 이유식 패턴을 익힐 수 있게 될 것이다. 빨기에서 씹기 과정으로 넘어가는 과도기인 만큼 아기의 반응 하나하나를 주의 깊게 살펴보고 각 단계별로 이유식의 체크 포인트를 인지한다면 이제 우리 아기도 제법 자연스럽게 이유기를 거쳐 식사다운 식사를 할수있게 될 것이다.

체크 포인트 1 **이유식 시기⋯**
4개월 이후에 시작한다

조기 교육의 열풍이 이유식에도 적용이 된 듯 한동안은 이유식을 일찍 시작하는 것이 유행이었다. 그 때문에 생후 2개월만 되면 주스를 먹이기 시작했다. 그런데 최근 이유식을 일찍 시작한 아이일수록 음식 알레르기가 생길 확률이 높다는 연구결과가 나왔다. 따라서 이유식을 최소 4개월이 지나서 시작하고 아기의 상태에 따라서는 6개월 즈음 시작해도 좋다

식품 알레르기의 면역력을 키운 다음 시작한다

아기의 장은 미숙하고 면역체계가 허술하기 때문에 생후 4개월 이전에 이유식을 시작하게 되면 알레르기 체질이 될 가능성이 높다. 4개월 이전에는 죽도 흡수하기 어려울 정도다.
엄마 욕심에 좀더 빨리, 좀더 많은 음식을 아기에게 맛보이고 싶겠지만 4개월까지는 모유와 분유가 가장 좋은 식품이라는 것을 알아두는 것이 좋다.
또 한 가지 이유식을 시작할 때 염두에 두어야 할 것은 아기의 반응이다. 단순히 '이제 생후 몇 개월 되었으니 슬슬 이유식을 시작해볼까' 하는 식의 발상은 위험하다. 몇 개월에 시작하라는 것은 평균적인 보고서일 뿐 아기마다 차이가 크므로 실제로 아기의 건강상태나 발달상태가 이유식을 시작하기에 적당한지 충분히 살핀 다음 시작하도록 하자.

아기의 신호를 제대로 읽자

이유식을 시작하려면 우선 아기의 반응을 살펴보는 것이 가장 중요하다. 그렇다면 아기가 어떤 반응을 보일 때 시작하는 것이 좋을까? 어른이 먹는 것을 보고 입맛을 다신다거나 먹는 모양을 따라 하는 등 먹고 싶어하는 행동을 보일 때가 바로 적기이다. 그것만으로는 잘 모르겠다 싶을 때는, 아기의 혀 끝에 고형 물체를 놓아보면 알 수 있다. 이때 아기가 관심을 보이며 받아들이면 이유식을 시작해도 좋지만, 혀끝으로 밀어낸다면 아직은 이유식을 하기에 이르다고 보면 된다.

일반적으로 아기 몸무게가 7kg쯤 되면 이유식을 시작해도 좋다는 이야기가 있는데 최근에는 3개월에도 7kg 정도 몸무게가 나가는 아기들이 많아 그 이론도 완벽한 것이라 보기는 어렵다.

6개월 이전에는 이유식을 시작한다.

6개월 전에는 이유식을 시작하도록 한다. 너무 일찍 시작해도 좋지 않지만 너무 오랫동안 우유나 모유에 길들여지면 이유식을 하기가 너무 힘들어지기 때문이다.

이유식을 늦게 시작한 아기의 경우 나중에 덩어리가 있는 음식만 먹으면 토하거나 뱉어내게 될 수 있다. 더불어 아기의 성장 발달 또한 이 때문에 늦어질 수 있으므로 주의한다. 그리고 분유를 먹는 아기는 모유를 먹는 아기보다 이유식을 시작하는 시기가 좀 더 빠르다. 분유를 먹는 아기의 경우엔 4개월 초에, 모유를 먹는 아기의 경우는 5개월 말부터 시작하는 것이 좋다.

체크 포인트 2 · **이유식 재료 ····**
쌀죽으로 시작한다

이유식의 시작은 쌀죽이 좋다. 쌀에는 알레르기를 유발하기 쉬운 글루텐이 없고 맛이 담백해 아기가 쉽게 먹을 수 있다. 이유식이 진행되면 나중에는 쌀죽에 야채와 고기를 첨가해 만들어주어도 좋다.

아기가 원하는 만큼 먹인다

아기가 이유식을 순조롭게 받아들이면 참 좋고 기쁘지만 그렇지 않은 경우도 많다. 사람들의 얼굴이 각각 다르듯이 이유식의 진행과정도 아기마다 각양각색이다. 그러므로 이유식의 시작과 진행이 순조롭지 않더라도 초조해하지 말고 여유 있게 진행시키도록 한다. '옆집 아기는 우리 아기보다 보름이나 늦게 낳았는데 벌써 이유식을 10순가락씩 먹는다는데 우리 아기는 왜 겨우 1~2순가락에 그치는 걸까' 하는 걱정은 누구나 할 수 있는 고민거리지만 이유식 사전에 꼭 이러이러해야 한다는 공식은 없으므로 조급하게 생각하지 말고 천천히 훈련을 해 나가도록 하자.

과즙은 6개월 이후에 먹인다

예전에는 이유식 준비기라고 하여 생후 2~3개월부터 과즙을 먹이는 경우가 많았다. 하지만 놀랍게도 귤과 오렌지에 알레르기 반응을 보이는 아기들도 많다는 연구보고가 나오면서 과즙이 준비기 메뉴에서 사라지게 되었다.

처음 먹이는 과즙 재료는 사과가 좋다

최근에는 과즙을 6개월이 지나서, 심지어는 9개월에서 돌 무렵

왜 정해진 시간에
이유식을 먹여야 할까?

신생아기에 2~3시간마다 배가 고프다고 울어대던 아기도 이유식을 시작할 무렵이면 먹는 양과 시간이 어느 정도 일정해진다. 이 시기가 되면 엄마는 아기에게 생활리듬을 만들어 주어야 한다. 특히 엄마가 아기로부터 어느 정도 자유로워지기 위해서는 아기의 생활리듬이 반드시 필요한데, 그러기 위해서는 엄마가 편한 시간에 아무 때나 이유식을 주고 횟수도 기분 내키는 대로 주어서는 안된다. 물론 상황에 따라 예외가 있을 수 있고 아기의 기분에 따라 배고픔을 느끼는 정도가 다를 수 있다. 그럴 때는 엄마가 어느 정도 융통성을 발휘해도 좋을 것이다.

에 먹이기 시작할 것을 권장하고 있다. 과일즙으로 이유식을 시작하는 것이 아니라 쌀죽으로 시작해 어느 정도 이유식이 진행되면 그때서야 과일즙을 먹이기 시작해야 한다는 것이다.

쌀죽을 먹여 아기가 별다른 이상을 보이지 않으면 야채를 첨가해 먹이고 그것도 괜찮아 보이면 그때 과일을 먹이도록 하자. 처음 시작할 수 있는 과일은 사과, 배, 복숭아, 자두, 살구 등이다. 과즙을 먹일 때도 과즙액을 바로 주는 것보다는 즙을 희석해서 먹이는 것이 좋다.

과일즙은 생즙보다 퓌레 형태로 익혀서 준다

일반적으로 이유식을 시작할 때 대부분의 엄마들이 생과일을 갈거나 즙을 짜서 과즙을 주게 되는데 이것은 조금 위험하다.

생후 6개월까지는 익혀서 퓌레 형태로 주는 것이 안전하다. 엄마가 손을 깨끗이 씻고 이유식을 만든다 해도 과일을 깎고 강판에 가는 동안 세균에 감염될 위험이 있기 때문이다.

과일은 껍질을 벗기고 끓는 물에 부드러워질 때까지 익힌 뒤 체에 걸러주도록 한다. 단, 바나나의 경우 생것을 그대로 줘도 된다. 아기에게 주는 바나나는 너무 싱싱한 것보다 겉에 반점이 한두 군데 있는 완전히 익은 것을 주는 것이 좋다.

'걸쭉한' 상태란 어떤 정도를 말하는 걸까?

초보 엄마는 걸쭉한 상태의 음식이라고 말해도 조리 상태에 대한 감이 잡히지 않을지도 모른다. 도대체 무엇을 어떻게 해서 걸쭉한 상태로 만들어야 할까? 하는 의문을 가질 것이다.
초기 단계에는 연하게 익힌 다음 숟가락 등으로 간단히 으깨지는 채소나 곡류가 적당하다. 감자나 당근 등의 식품을 선택하기 쉬울 것이다. 푹 익혀서 부드러워지면 으깨거나 체에 밭쳐서 육수와 섞기만 하면 완성된다.
이렇게 완성된 상태를 '걸쭉한 상태' 라고 생각하면 된다.

아기가 음식물을 씹어 삼킬 수 있게 되기까지는 여러 가지 단계를 거쳐야 한다. 초기에는 그냥 꿀꺽 삼키게 되고 중기에는 혀와 입천장을 이용해 오물오물 삼키며 후기에는 잇몸을 사용해 조금씩 씹으며 완료기에는 잇몸과 이를 사용해 씹어 먹을 수 있게 된다. 그러므로 아기의 입 움직임을 잘 관찰하면서 단계에 맞게 진행시킨다. 또한 먹을 수 있는 상태에 따라 조리 방법도 달리해야 한다.

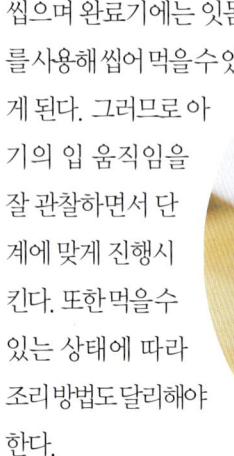

돌까지는 음식에 간을 하지 않는다

아기에게 주는 이유식은 간을 할 필요가 없다. 엄마 입에는 너무 싱거워서 무슨 맛으로 먹을까 라고 생각할 수 있지만 아기들은 아직 맛을 모르기 때문에 우유 외에 새로운 음식으로 그것을 받아들이고 곧잘 받아먹는다. 처음부터 엄마 입맛에 맞춰 음식을 먹이기 시작하면 아기는 강한 맛에만 익숙해져 나중에는 짠 음식만을 먹으려 하게 된다.

때문에 돌전에는 설탕, 소금, 조미료를 가미하지 않은 음식을 주도록 한다. 심지어 멸치육수도 권장하지 않는다.

대개 칼슘을 보충하고 싶은 마음에 엄마는 어떤 음식이든 국물은 멸치육수를 이용하려 하는데 사실 분유에는 아기가 섭취하고도 남을 만큼의 칼슘이 함유되어 있으므로 걱정할 필요가 없다. 물론 다시마 국물이나 토마토케첩, 마요네즈 등도 가능하면 먹이지 않는 것이 좋다.

이유식 습관들이기 …

이유식 리듬을 만들어 준다.

이유식을 먹이는 시간은 오전이 좋다. 처음에는 분유나 모유를 먹이는 중간 시간에 이유식을 주어 아기가 이유식에 익숙해질 수 있게 한다. 또한 매일 같은 시간대에 이유식 먹는 시간을 정해놓아 이유식 리듬을 만들어주는 것이 중요하다.

이유식을 먹이는 장소를 정해둔다

이유식을 먹이는 장소도 한곳을 정해두고 그곳에서 항상 먹이는 습관을 들인다. 어제는 안방, 오늘은 거실, 내일은 식탁에서 먹이는 등 그날의 기분에 따라 장소가 달라지면 아기에게 식사시간이라는 개념을 인식시키기가 어렵다.

또한 이유식을 먹기 전에 반드시 손을 닦이고 다 먹인 다음에는 입을 닦아주어 이유식의 시작과 끝을 알리는 것도 중요하다.

아기용 식탁에서 스스로 먹게 한다

아기가 앉을 무렵인 6~7개월경이 되면 손에 먹을 것을 쥐어주어 입으로 먹는 연습을 시킨다. 아직 아기는 씹을 수 없으므로 아주 무르게 익혀주거나 입에서 살살 녹는 음식을 주도록 한다. 그리고 아주 작은 조각을 내어 주는 것이 좋다. 감자나 고구마, 치즈, 크래커 등을 먹여보자.

8~10개월 무렵이 되면 아기용 식탁을 마련해 그곳에 이유식 음식을 놓아주고 아기가 직접 손으로 집어먹게 한다. 아기가 스스로 음식을 먹는 즐거움을 깨달을 수 있게 된다.

식습관 훈련도 단계별로 진행한다

이유를 시작했을 무렵에는 필요한 영양을 모유로부터 섭취하고 있으나 이유가 진행됨에 따라 아기의 영양 섭취는 모유나 분유에서 이유식으로 옮겨간다. 1일 3회의 식사와 1~2회의 보조식으로 필요한 대부분의 영양을 섭취할 수 있게 되면 이유가 완료된다. 이 시기는 대체로 첫돌을 맞는 무렵이 된다.

이렇게 이유식의 단계별 먹이기는 영양섭취는 물론 아기의 식습관 형성의 바탕이 된다. 때문에 이유식에 단계별 섭취해야할 영양소가 있듯 식습관 형성에도 시기별 필요한 훈련과정이 있다.

컵으로 먹는 습관을 익힌다

이유식은 '젖을 떼는 음식' 이므로 사실 젖병을 떼는 것이 중요하다. 하지만 젖병을 떼기란 말처럼 쉽지가 않다. 그래서 훈련이 필요한데 6개월 무렵이 되면 물이나 주스를 컵으로 한 모금씩 먹는 훈련을 시킨다. 그러다가 분유를 컵에 담아서 먹는 훈련을 하도록 한다. 젖병을 오래 빠는 아기들의 경우 치아가 잘 썩어 치아발달에 좋지 않다.

숟가락으로 먹는 연습을 시킨다

처음부터 아기가 숟가락으로 음식을 먹기를 바란다는 것은 무리다. 처음에는 그냥 숟가락을 가지고 노는 것만으로도 충분하다. 숟가락은 아기의 입 크기에 맞고 날카롭지 않으며 너무 딱딱하지 않은 질감을 가진 것이어야 한다.

조금 익숙해지면 숟가락에 먹을 것을 얹어서 먹는 연습을 시키는데 아기는 음식을 여기저기에 흘려 식탁은 물론이고 부엌이나 방 이곳저곳이 엉망이 될 것이고 옷도 얼룩이 지거나 엉망이 되어 버릴 것이다. 하지만 엄마는 이런 것들에 무감각해져야 한다. 엄마의 인내 여하에 따라 아기의 숟가락 사용 능력은 향상될 것이기 때문이다.

체크 포인트 5
아기의 음식 적응도 ···→
식품 알레르기가 있는지 살핀다

아무리 먹기 좋게 요리를 했다 하더라도 아기에 따라 토하거나 설사를 하거나 붉은 반점이 생기는 등 알레르기 반응을 보이는 경우가 있다. 위장이 덜 발달한 아기의 경우 이런 현상이 종종 나타날 수 있다. 만약 아기가 한 가지 식품에 대해 알레르기 반응을

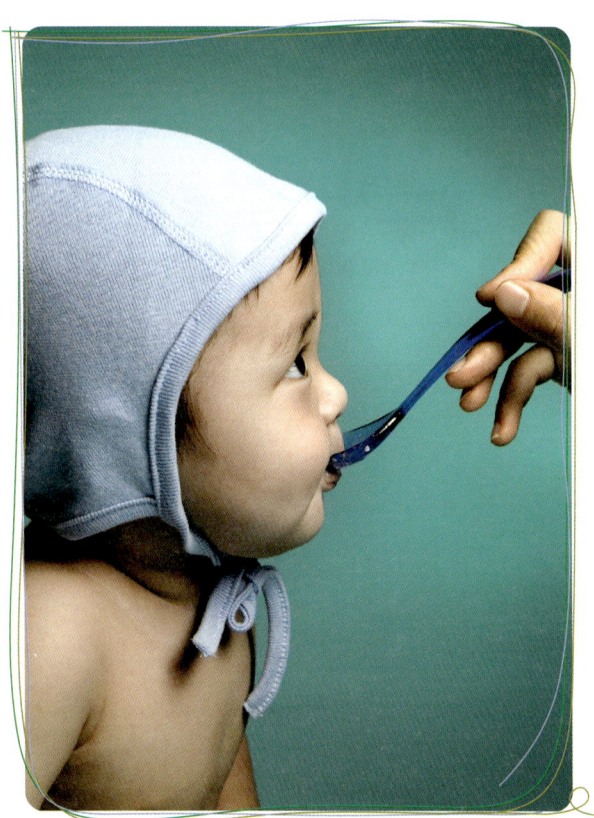

보였다면 그 식품을 먹이는 것을 당분간 중지시키는 것이 좋다. 알레르기를 유발하는 식품의 경우 돌이 지난 다음에 먹이는 것이 좋다.

식품에 대한 아기의 반응을 주의 깊게 살핀다.

체질에 따라 어떤 식품에 특별한 반응이 나타나는 경우가 있다. 예를 들어 젖을 먹일 때는 아무 이상이 없다가 분유를 먹였더니 오톨도톨한 땀띠 같은 것이 생겼다든지, 이유식으로 찐 달걀을 조금 먹여 보았더니 붉은 반점이 생기는 등 어떤 반응이 나타나면 즉시 중단하도록 한다.

그리고 이것저것 여러 가지 식품을 조금씩 맛보게 하여 그 반응을 살피고 아무 이상이 없을 때 조금씩 먹여 보도록 한다.

이유식을 시작하면 변이 변한다

이유식을 시작하면 갑작스레 음식이 바뀌어 대변에 변화가 생길 수 있다. 변을 보는 횟수가 늘어나거나 변비 혹은 설사를 하게 되는데 이는 모유나 분유에만 익숙해 있는 소화 기관이 다른 음식에 쉽게 적응하지 못해 나타나는 현상이다.

때문에 변비가 있을 때는 섬유질이 많은 야채죽을 먹이고 변이 묽거나 색깔이 변하면 그리 걱정하지 않아도 좋다. 이유식은 아기의 기분과 상태를 살피며 진행하는 것이 중요하다.

변의 상태를 보면서 이유식을 진행한다

이유식이 진행되면 변의 상태에 신경을 써야 한다. 변이 묽어지고 평상시보다 횟수가 늘었다면 이유식을 한 숟가락으로 줄인다. 그런 다음 변의 상태나 횟수가 정상으로 돌아오면 한 숟가락 더 먹이는 식으로 진행시키면 된다. 그러나 지금까지와는 달리 모유나 분유 이외의 것이 아기 몸속에 들어가는 것이므로 다소간 변화는 있게 마련이다. 그러므로 주의를 기울이는 것도 중요하지만 너무 예민하게 반응하지는 말도록 하자.

이유식과 아기의 변

아기의 몸에 이상이 생기면 변에 가장 먼저 변화가 나타난다. 특히 젖이나 분유에만 익숙해 있던 아기가
이유식을 시작하면 거의 대부분 변에 이상이 나타난다. 변비가 나타나기도 하고 설사에 가까운 변을 보기도 하는데,
변으로 아기의 건강상태를 체크하는 방법을 알아본다.

이유식을 시작하면 변의 색깔과 상태가 달라진다

아기가 이유식을 시작하게 되면 일단 변의 상태나 색깔에 이상이 나타나기 쉽다. 이유 초기에는 2~3일 정도 묽은 변을 보거나 설사를 할 수도 있는데, 그동안 엄마 젖이나 분유에만 의존해온 아기가 새로운 식품에 적응해 가는 일련의 과정이라고 볼 수 있다. 또 이유식을 시작하게 되면 변에서 심한 냄새가 나기도 하고 방귀를 뀌어도 어른처럼 냄새가 나기도 한다. 일반적으로 며칠 지나게 되면 변 상태가 정상이 되고 변을 보는 횟수도 줄어들게 된다. 단, 변을 보는 횟수가 줄어들지 않고 설사에 가까운 변을 계속 본다면 이유식을 중단하거나 진행 속도를 늦추어야 한다.

먹은 음식이 변에 섞여 나오는 경우가 많다

이유식 시작 후 아기의 변 상태는 아기의 건강상태나 먹는 식품에 따라 매우 다르다.
일반적으로 건강한 변이라고 하면, 형태가 어느 정도 잡혀 있고 알갱이가 조금 섞인 정도이거나 전체적으로 황색을 띠면서 진흙 같은 느낌의 물기가 있는 정도를 말한다. 간혹 음식에 따라 녹색 변을 보기도 하고 흰색 변이나 붉은색 변을 보기도 하는데, 이는 아기가 먹은 식품 때문에 나타나는 색깔 변화일 가능성이 높다.
예를 들어 시금치 등의 녹색채소를 먹였을 때 녹색 변을 보았다거나 유지방 · 두부 등을 먹였을 때 흰색 변을 보았다거나 토마토나 당근을 먹였을 때 붉은색 변을 보는 것 등을 말한다.
이런 경우에라도 아기가 건강하게 잘 놀고 기분이 좋으면 문제될 것이 없다.

변비 증상을 보일 때는 야채나 해조류를 먹인다

변비 증상이 나타날 수도 있는데, 그 원인은 다양하다. 대개는 수분 부족으로 나타나는 경우가 많은데 모유나 분유를 먹는 아기의 경우 사과즙이나 보리차를 먹여 수분을 보충하거나 하루에 한두 번 정도 분유를 진하게 타주는 것이 좋다. 그리고 이유기의 아기라면 과즙이나 야채죽, 해조류죽 등 섬유질이 풍부한 식품을 자주 먹인다. 요구르트를 먹이는 것도 도움이 된다. 단, 야채나 해조류를 지나치게 먹이게 되면 설사 증세를 보일 수 있으므로 이유식을 만들 때 적절한 조화가 필요하다. 아기들은 아직 소화기관이 미숙해 낯선 식품이나 소화가 다소 어려운 식품이 몸 속에 들어오면 변의 색깔이 달라지고 상태에 변화를 보이기 쉽다. 그러므로 처음에는 아주 부드럽게 시작해 차츰 고형식으로 옮겨가면 아기의 몸도 차츰 여러 가지 식품에 적응하게 된다.

변에 이상이 보이면 반드시 전문의의 진찰을 받는다

아기의 변에 이상이 느껴지면 바로 소아과로 달려가는 것이 좋다. 콧물 같은 점액질이나 피가 섞여 나오거나, 설사를 오래 한다거나 변비가 지나치게 오래 갈 때는 반드시 전문의의 처방이 필요하다.
병원을 찾을 때는 가능하면 아기의 변을 가지고 가는 것이 아기의 건강 상태 파악에 도움이 된다.

시기별 **재료 선택** 포인트

시금치
무침이나 수프 등으로 활용도가
높다. 이유식 초기는 부드러운 잎
끝만 잘라서 사용하고 보관 시는
데쳐서 냉동 보관한다.

순무
찜은 물론 절임 등 반찬 요리
로 사용 범위가 넓다. 비타민이 풍
부한 잎은 된장국에 사용하면 구수
하고 영양의 밸런스도 만점이다.
잎과 뿌리 모두 이유식 후기
부터 사용한다.

호박
부드럽고 쉽게 익어 찜은 물론 전,
포타주 등의 재료로 많이 쓰인다.
익혀서 냉동 보관하면 이유식 초
기부터 사용할 수 있다.

양배추
양배추는 야채볶음, 샐러드 등 다
양한 요리에 사용된다. 양배추는
이유식 중기부터 이용할 수 있다.

브로콜리
그라탕이나 스튜 또는 익혀서 샐
러드 요리에 폭넓게 사용할 수 있
다. 중기부터 사용할 수 있으며
부드러운 이삭 끝만 잘라 쓴다.

당근
볶음이나 찜 요리 등 응용 범위가
넓은 야채로 이유식 초기부터 사
용할 수 있다.

무
맛이 담백하므로 찜 요리에 적당
하다. 된장국이나 나물 등의 재료
로도 많이 쓰이고 이유식 후기부
터 사용할 수 있다.

송이버섯
볶음이나 중국풍 야채 요리 등에
다양하게 사용한다. 이유식에는
후기부터 이용하는 것이 좋다.

배추
부드럽고 맛이 담백하기 때
문에 고기류와 함께 스튜 요리
를 할 때 많이 사용된다. 잎이 연
한 끝 부분이라면 이유식 초
기에도 사용이 가능하
다.

생표고버섯
각종 볶음 요리나 수프 등에 많이
사용한다. 이유식에는 후기부터
사용한다.

양파
볶으면 단맛이 나고 찜이나 국 요
리 등에 폭넓게 사용된다. 이유식
에는 중기부터 사용하는 것이 좋
다.

콩나물
볶음이나 된장국 등의 재
료로 사용된다. 이유식은 부
드럽게 익혀 후기부터 사용
한다.

팽이버섯
수프나 찜 요리에 많이 사용되는
재료. 이유식은 후기부터 사용한
다.

부추·피망·파·셀러리
조리 방법에 따라 후기나 완료기
부터 사용한다.

사과
샐러드 외에 고기 요리 등의 소스
로 사용할 수 있다. 이유식에는
초기부터 사용하고 후기에는 간
식으로 그대로 먹게 해도 된다.

토마토
야채 샐러드 외에 수프나 소스 등
으로 넓게 사용할 수 있다. 이유
식 후기부터 사용하는 것이 가장
안전하다.

바나나
칼로리가 높고 만복감을 주는 식
품. 이유식은 초기부터 시작하고
완료기에는 간식으로 그대로 주
어도 좋다.

감자
맛이 부드럽고 찜 요리에 적당하
기 때문에 그라탕 등의 메뉴로 많
이 사용된다. 야채 샐러드나 수프
의 재료로도좋다. 이유식 초기부
터 사용할 수 있다.

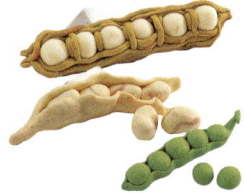

콩류
콩은 질 좋은 단백질과 비타민 B
군이 풍부한 완전식품. 메주콩,
강낭콩, 완두콩 등 종류가 다양해
용도에 따라 사용한다. 초기~중
기에 사용한다.

고구마
튀김이나 샐러드에 사용해도
맛있고 다양하게 조리할 수 있어
간식 재료로도 인기가 높다. 이유식
은 초기부터 가능하고 완료기는
그대로 쪄서 간식으로 줘도 좋
다.

생선·해물류 & 해조류

대구
수분이 많고 부드러우며 담백한 맛이 난다. 보신용 물고기로 알려져 있는 대구는 이유식 중기부터 사용한다.

가자미
구이, 찜 등에 이용되는 생선으로 뇌와 신경에 필요한 에너지를 공급해 기억력 향상을 돕는다. 흰살생선이므로 중기 메뉴부터 사용할 수 있다.

고등어
등푸른생선의 대표. 부패가 빠르므로 반드시 신선한 것을 선택해야 한다. 단백질과 DHA가 풍부해 성장기 아기들에게 좋다. 후기 말부터 완료기 메뉴에 사용한다.

미역
칼슘과 요오드 함량이 뛰어나 변비 해소에 좋다. 찬물에 담가 부드럽게 불려지면 사용한다. 중기부터 이유식 재료로 이용한다.

꽃게
필수아미노산이 풍부하고 지방 함량이 적어 소화가 잘되는 식품으로 아기들의 이유식 재료로 알맞다. 후기부터 찐 꽃게살을 이용할 수 있다.

조개류
필수아미노산과 타우린이 풍부한 영양 만점 식품. 특히 전복은 죽의 재료로 인기가 높다. 후기부터 사용할 수 있다.

갈치
단백질이 풍부한 흰살생선. 채소와 곁들여 먹으면 칼슘 섭취를 도울 수 있다. 이유 후기부터 조리한다.

멸치
뼈째 먹는 생선의 대표. 단백질과 칼슘, 무기질이 풍부하다. 큰멸치는 국물내기에, 잔멸치는 조림이나 튀김, 볶음용으로 쓰인다. 중기부터 이용할 수 있다.

새우
찜이나 튀김으로 주로 이용하는 재료. 단백질과 칼슘, 각종 비타민이 풍부한 식품으로 중기나 후기 이유식 재료로 적당하다.

다시마
섬유질이 풍부한 다시마는 이유식 기본 국물로 활용도가 높다. 찬물에 잠시 담갔다가 국물이 끓는 순간 건져낸다. 후기부터 사용한다.

달걀·두부류 & 고기류

달걀
단일식품으로는 영양가가 가장 뛰어난 완전식품. 껍질이 거친 것이 신선한 것이다. 중기부터 이용하며 이유식 재료로 인기가 높다.

두부
표면이 매끄럽고 모양이 단정한 것이 상품이다. 고기 못지 않게 우수한 단백질이 풍부하다. 중기부터 다양한 조리법으로 이용할 수 있다.

닭고기
담백한 맛과 부드러운 육질이 일품. 소화 흡수가 잘되므로 이유식 재료로 훌륭하다. 이유식으로는 가슴살 부위가 주로 이용되며 중기부터 이용한다.

쇠고기
필수아미노산이 풍부한 쇠고기의 단백질은 성장기 아기들에게 가장 좋은 영양 공급원. 육수는 활용도가 높으며, 중기부터는 살코기를 곱게 다져서 각종 이유식에 이용한다.

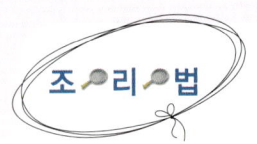

이유식을 위한 **기본 조리법**

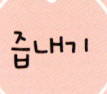
즙내기

1. 체에 내려 즙내기

딸기나 포도 같은 부드러운 과일은 강판이나 과즙기를 이용할 필요 없이 과일 자체를 가는 체에 올려 국자나 숟가락으로 눌러 으깨 즙을 낼 수 있다. 그밖에 쇠고기육수, 멸치다시물 등 각종 육수나 과즙기로 짠 즙을 체에 내리면 건더기 하나 없이 깨끗하고 맑은 즙을 받을 수 있다. 고운 체는 된장을 풀 때도 유용하게 사용할 수 있다.

2. 과즙기로 즙내기

레몬이나 오렌지, 귤 등의 과일즙을 짤 때 과즙기를 이용하면 쉽고 간편하게 즙을 낼 수 있다. 과일을 반으로 자른 다음 자른 면이 아래쪽을 향하게 하여 과즙기에 올려놓은 뒤 힘껏 누르듯 돌리면 천연과일즙을 얻을 수 있다.

3. 강판으로 즙내기

토마토나 오이 등 과일이나 야채를 곱게 갈 때는 강판을 이용하면 편리하다. 강판은 아래에 갈린 재료를 받을 수 있는 용기가 부착된 것이 좋다. 한 손으로 강판을 잡고 적당한 크기로 자른 야채를 다른 한 손으로 쥔 다음 앞뒤로 움직이며 즙을 낸다.

가루내기

1. 분쇄기 이용하기

잣이나 마른멸치·새우, 말린 표고버섯 등의 마른 재료는 분쇄기를 이용하면 간편하게 가루를 낼 수 있다. 이유식용으로 만드는 영양가루는 곱게 갈아서 아기 입에서 까끌까끌한 느낌이 나지 않게 한다.

2. 믹서기 이용하기

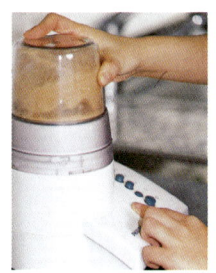

각종 젖은 야채나 곡류는 믹서기에 넣어 가루를 낸다. 이들 재료를 믹서기에 넣고 갈 때는 물을 적당량 넣고 갈아야 잘 갈아진다. 믹서기에 간 재료는 가능한 한 빨리 먹도록 하고, 바로 먹지 않는다면 만든 즉시 냉장고에 보관한다.

3. 치즈 그레이터 이용하기

잣이나 호두, 땅콩 등의 견과류나 치즈, 초콜릿을 가루 낼 때 사용하면 편리하다. 물론 이런 것들은 칼로 다져서 이용할 수도 있지만 그레이터를 이용하면 조리 시간을 단축할 수 있다.

4. 치즈 강판 이용하기

치즈는 아기 이유식에 여러 가지 용도로 이용되는 인기 품목이다. 슬라이스한 치즈를 찐 감자나 수프, 밥 위에 얹어 녹여서 이유식을 만들고 싶을 때는 덩어리 치즈를 치즈 강판에 갈아 가루를 내면 편리하다.

5. 칼로 다지기

특별한 다짐 기구가 없다면 칼을 이용해 다진다. 양파는 반 잘라 가로, 세로로 돌려가며 칼집을 넣은 다음 곱게 채썰면 쉽게 다져진다. 육류는 완전히 녹기 전에 썰어야 쉽게 다질 수 있다. 살짝 녹인 상태에서 세로로 칼집을 촘촘히 넣고 가로로 잘게 썬다.

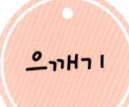

으깨기

1. 칼등으로 으깨기

두부처럼 부드러운 식품은 칼등으로 눌러 으깰 수 있다. 적당한 크기로 자른 두부를 도마 위에 올려놓고 칼을 옆으로 눕혀 누르면 쉽게 으깨진다.

2. 분마기로 으깨기

쌀이나 깨 등의 재료는 분마기를 이용해 가루내고, 흰살생선은 분마기를 이용해 으깬다. 이유식용 분마기를 따로 준비해 두면 여러 가지 용도로 편리하게 사용할 수 있다.

3. 매셔로 으깨기

삶은 감자나 호박, 고구마 등은 매셔를 이용하면 편리하게 으깰 수 있다. 우묵한 그릇에 재료를 담고 구멍이 숭숭 뚫린 매셔로 눌러 재료를 으깨면 된다.

4. 포크나 나무주걱으로 으깨기

부드럽게 삶아진 단호박이나 감자 등은 특별한 도구 없이 포크나 스푼을 이용해 쉽게 으깰 수 있다. 나무주걱을 이용해도 된다. 어느 정도 으깨진 재료를 랩에 싸서 다시 한 번 으깨주면 더욱 쉽고 편리하게 으깨기를 마무리 할 수 있다.

맛있는 죽 끓이는 여러 가지 방법

1 전기밥솥에서 어른 밥과 함께 만든다

방법 전기밥솥에 어른용으로 준비한 쌀과 물을 넣고 그 중앙에 내열 용기(도기 혹은 작은 컵)에 아기 죽에 필요한 쌀과 물을 넣는다. 그리고 평소와 같이 스위치를 눌러주면 어른 밥과 함께 간단하게 아기용 죽을 만들 수 있다.

2 전자레인지로 만든다

방법 아기 밥공기로 1인분의 밥을 물 3큰술과 잘 섞는다. 랩을 씌운 후 전자레인지에서 30초~1분간 가열한다. 랩을 씌운 상태로 뜸을 들인다.

3 밥으로 죽(10배죽)을 만든다

방법 밥 1큰술에 물 75cc(밥의 약 5배 정도) 정도를 붓는다(7배죽이나 부드러운 밥은 이보다 물의 양을 조금 줄인다). 냄비에 밥과 물을 넣고 뚜껑을 덮은 후 약한 불에 올려놓는다. 끓기 시작하면 약한 불에서 10분간 더 끓인다. 불을 끄고 5분 정도 충분히 뜸을 들인다. 상태를 보아 물이 충분하지 않을 때는 물을 더 첨가하면서 끓여준다.

4 보온병에 넣는다

방법 보온용 포트에 죽에 필요한 분량의 밥을 넣고 뜨거운 물을 부은 후 뚜껑을 꼭 닫아준다. 2~3시간 그대로 두면 부드러운 죽이 된다.

조리시간이 반으로 뚝! 기본 이유식 만들기

육수 만들기   다시국물이나 수프를 능숙하게 조리할 줄 알면 이유식을 만들 때 편리하게 사용할 수 있다. 곱게 갈아놓은 야채나 익힌 흰살생선에 국물을 넣어주면 먹기도 쉽고 맛도 아주 좋다.

다시마국물

●● 재료

다시마 10×10cm 2장 500cc

●● 만들기

① 다시마는 표면의 오염을 제거하고 세로로 잘라 찬물에 잠시 담궈둔다.

② 살짝 불린 다시마를 분량의 물과 함께 냄비에 넣고 끓인다.

③ 펄펄 끓기 직전 다시마를 건져낸다. 국물이 식으면 체로 걸러 맑은 국물을 받는다.

쇠고기육수

●● 재료

양지머리(혹은 아롱사태) 300g, 물 1400cc

●● 만들기

① 양지머리 300g을 적당한 크기로 잘라 흐르는 물에 씻어 냄비에 담고 분량의 물을 부어 센불에 끓인다.

② 국물이 끓어오르면 지저분한 거품들이 떠오르는데 이 거품을 전부 걷어낸 다음 불을 줄이고 30분~1시간 정도 더 끓인다.

③ 육수가 200cc 정도 줄어들면 불에서 내려 식힌다. 다 식으면 냉장고에 넣어 두었다가 응고된 기름이 뜨면 모두 걷어낸다.

멸치국물

●● 재료(300~400cc 분량)

마른멸치 15g, 물 500cc

●● 만들기

① 머리와 내장을 제거한 마른멸치를 차팩 용지에 넣는다(차팩 용지에 멸치를 넣으면 국물이 깨끗하고 뒤처리를 덜어준다).

② 냄비에 손질한 멸치와 분량의 물을 넣고 30분 정도 그대로 둔다.

③ 멸치국물이 우러나면 중불에서 약하게 끓이다가 펄펄 끓기 직전 멸치팩을 건져낸다.

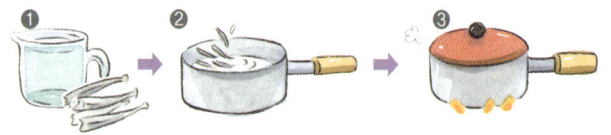

야채수프

●● 재료(200~300cc 분량)

양배추 · 당근 · 양파 각 40g씩, 물 500cc

●● 만들기

① 각 야채들을 적당한 크기로 썬다.

② 냄비에 야채와 분량의 물을 넣고 중불에 올려놓는다. 펄펄 끓기 시작하면 불을 줄이고 거품을 걷어내면서 20~30분 정도 더 끓인다.

③ 야채들을 큰 체로 걸러내고 국물은 가는 체에 곱게 걸러낸다.

닭고기수프

●● 재료(200~300cc 분량)

닭날개 3개, 당근 · 양파 등의 야채 적당량씩, 물 500cc

●● 만들기

① 닭날개는 깨끗이 씻어 준비하고 야채는 각각 적당한 크기로 썬다.

② 냄비에 분량의 물과 닭날개, 야채들을 넣고 보글보글 끓인다.

③ 수프가 끓어오르면 불을 줄이고 거품을 걷어내면서 20~30분 정도 더 끓인 뒤 체에 거른다.

천연조미료 만들기

견과류나 뼈째 먹는 생선 등 딱딱한 식품을 곱게 갈아두었다가 여러 가지 이유식에 조미료로 이용해 보자.
음식 맛에 풍미를 더해줌은 물론 영양 보충에도 좋다.

멸치

멸치는 은빛이 약간 도는 것으로 골라 바짝 말린 다음 내장과 머리를 떼고 분쇄기에 갈아서 밀폐용기에 담아두고 사용한다.
햇볕에 말리는 것이 여의치 않을 때는 전자레인지에 넣어 건조시킨 다음 프라이팬에 기름을 두르지 않고 살짝 볶아도 된다. 만들어진 멸치가루는 유리 용기에 담아 이름표를 달아놓으면 쉽고 빠르게 찾아 쓸 수 있다.

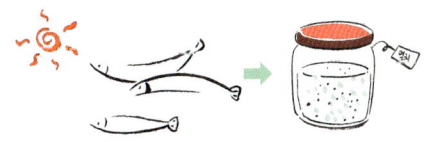

다시마 가루

자연산 다시마를 구입하되 두툼한 것으로 고른다. 다시마는 우선 젖은 행주로 다시마 겉면에 붙어 있는 하얀 가루를 깨끗이 닦은 다음 햇볕에 바짝 말려 빳빳하게 만든다. 햇볕에 말리는 것이 어려울 때는 불에 살짝 구워도 된다. 그런 다음 분쇄기에 갈아 가루로 만들어두면 이유식 만들 때 조미료 역할을 톡톡히 해 낸다. 다시마 가루는 냉동실에 보관하는 것이 좋다.

새우 가루

윤기가 자르르 흐르고 붉은 빛이 도는 중간크기의 마른새우를 사서 햇볕에 바짝 말린다. 잘 말려진 새우를 분쇄기에 넣고 갈아 가루로 만든 다음 고운 체에 쳐서 부스러기를 걸러낸다. 새우 가루는 한번 만들어 놓으면 아기 이유식은 물론 각종 찌개와 국물요리 외에 반찬을 만들 때 영양 양념으로 사용할 수 있어 일석이조의 효과를 볼 수 있다. 새우 가루는 건조한 곳에 보관한다.

땅콩 가루

크기가 고르고 알이 굵은 생땅콩을 골라 삶아서 껍질을 벗긴 다음 잘 말린다. 말린 땅콩을 분쇄기에 넣고 갈면 고운 땅콩 가루가 만들어진다. 간장이나 소금, 꿀 등에 깨소금 대신 땅콩 가루를 넣으면 요리의 풍미를 더해주는 훌륭한 조미료가 된다.

표고버섯 가루

중간 크기의 통통한 표고버섯을 구입해 깨끗이 씻은 다음 햇볕에 바짝 말려 분쇄기에 갈면 영양 만점의 표고버섯 가루가 완성된다. 표고버섯은 생것보다 말린 것에 영양이 훨씬 더 풍부하다는 것은 잘 알려진 사실. 천연조미료로 더할 나위 없이 좋은 가루이다.

콩가루

노란콩을 프라이팬에 살짝 볶아 물기를 거둔 다음, 기름을 두르지 않은 프라이팬에 넣고 살짝 볶는다. 고소하게 볶아진 콩을 분쇄기에 갈아 가루를 내면 콩가루가 완성된다. 특히 콩을 싫어하는 아기나 유아들에게 이유식이나 유아식을 만들어 줄 때 응용하면 편리하다. 콩을 싫어하는 아기도 콩가루의 고소한 냄새에 반해 이 가루를 좋아하게 된다. 콩가루는 밀폐용기에 담아 냉동실에 보관하도록 한다.

죽 만들기

아기의 첫 이유식은 곡류로 시작해야 한다. 곡류 중에서도 쌀로 만든 죽이 가장 안전하다. 10배죽, 7배죽, 5배죽, 무른 밥 등 시기별로 농도가 달라지는 죽 만드는 방법을 소개한다.

이유식 초기 … 10배죽 만들기

쌀에 대해 10배 분량의 물을 넣어 끓인 죽이다. 쌀 1큰술에 물 150cc가 적당하다. 1회 아기에게 주는 양은 30g 정도. 나머지는 소량씩 나누어 냉동 보관한다. 단 1주일을 넘기지 않도록 한다.

●● 만드는 방법

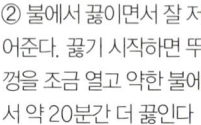

① 밥 1/2컵에 물 2컵을 붓고 잘 섞는다.

② 불에서 끓이면서 잘 저어준다. 끓기 시작하면 뚜껑을 조금 열고 약한 불에서 약 20분간 더 끓인다

③ 불을 끄고 뚜껑을 완전히 덮은 후 10분 정도 뜸을 들인다.

POINT
10배죽을 끓일 때는 넘치기 쉬우므로 큰 그릇을 사용하세요

이유식 중기 … 7배죽 만들기

쌀에 대해 7배 분량의 물을 넣어 끓인 죽이다. 쌀 1큰술에 물 100cc가 적당량이다. 1회 아기에게 주는 양은 50g 정도. 나머지는 소량씩 나누어 냉동 보관한다. 단, 1주일을 넘기지 않는다.

●● 만드는 방법

① 밥 1/2컵과 물 1컵 반을 잘 섞는다.

② 불에서 끓이다가 끓기 시작하면 뚜껑을 조금 열고 약한 불에서 약 10분간 더 끓인다.

③ 불을 끄고 뚜껑을 완전히 덮은 후 10분 정도 뜸을 들인다.

POINT
뚜껑을 완전히 닫고 뜸을 푹 들이는 것이 죽을 잘 끓이는 요령이에요

이유식 후기 … 5배죽 만들기

쌀에 대해 2~5배 분량의 물을 넣어 부드럽게 익힌 밥이다. 1회 아기에게 주는 양은 90g 정도. 나머지는 소량씩 나누어 냉동 보관한다. 단, 1주일을 넘기지 않는다.

●● 만드는 방법

① 밥 1컵에 물 2컵을 붓고 잘 혼합시킨다.

② 불에서 끓인다. 끓기 시작하면 뚜껑을 조금 열고 약한 불에서 10분간 더 끓인다.

③ 불을 끄고 뚜껑을 완전히 덮은 후 10분 정도 뜸을 들인다.

POINT
수분기가 약간있는 죽의 형태로 부드럽게 익히세요

이유식 완료기 … 부드러운 밥 만들기

아기에게 적당한 밥의 묽기는 물기가 촉촉한 진밥 상태이다.

●● 만드는 방법

① 밥 1컵과 물 1~1/2컵을 냄비에 담는다.

② 뚜껑을 덮고 약한 불에서 4~5분간 끓인다.

③ 불을 끄고 뚜껑을 완전히 덮은 후 5분 정도 뜸을 들인다.

POINT
수분 양이 적으므로 밥을 태우지 않도록 주의하세요

단계별 이유식 재료 조리법

밥

초기 – 불린 쌀로 10배죽을 끓여 분마기에 으깬다.
중기 – 불린 쌀로 7배죽을 무르게 끓인다.
후기 – 쌀을 불려서 진밥을 짓는다.
완료기 – 부드러운 밥으로 주먹밥을 만들어준다.
이때 동그라미, 세모, 네모, 별 등의 모양을 만들어
주면 아기가 더 잘먹는다.

사과

초기 – 강판에 갈아서 냄비에 넣고 끓인다.
중기 – 잘게 다지듯이 썰어서 냄비에 담은 다음 푹 끓인다.
후기 – 잘게 썰어서 건포도와 함께 걸쭉하게 조린다.
완료기 – 예쁘게 깎아서 얇게 썰어 손으로 집어먹게 한다.

당근

초기 – 껍질을 벗기고 적당한 크기로 잘라서
푹 무르게 삶은 다음 분마기에 으깬다.
중기 – 잘게 다지듯이 썰어서 냄비에 넣고 육
수를 부어서 뭉근하게 끓인다.
후기 – 껍질을 벗기고 잘게 썰어 삶는다.
완료기 – 모양을 내는 기구를 이용하여 각각 다
양한 무늬로 모양을 만든 다음 냄비에
넣고 윤기 나게 조린다.

감자

초기 – 껍질을 벗기고 푹 무르게 삶아서 분마기에 으깬다.
중기 – 손질한 감자를 다지듯이 잘게 썰어 역시 잘게 썬
당근과 함께 푹 삶는다.
후기 – 잘게 썰어서 껍질콩과 같이 푹 끓인다.
완료기 – 손질한 감자를 잘게 썰어서 역시 잘게 썬 고기,
당근과 함께 푹 조린다.

고기

초기 – 살코기를 뜨거운 물에 삶아 핏기를 없앤 다음 잘게
썰어 물기 뺀 두부와 섞어 완전히 으깬다.
중기 – 익힌 살코기를 다지듯이 잘게 썰어 냄비에
담고 역시 잘게 썬 두부를넣고 푹 끓인다.
후기 – 살코기를 잘게 썰어 여러 가지 채소다진
것과 함께 끓인다.
완료기 – 살세 씬 실고기에 간장, 설탕을 적당량
넣고 푹 무르게 조린다.

생선

초기 – 뼈를 발라내고 손질한 생선살을 익혀서 완전히 으깬 후
잘게 다져 삶은 당근을 곁들인다.
중기 – 손질한 생선살을 익혀서 잘게 다진다.
후기 – 익힌 생선살을 얇게 저며서 프라이팬에 지진다.
완료기 – 손질해서 익힌 생선살에 튀김옷을 입혀서 튀긴다.

어른 음식에서 덜어 만드는 이유식

어떤 음식을 덜어서 만들 수 있을까?

아기가 먹을 수 있는 음식이 어른 메뉴에 들어가 있는 것이 포인트다.

이유식 초기나 중기는 아기가 먹을 수 있는 식품이 한정되어 있으므로 두부나 흰살생선, 야채 외에는 거의 불가능하다. 그러나 이유식 후기부터는 어른과 함께 먹을 수 있는 종류가 많아지므로 메뉴를 구성할 때 가능하면 아기에게 맞춰서 식단을 짜면 일손을 많이 덜 수 있다.

어른 메뉴에서 덜어낸 아기 음식은 먹기 좋게 형태를 변형시키고 이유식 단계에 따라 맛을 엷게 조절해주면 된다. 메뉴에 따라 밤, 녹말가루 등을 새롭게 첨가해도 좋다.

조리 중 언제 덜어내는 것이 좋을까?

가령 이유식 완료기부터 카레 가루를 사용할 수 있다 해도 어른용으로 만든 카레 음식에서 아기 것을 덜어주면 향이 너무 강할 수 있다.

이런 경우는 카레를 넣기 바로 직전 아기 것을 덜어내는 것이 적당한 타이밍이다.

즉, 조리 도중 아기 것을 덜어내는 타이밍은 이유식 초기는 재료 자체에서 덜어내고, 이유식 중기와 후기는 간을 하기 전에 덜어내는 등 이유식 단계와 조리 방법에 따라 적절하게 조절하는 것이 포인트다.

음식 맛을 엷게 만드는 테크닉

이유식의 맛을 엷게 해야 할 때는 어른용 재료를 물에서 익힐 때 꺼내는 것이 가장 바람직하다. 단, 이미 화학 조미료가 들어간 상태라면 이유식용으로 사용할 수 없다.

볶음이나 고기가 들어간 찜 요리에서 아기 것을 덜어낸 경우는 일단 더운물에 헹궈 여분의 지방을 완전히 제거한 후 이유식으로 조리한다.

맛이 엷은 상태에서 덜어낸 찜요리라면 그대로 물을 부어 희석시켜 조리해도 좋다. 만약 표면만 강하게 맛이 밴 경우는 겉을 잘라내고 속부분만 사용하여 조리한다.

음식의 형태를 변형시키는 테크닉

어른용 음식에서 덜어내어 형태를 변형시킬 때는 이유식 단계에 맞춰 조절한다. 가령 이유식 초기는 곱게 으깨거나 수프 등에 풀어주고, 중기는 약간 입자가 있게 으깨고, 후기는 손으로 눌렀을 때 뭉그러질 정도로 익혀주면 된다.

불에서 충분히 익힌 성인용 생선은 이유식 단계에 따라 포크로 으깨주거나 살을 찢어준다. 익힌 야채나 달걀 등도 같은 방법으로 해준다. 고기 완자나 햄버거 등은 이유식 후기나 완료기라면 음식의 간을 완전히 맞추기 전에 덜어내어 아기용으로 따로 빚어 조리한다.

재료별 **식품저장** 포인트

야채류

야채는 수분이 많기 때문에 익혀서 냉동을 해야 맛과 영양분의 손실을 막을 수 있다. 그러므로 삶아서 물기를 꼭 짠 다음 적당한 크기로 잘라 랩에 싸서 냉동시킨다. 3일 이상 두면 조직이 파괴되어 맛이 없고 영양소도 파괴되므로 되도록 빨리 먹도록 하고 많은 양을 냉동시키지 않는다. 또한 해동할 때는 천천히 행동하면 채소가 푹 삶은 것처럼 물러버리거나 맛이 반감되므로 빠른 시간 안에 가열 해동하는 것이 좋다.

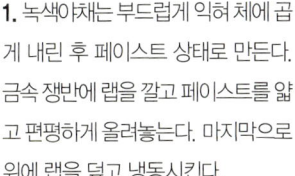

1. 녹색야채는 부드럽게 익혀 체에 곱게 내린 후 페이스트 상태로 만든다. 금속 쟁반에 랩을 깔고 페이스트를 얇고 편평하게 올려놓는다. 마지막으로 위에 랩을 덮고 냉동시킨다.

2. 완전히 얼기 전에 냉동고에서 꺼내 젓가락을 사용하여 1회 분량에 맞춰 금을 그어놓고 다시 냉동고에서 완전히 냉동시킨다.

3. 냉동이 끝나면 랩 위에서(손의 오염을 막기 위해) 금을 따라 하나씩 분리한 후 지퍼백에 넣어 냉동시킨다. 해동은 전자레인지 등에서 가열 해동한다.

호박

익혀서 으깬 호박을 소량씩 나누어 냉동시켜도 좋지만 익힌 호박을 덩어리째 잘라서 냉동시켜도 된다. 해동은 전자레인지에서 가열 해동한다.

1. 씨를 제거한 호박은 3cm 정도의 깍둑썰기로 잘라 부드럽게 익힌다. 완전히 익으면 수분을 제거하고 껍질을 벗긴다.

2. 자른 호박을 금속 쟁반에 차례로 얹고 완전히 식힌 후 냉동고에 넣어 얼린다.

3. 냉동이 끝나면 전용 지퍼백에 담아 보관한다. 단, 지퍼백에는 반드시 날짜를 기입한 스티커를 붙인다.

녹색야채 페이스트

시금치, 소송채 등의 녹색야채는 페이스트 형태로 만들어 냉동시킨다. 감자나 당근도 마찬가지다. 해동시킬 때는 죽이나 수프를 끓이고 있는 냄비에 직접 넣어 해동시켜도 좋다.

당근

쓰고 남은 당근은 랩에 싸서 냉장고 야채실이나 햇볕이 들지 않는 서늘한 곳에 보관한다. 흠집이나 물기가 있으면 썩기 쉬우므로 흙이 묻어 있는 채로 보관한다.

브로콜리

브로콜리는 가열 후 지퍼백에 넣어 냉동시킨다. 단, 이유식 초기나 중기는 익힌 후 이삭의 끝 부분만 칼로 잘라내어 냉동시킨다.

1. 브로콜리를 완전히 익힌 후 키친타월 등으로 물기를 제거한다. 특히 송이 부분에 물기가 남아 있기 쉬우므로 정성껏 닦는다.

2. 전용 지퍼백 안에 서로 몸이 부딪치지 않도록 일렬로 편평하게 집어넣고 냉동시킨다.

3. 냉동 후에는 지퍼백 입구를 넓게 벌려 안의 공기를 완전히 빼고 보관한다. 백 안에 공기가 남아 있으면 산화되기 쉽다. 단단하게 냉동된 브로콜리는 지퍼백 위에서 그대로 나무 막대기로 두드려 부스러뜨리거나 강판에 갈아도 된다.

4. 해동은 끓는 물에 넣어 부드럽게 만든 후 사용한다. 또는 수프를 끓이고 있는 냄비에 냉동된 상태 그대로 넣어줘도 된다.

고기·생선류

고기나 생선은 부패하기 쉬운 재료이므로 구입 후 즉시 냉동시킨다.

단, 팩에 넣은 것을 그대로 냉동시키면 냉동 속도가 떨어지므로 금속제 용기로 옮겨 담아 냉동시킨다. 얇게 자른 고기는 1장씩 넓게 펼쳐 냉동시키고 다진 고기는 익혀서 지방을 제거하는 등 밑손질을 한 후 냉동시킨다.

해동을 하거나 냉장고로 옮겨 천천히 해동시킨다. 급격하게 해동하면 육즙이 흘러나와 맛을 떨어뜨릴 수 있다.

1. 먹기 좋게 밑손질을 할 때는 반드시 힘줄을 제거해 준다. 힘줄이 나온 부분에 칼집을 넣어 힘줄을 위로 잡아당기면 쉽게 빠진다.
2. 필요한 분량씩 랩으로 싸서 냉동시킨다. 선도를 유지하기 위해 구입 후 즉시 냉동시킨다.
3. 이유식 초기는 냉동된 고기를 그대로 강판에 갈아주면 곱게 부스러진다. 중기 이후부터는 칼로 적당한 크기로 잘라 사용한다.
4. 나머지 부분은 해동되기 전에 곧 냉동고에 다시 넣어준다. 냉동고에 얼려놓은 재료들이 많으면 언제든지 이유식을 간편하게 준비할 수 있다.

다진고기

시판하는 다진 고기는 지방이 많기 때문에 우선 불에 익혀 지방분과 냄새를 제거해준다. 특히 고기는 위생적인 면을 고려하여 가능하면 익혀서 보관하는 것이 좋다. 이유식 중기부터는 양파를 곱게 썰어 넣은 쇠고기 완자를 보관했다 사용해도 된다.

1. 칼로 다진 고기를 볼에 담고 입자가 하나씩 흐트러지지 않도록 물을 약간 넣어 고르게 섞어준다.
2. 끓는 물에 고기를 넣어 익힌 후 체에 담아 물기를 완전히 제거한다. 금속 쟁반에 고기를 얇고 편평하게 깔고 위에 랩을 씌워 냉동고에 넣는다. 젓가락으로 고기 위에 대충 금을 그어놓으면 냉동 후 쉽게 자를 수 있다.
3. 냉동이 끝나면 밀폐용기에 옮겨 뚜껑을 꼭 닫고 냉동 보관한다. 사용할 때는 깨끗한 스푼으로 필요한 양만큼 덜어낸다.

쇠고기 완자

쇠고기 다진 것에 다진 양파와 당근 등을 넣고 조그맣게 햄버거를 만들어 랩에 하나씩 싼 다음 냉동용기에 담아 냉동시킨다. 하나씩 꺼내어 해동시킨 다음 달구어진 프라이팬에 완전히 익혀서 식힌 다음 아기에게 준다.

닭고기

닭고기는 가슴살 부위를 선택한다. 닭 육수를 만든 다음 잘 익은 닭고기를 꺼내 결대로 살을 찢어 비닐 팩이나 랩에 싸서 냉동 보관한다. 해동은 자연 해동은 삼가고 용기째 흐르는 물에 담가 반

쇠고기 국물

양지머리나 사태를 찬물에 담갔다가 뜨거운 물에 살짝 익힌 후 건지고 그 물은 버린다. 냄비에 데친 고기와 물을 다시 붓고 1시간 정도 끓인 다음 거즈를 덮은 체에 밭친다. 제빙기에 얼려두고 필요할 때마다 한두 조각씩 꺼내서 쓴다.

닭고기 국물

국물 내는 데는 닭 날개 부위가 적당하다. 다른 부위에 비해 단백질이 많고 젤라틴이 많이 들어 있기 때문이다. 푹 끓이면 깊은 맛이 나므로 국물을 넉넉하게 끓여 식힌 다음 제빙기에 담아 냉동시킨다. 닭고기 살도 냉동시켜둘 생각이라면 닭 가슴살도 함께 넣고 끓인다.

흰살생선

뼈와 껍질을 벗기고 살만 발라낸 생선은 작게 뭉쳐 프리징 백에 담아 보관한다. 사용할 때는 냉동 상태로 강판에 갈아주면 다시 으깰 필요가 없다.

쇠고기 야채스프

쇠고기와 야채를 듬뿍 넣어 만든 수프는 고기, 야채, 국물을 재료별로 따로 포장하여 보관한다. 필요에 따라 식품별로 사용할 수도 있고 한꺼번에 모아 해동시키면 다시 야채수프로 만들 수 있다.

주식류

당질을 함유한 식품은 저온에서는 변질되기 어려우므로 냉동 보관을 하는 것이 좋다.

밥이나 빵 외에 우동, 소면, 파스타 등의 면류도 냉동 보관이 가능하다. 한번에 많은 양을 만들어 이유식 단계에 맞춰 나눠서 보관하면 필요할 때 편하게 사용할 수 있다.

···· 죽

초콜릿 포장 용기를 이유식용 죽 보관용기로 이용하자. 냉동 보관해 두었다가 필요할 때마다 조금씩 사용하기에 편리하다. 죽은 얼렸다 녹이면 진득해지므로 조리 시 우유나 육수를 조금 넣어주면 맛이 한결 좋아지고 묽기도 적당히 조절된다.

해동은 그릇에 옮겨 전자레인지에서 가열하거나 냉동상태로 다시 국물을 끓이고 있는 냄비에 넣어 약한 불에서 끓인다. 수분이 많은 죽은 얼리면 팽창하므로 제빙용기를 사용할 때는 8부 정도만 담는 것이 요령이다.

● 초가~중기

1. 이유식 단계에 맞춰 죽을 만든 후 완전히 식힌다. 식힌 죽을 스푼으로 떠서 용기의 8부 정도만 채운다.
2. 제빙용기에 랩을 씌워 냉동고에 넣는다. 냉동이 되면 제빙용기에서 꺼내 전용 지퍼백에 넣어 냉동고에 보관한다.

● 후기~완료기

1. 초기나 중기와 마찬가지로 죽을 만들어 완전히 식힌다. 후기 이후는 1회분씩 랩으로 싸서 밀봉을 한 후 냉동시켜도 된다..
2. 냉동이 끝나면 랩을 벗기지 않은 상태로 전용 지퍼백에 넣어 냉동고에 보관한다.
3. 냉동고에서 꺼내 사용할 때는 흐르는 물에서 표면을 약간 해동시킨 후 속의 랩을 벗기고 전자레인지에서 가열한다.

···· 식빵

식빵은 가장 간단하게 냉동시킬 수 있는 식품에 속한다.

딱딱한 가장자리를 잘라내고 부드러운 속살만 남긴 다음 통째로 랩이나 지퍼백에 담아 포장해서 냉동시키거나 적당한 크기로 잘라 지퍼백에 넣어 밀폐 보관한다. 통째로 보관한 것은 강판에 갈아서 빵죽에 사용하고, 적당한 크기로 자른 식빵은 그대로 우유나 수프에 넣어서 먹이거나 토스터 등에 구워준다.

1. 식빵은 먼저 가장자리를 잘라내고 이유식 단계에 맞춰 적당한 크기로 자른 다음 한 장씩 랩으로 포장하여 냉동고에 넣는다.
2. 완전히 냉동되면 전용 지퍼백에 넣어 한곳에 냉동시킨다. 만약 지퍼백에 넣지 않으면 건조되기 쉽고 다른 음식 냄새가 배게 된다.
3. 얼린 식빵을 그대로 강판에 갈아주면 입자가 곱게 부스러지므로 빵죽 등을 만들 때 쉽게 사용할 수 있다.

···· 쌀가루

적당량의 쌀을 씻어서 다시 말린 다음 믹서에 넣고 갈아 가루를 낸 다음 밀폐용기에 담아 보관한다. 바쁜 시간에 빠르게 아기의 이유식을 만들어줄 수 있는 방법중 하나다.

···· 국수

이유식에 많이 사용되는 국수는 소면이다. 아기가 먹기 쉬운 길이로 잘라 빈 병에 밀폐 보관해 두고 사용한다. 잘 보이게 식탁 위에 올려놓으면 좋다.

상황별 냉동보관 노하우

Point1 소량씩 개별 포장하여 급속 냉동시킨다

식품의 맛이나 영양가를 잃지 않기 위해서는 가능한 한 빨리 냉동시키는 것이 포인트다. 특히 금속제 용기는 플라스틱 용기보다 열전도 효과가 높기 때문에 냉동시간을 단축시켜 준다. 금속 용기에 담아 소량씩 냉동한 식품은 냉동이 끝나면 따로 개별 포장하여 냉동고에 넣어둔다.

Point2 작고 얇게 썰어 급속 냉동시킨다

냉동의 포인트는 식품을 단시간에 냉동시키는 것이다. 부피가 크고 사이즈가 클수록 냉동시간이 오래 걸리므로 식품을 냉동시킬 때는 가능한 한 작고 얇게 손질해 놓는 것이 기본이다.

Point3 보관은 1주일을 넘기지 않는다

식품을 냉동고에 넣어 장기 보관하면 시간이 갈수록 식품의 상태가 나빠진다. 어른용 식품은 약 1개월 정도까지는 상관없지만 이유식에 사용할 것은 1주일을 목표로 그 안에 모두 소비한다.

Point4 밀폐용기를 사용해 건조를 방지한다

냉동고 안은 실제 냉장고보다 건조 현상이 심하게 일어난다. 때문에 가볍게 랩으로 싸주는 것만으로는 건조를 막기 어렵다. 전용 프리징  백이나 뚜껑이 있는 밀폐용기 등을 사용하여 건조 방지에 최선을 다한다.

Point5 다시국물과 같은 액체는 제빙용기를 사용한다

수프나 소스, 다시국물과 같은 액체 식품을 보관할 때는 제빙용기를 사용하면 편리하다. 먼저 제빙용기에 국물을 부어 냉동시킨 후 용기에서 꺼내 사용 목적에 맞게 프리징 백에 넣어 보관한다.

Point6 음식물은 완전히 식힌 후 냉동시킨다

조리한 음식을 냉동시킬 때는 반드시 차게 식힌 후 냉동시키도록 한다. 완전히 식지 않은 음식을 냉동고에 넣으면 냉동고 전체의 온도를 높이는 원인이 된다.

Point7 날짜와 품명을 적은 라벨을 붙인다

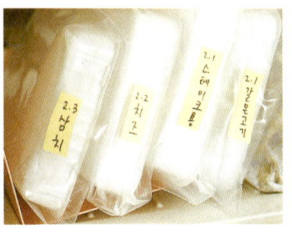

냉동식품이 너무 많으면 찾기 어렵고 또 언제 넣었는지 잊어버리기도 쉽다. 특히 아기에게 먹이는 음식은 신선하고 위생적이어야 하므로 이유 식품을 냉동 보관할 때는 반드시 식품명과 날짜를 적은 스티커를 붙여 놓도록 한다

Point8 해동할 때는 반드시 가열 해동한다

해동은 상온에서 하거나 냉장고로 옮겨서 하는 등 여러 방법이 있다. 그러나 상온에서의 해동은 잡균의 번식을 초래할 가능성이 높다. 이유식을 해동할 때는 반드시 가열 해동하는 것이 원칙이다. 전자레인지 안에서 가열할 때는 시간이 초과하면 음식이 딱딱해질 수 있으므로 시간을 정확히 체크하는 것이 중요하다.

냉동 가능 식품 & 불가능 식품

수분과 섬유질이 많은 잎 야채는 그대로 냉동시키면 재료에 함유되어 있는 수분이 동결되어 섬유 조직을 파괴시키게 된다. 그러나 익혀서 냉동 보관하면 익힐 때 조직이 이미 파괴되었기 때문에 더 이상의 손실이 없다. 이처럼 식품은 종류에 따라 그대로 냉동시키기에는 불가능하나 가열 후 냉동하면 아무 상관이 없는 것들이 있다.

그 대표적인 것이 달걀이다. 날달걀은 냉동시키면 껍질이 터지게 되지만 달걀말이나 프라이를 한 상태라면 냉동을 시켜도 문제가 없다. 또한 날달걀이라도 흰자만은 냉동이 가능하다. 반면 뿌리 채소는 냉동을 하면 부패하는 것들이 있으므로 냉동 전에 반드시 냉동 가능 식품과 불가능 식품을 미리 알아 두도록 한다.

✕ 생달걀
흰자와 누른자가 분리되므로 냉동은 No. 단, 달걀을 익혀서 마요네즈 등으로 버무린 상태라면 괜찮다.

✕ 우유 · 요구르트
물과 단백질이 분리되므로 냉동은 피하도록 한다.

○ 고기 · 생선
익히거나 반 조리로 또는 날것으로 보관해도 상관없다. 저민 고기가 필요할 때는 고기를 덩이리 상태로 냉동시켰다가 꺼내어 채칼로 썰어주면 된다.

✕ 오이
해동시키면 흐물흐물해지므로 냉동시키지 않는다.

✕ 두부
수분과 두부가 분리되기 때문에 냉동은 삼가. 해동을 시켜도 물기가 모두 빠지고 언 두부와 같은 상태로 된다.

○ 표고버섯
냉장고에 넣어 검게 만드는 것보다는 그대로 냉동시키는 편이 낫다.

△ 무
그대로 얼리면 심이 남아 있기 때문에 반드시 강판에 갈아 냉동시킨다.

○ 토마토
껍질을 벗기고 원하는 크기로 잘라 케이스에 넣어 냉동시키면 사용하기 편하다. 또한 익힌 토마토도 냉동 가능하다.

○ 화이트소스
야채나 고기와 함께 익힌 것도 냉동이 가능하다.

○ 밥
밥은 냉장보다 냉동시키는 것이 밥의 풍미를 그대로 보존할 수 있다. 조개를 넣어 만든 어패류 죽도 냉동시킬 수 있다.

이유식 만들기를 도와주는 **그릇과 도구들**

아기가 이유식을 시작하면 엄마는 바빠진다. 아직 씹어먹을 수 없는 아기를 위해 여러 가지 식품들을 갈고, 으깨고, 부수고, 다져야 한다.
이때 편리한 이유식 조리 도구 몇 가지를 준비해두면 엄마의 수고를 덜 수 있고 조리 시간도 단축시킬 수 있다. 아기용 스푼과 그릇도 함께 소개한다.

저울
식품의 양을 측정하는 도구. 전자저울은 정확한 무게를 한 눈에 볼 수 있어 편리하다.

밀크팬
양이 적은 이유식을 위한 유아 전용 냄비. 볶음이나 부침도 가능하다.

즙짜기
오렌지나 귤 등의 즙을 짤 때 유용한 도구

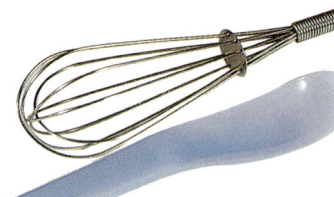

거품기
달걀을 곱게 풀거나 수프를 만들 때 멍울이 생기지 않도록 풀어주는 용도로 사용한다.

이유식용 스푼
입에 넣는 부분이 짧고 둥근 것이 안전하다.
쇠로 된 것과 플라스틱으로 된 것 모두 O.K!

강판
야채나 과일을 곱게 갈 때 사용하면 편리하다.

매셔
감자나 고구마를 삶아 으깰 때 유용하게 사용할 수 있는 도구다.

계량컵
물이나 육수를 계량할 때 사용한다. 대개
200cc가 한 컵인데, 250cc가 한 컵으로
되어 있는 컵도 있다.

고운 체
즙내기와 맑은 국물을 걸러낼 때 사용한다.

분마기
절구 역할을 하는 분마기는 으깸과 가루내기를 모두 할 수 있다.

스트로우컵

서서히 젖꼭지를 떼는 연습을 하기 좋은 이유식 도구. 제품에 따라 실리콘 빨대만 별도로 판매하기도 한다.

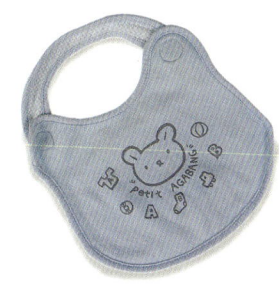

턱받이

아가가 젖을 흘리거나, 음식물을 토할 때 옷을 더럽히는 것을 방지하기 위한 이유식 필수용품이다.

계량스푼

재료의 양을 측정하는 도구. 양이 적을 때는 저울로 재기보다 계량스푼을 이용하는 편이 편리하다. 대개 4개가 한 세트이며 1큰술은 15cc, 1/2큰술은 7.5cc, 1작은술은 5cc를 계량한다.

치즈 강판

가루 치즈가 필요할 때, 치즈 강판을 이용하면 덩어리 치즈도 쉽게 가루 낼 수 있다.

분쇄기

딱딱한 견과류나 마른 식품을 잘게 가루 낼 때 사용한다.

식판형 식기

던져도 깨지지 않는 플라스틱 제품이 좋다. 아기가 좋아하는 캐릭터가 새겨진 그릇이라면 아기의 이유식 시간이 더욱 즐거워진다.

믹서기

젖은 식품을 가루 낼 때 믹서기를 사용하면 편리하다.

각종 이유식 그릇들

플라스틱이나 멜라닌 소재의 그릇들은 가볍고 잘 깨지지 않아 이유식을 담는 그릇으로 적합하다.

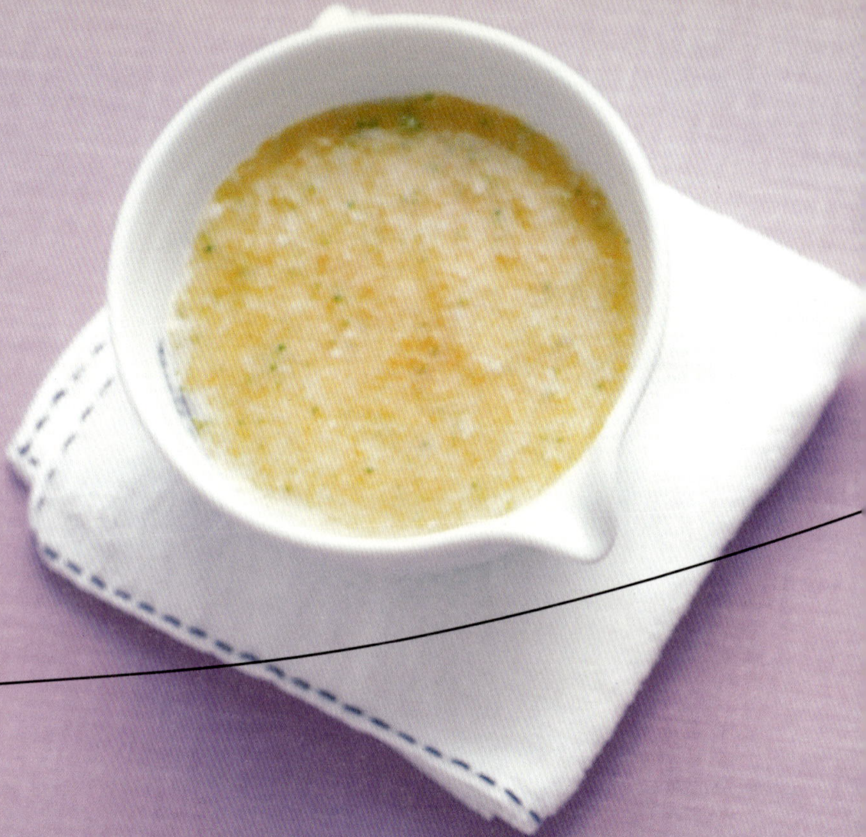

part 2

초기·중기·후기 단계별 이유식

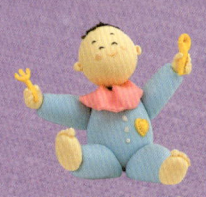

이유식 단계를 준비기와 초기, 중기, 후기, 완료기 5단계로 나누어 각 시기별 이유식 시작 시기와 어떤 식품을 먹여야 하는지, 주의해야 할 식품에 어떤 것들이 있는지, 하루에 몇 번 어느 정도 묽기로 음식을 만들어주어야 하는지, 단계별 이유식 진행계획표를 소개한다.

단계별 이유식 진행 계획표

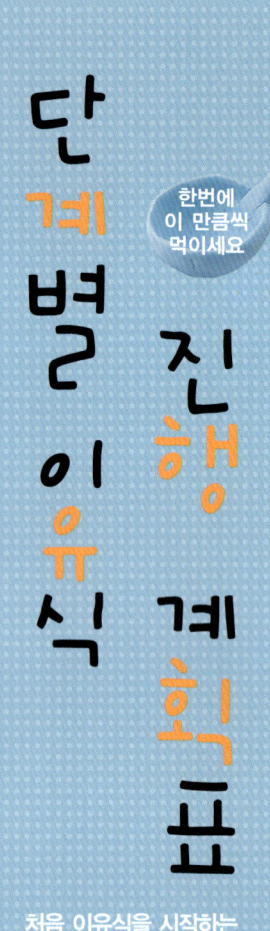

한번에 이 만큼씩 먹이세요

처음 이유식을 시작하는 아기에게 어떤 식품을, 어느 정도의 묽기로, 한번에 얼마만큼씩, 몇 번 먹여야 하는지 알려준다. 더불어 아기에게 필요한 영양소가 무엇이며, 그 영양소를 어떻게 섭취시키고, 영양소 교환은 어떻게 하는 것인지도 꼼꼼히 알아두자.

- 과일이나 꿀 등 조리없이 먹는 재료의 경우에는 이유식 시작 시기에 주의를 기울이세요. 단, 조리를 해서 소량 섭취할 경우 제시된 시기보다 일러도 괜찮아요.
- 메뉴는 A, B, C군 중에서 골고루 선택해서 먹이세요.
- 유제품은 A, B군과 교환이 가능해요.

개월			준비기 4	초기 5	초기 6
	조리형태				
A	곡류		미음 5g 1작은술	아주 묽은 죽 5g 1작은술	빵죽·국수·고구마 30g 6작은술
	달걀류				
	콩류				두부·흰살생선 5g 삶은것
B	생선류				잔멸치·흰살생선 5g 1작은술
	고기류				
C	채소류		채소수프 5g 1작은술		10g 2작은술
	과일류				과즙·과일 5g 갈아서 익힌 것
	유제품		요구르트 1.5g 1/3작은술		
	이유식 + 수유횟수		1회	1회	2회
	수유만의 횟수		4회	4회	3회

44

| | 중기 | | 후기 | | 완료기 |
7	8	9	10	11	12	13~
묽은 죽 50g 1/2컵	된 죽 50g 1/2컵	된 죽 100g 1/2컵	된 죽 100g →		진밥 100g	
				달걀노른자 1/4개 1/2개	달걀 1/4개 1개	
		콩제품 5g 1작은술	두부·콩제품 10g 2작은술	두부·콩제품 20g 4작은술	50g~70g 10작은술	
생선 5g 1작은술	10g 2작은술	15g 3작은술	25g 5작은술		30g 6작은술	
닭고기 5g 1작은술			돼지고기·쇠고기 5g	15g	25g	30g
20g 4작은술		30g 6작은술			40g 8작은술	
과즙·과일 5~10g 으깨서 끓인 것			된죽 상태 10g 2작은술			
	요구르트 20g 4작은술	치즈 4g 50g	치즈 12g 100g			
2회	2회	2회	3회	3회	3회	4회
3회	3회	3회	2회	2회	2회	1회

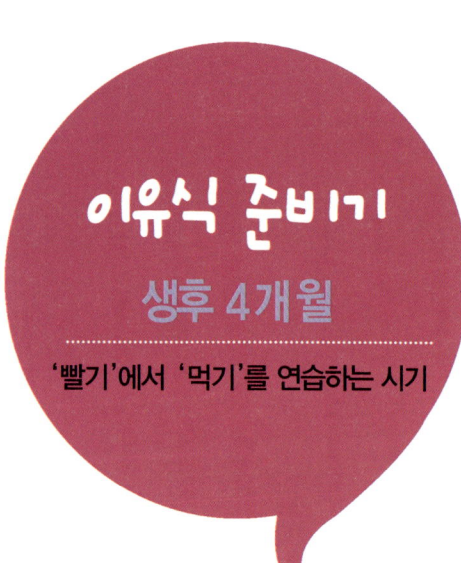

이유식 준비기
생후 4개월
'빨기'에서 '먹기'를 연습하는 시기

'빨기' 형태에서 '먹기' 형태의 음식 섭취방법을 익히는 단계로 우유 이외의 맛과 만나는 시기예요.

···→ 시작하는 시기
생후 4개월, 새로운 음식에 적응하는 시기다

일반적으로 이유식을 시작하는 시기는 4개월 이후가 가장 좋다고 하지만 그 전에 아기에게 이유식이라는 새로운 음식에 적응하게 하는 준비기가 필요하다. 그동안의 아기는 고픈 배를 채우기 위한 수단으로 젖을 '빠는 일'을 하는데, 이유 준비기를 거치면서 '빠는' 일로부터 '먹는' 일에 익숙해지는 것이다. 즉 아기는 젖 이외의 맛이나 숟가락과 만나는 준비를 하게 되는 셈이다

···→ 이 시기에 적합한 음식
보리차나 묽은 죽이 알맞다

젖 이외에 최초로 주는 음식으로는 미지근한 차나 보리차 등이 적당하다. 또한 우유와 가까운 요구르트도 준비기의 이유식으로 알맞다. 요구르트를 고를 때는 제품의 형태가 아기에게 적합한가를 꼼꼼히 따져보고 설탕이나 과육이 들어 있는 제품은 피하도록 한다. 이 외에도 곡류 등으로 묽게 쑨 죽이나 미음도 이유식으로 좋다.

···→ 조리 포인트
한 가지 음식을 묽게 만들어 시작한다

이유 준비기에는 여러 가지 음식을 섞어 먹이는 것은 좋지 않다. 처음에는 한 가지 종류로 시작해서 준비기가 끝나는 초기부터는 조금씩 배합해 먹이도록 하고 아기가 부담을 느끼지 않을 정도로 아주 묽게 만들도록 한다.

···→ 한 번에 먹이는 양 & 횟수
잘 먹지 않을 때는 억지로 먹이지 않는다

아기의 위는 수직에 가까운 모양을 하고 있으므로 무리하게 많이 먹거나 몸을 심하게 움직이면 위에 있는 음식물이 다시 나와 버린다. 때문에 무리해서 먹이다보면 소화시키기도 어렵고 쉽게 토해버리게 된다. 이 시기에는 맛을 익히고 숟가락으로 먹는 연습이 목표이므로 찻숟가락으로 1/4정도면 충분하다.

준비기트러블 1

음식을 주면 곧 밖으로 내뱉어요

해·결·포·인·트
쉽게 삼킬 수 있도록 수분이 많은 메뉴를 만들어 준다

이유식을 처음 시작하는 아기는 엄마 젖이나 분유 병을 빨 때 같이 음식을 혀로 눌러주기 때문에 음식을 내뱉는 것처럼 보일 수도 있다. 이런 경우 아기가 음식을 목으로 쉽게 넘길 수 있도록 수분이 많은 메뉴를 만들어 준다.

적·합·한·메·뉴 **고구마분유탕**
① 고구마를 껍질을 벗겨 푹 삶은 후 곱게 으깨 1큰술을 준비한다.
② 작은 냄비에 준비한 고구마와 더운물에 탄 분유를 3큰술 넣고 스푼으로 저어주면서 약한 불에서 살짝 끓인다.

준비기트러블 2

음식을 잘 삼키지 못해요

해·결·포·인·트
음식에 점성을 붙여주면 목으로 쉽게 넘어간다

이유식 준비기의 아기는 아직 음식을 삼키는 데 익숙치 못한 편이다. 쉽게 음식을 삼킬 수 있도록 녹말 용액 등을 넣어 점성을 붙여준다.

적·합·한·메·뉴 **시금치수프**
① 물에 데쳐 발이 가는 체에 내린 시금치 잎 1작은술과 물 2큰술을 작은 냄비에 넣고 슬쩍 끓인다
② 끓으면 전분 용액을 몇 방울 떨어뜨려 점성이 생기도록 만든다.

준비기트러블 3

단백질 식품을 처음 플러스할 때는 어떤 메뉴가 좋을까요?

해·결·포·인·트
흰살생선이나 두부 등을 익혀서 준다

처음으로 단백질 식품을 플러스할 때는 육류보다는 흰살생선이나 두부와 같이 맛이 담백하고 조리하기 쉬운 식품을 선택하는 것이 좋다.

적·합·한·메·뉴 **흰살생선순무찜**
① 익혀서 살을 으깬 흰살생선 1큰술과 껍질을 벗겨 강판에 내린 순무 2작은술을 작은 냄비에 넣고 살짝 익혀 준다.

준비기트러블 4

이유식을 시작하면서 변비가 생겼어요

해·결·포·인·트
섬유질이 풍부한 식품을 자주 먹인다

끓여서 식힌 물이나 과즙 등 수분이 많은 음식을 섭취하도록 하며 야채수프 등 섬유질이 풍부한 식품을 먹이도록 한다. 하지만 변비가 지나치게 오래갈 때는 반드시 전문의에게 보이는 것이 좋다.

적·합·한·메·뉴 **감자브로콜리수프**
① 감자와 브로콜리는 손질한 다음 냄비에 넣어 푹 삶는다.
② 삶은 재료를 건져 물을 섞어가면서 으깬 다음 체에 내려 걸쭉한 상태의 수프를 만든다.

Q&A 이유식 궁금증, 시원하게 풀어드려요

Q 이유식 스푼도 소독해야 하나요?

A 사용 후 깨끗이 닦아두면 소독은 생략해도 좋다. 특히 플라스틱제 스푼은 삶아서 소독하면 형태가 망가질 수 있으므로 조심한다. 항상 깨끗이 닦고 충분히 건조시켜 사용하면 세균 등의 감염을 걱정하지 않아도 된다.

Q 이유식 시작 1개월이 지났는데도 스푼에 익숙하지 않아요. 스푼에 빨리 익숙하게 하려면 어떻게 해야 할까요?

A 스푼은 젖꼭지와는 형태나 감촉이 다르기 때문에 아기마다 익숙해지는 데 차이가 있다. 서두른다고 빨리 익숙해지는 것이 아니므로 천천히 연습시키는 것이 중요하다. 혀 운동이 활발해지면 쉽게 익숙해질 수 있다.

Q 아기가 스푼을 입으로 가져가기만 하면 울고 입을 벌리지 않는데, 어떻게 해야 할까요?

A 스푼을 완강히 거부할 때는 무리하게 강행하지 말고 얼마간 쉬었다가 다시 시작한다. 특히 아기가 기분 좋은 시간대를 택해 과즙 등 좋아하는 음식을 입에 대주는 일을 반복하면 결국에는 스푼을 받아들이게 된다.

Q 스푼으로 먹여주면 곧 뱉어내는데, 좋은 방법이 없을까요?

A 한꺼번에 음식을 입에 넣어주지 말고 음식을 스푼에 조금씩 얹어 아기가 스푼을 빨아먹을 수 있게 해준다. 아기는 음식과 함께 스푼이 혀에 닿는 감촉도 즐기고 있으므로 스푼을 천천히 넣어주고 뺄 때도 천천히 빼도록 한다.

Q 과즙을 먹이면 변이 묽어지는 것 같은데 계속 먹여도 괜찮을까요?

A 과즙 중에서도 특히 밀감류의 과즙은 민감하게 반응하여 변이 묽어질 수 있다. 그러나 과즙에 장이 익숙해지면 변도 원상태를 회복하게 되므로 약간의 변화가 생겨도 중단하지 말고 계속해서 주도록 한다.

Q 수유 시간이 아직도 불규칙한데 어떻게 조절해 주는 것이 좋을까요?

A 수유 시간이 일정해야 이유식도 규칙적으로 실천할 수 있으므로 우선 4시간 간격으로 우유를 먹이는 습관을 들인다. 아기가 참지 못하고 보챌 때는 안아주거나 산책을 시켜 관심을 다른 곳으로 돌렸다가 가능하면 제시간에 맞춰서 주는 것이 좋다.

Q 과즙과 야채 수프 중 어느 것을 먼저 주는 것이 좋을까요?

A 어느 것을 먼저 주어도 상관없다. 아기가 좋아하는 것부터 시작하여 익숙해지면 양쪽을 번갈아 가며 준다. 단맛이 강한 과즙에 익숙해지면 야채 수프를 싫어할 수도 있으므로 과즙이 진할 때는 반드시 더운물에 희석시켜서 주도록 한다.

Q 조리에 사용하는 물도 반드시 끓인 물이어야 하나요?

A 아기에게 주는 물은 1세까지는 모두 끓인 물을 사용하는 것이 안전하다. 분유를 타줄 때나 조리를 할 때도 끓였다가 식힌 물을 사용해야 식중독이나 잡균에 의한 감염을 막을 수 있다.

Q 체중이 많이 나가는 아기는 이유식을 빨리 시작해도 좋은가요?

A 이유식을 시작하는 시기와 체중과는 아무런 상관이 없다. 또한 아기의 이유식 시기는 체중이 많이 나간다 해도 비만과는 전혀 관계가 없으므로 정해진 시기에 맞춰 이유식을 시작하는 것이 영양의 고른 섭취는 물론 바른 식습관을 익히기 좋다.

Q 이유식용 스푼은 어떤 것이 좋은가요?

A 우선 금속제 스푼은 아기에게 차가운 느낌을 줄 수 있으므로 멜라민이나 플라스틱제로 된 것을 택한다. 스푼의 형태는 매끄럽고 손잡이가 길어 아기의 입 속 끝까지 스푼이 들어가지 않는 것을 고르는 것이 첫째 조건이다.

Q 작게 태어난 아기도 5개월이 되면 이유식을 시작해야 하나요?

A 2.5kg 이상으로 태어난 아기는 정해진 시기에 이유식을 시작해도 좋다. 2.5kg 이하인 경우는 약간 늦게 시작하는 것이 보통이나 출생 후 발육상태에 따라 정상아와 같이 시작할 수 있으므로 의사와 상담을 하여 결정한다.

Q 이유식을 시작하는 데 적당하지 않는 계절도 있나요?

A 냉장 기술이 취약한 시절에는 여름에 이유식을 시작하는 것을 꺼려 왔으나 요즘엔 어느 계절에 이유식을 시작해도 상관없다. 단, 장마철이나 여름에는 특히 청결과 보존에 유의하여 식중독에 걸리지 않도록 주의해야 한다.

준·비·기·이·유·식

시작하는 시기 & 식습관 들이기	♥ 4개월 이후가 적당하다 ♥ 젖 이외의 맛이나 숟가락과 만나게 되는 준비를 하게 된다
준비기 이유식 재료	♥ 곡류 _ 쌀가루 ♥ 채소류 _ 호박 ♥ 기타 _ 요구르트·보리차
조리 포인트	♥ 처음에는 한 종류로 시작한다 ♥ 준비기가 끝날 무렵 조금씩 식품을 배합한다
한 번에 먹이는 양	♥ 5g(1작은술) 정도가 적당하다

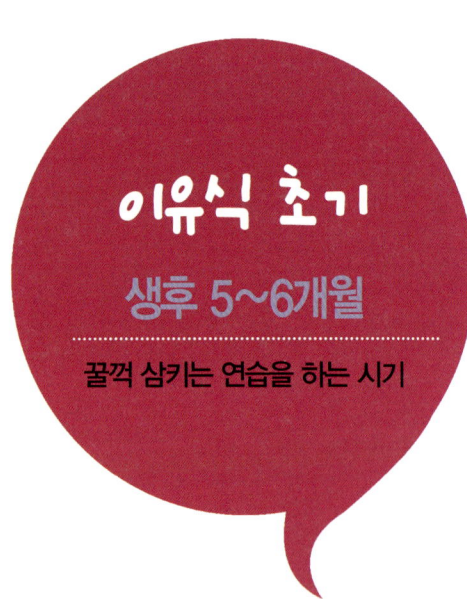

이유식 초기

생후 5~6개월

꿀꺽 삼키는 연습을 하는 시기

이 시기는 맛을 익히고
숟가락으로 먹는 연습이 목표이므로
양에 구애받지 말고 조금씩
익숙해지게 하세요.

···▶ **시작하는 시기**

생후 5개월 전후 아기의 페이스에 맞춰 천천히 진행한다

아기에게 모유나 분유는 빼놓을 수 없는 영양원이다. 그러나 어느 시기가 되면 아기는 모유나 분유가 아닌 음식물로 영양분을 섭취해야 한다. 이유식 시기란 바로 아기가 제대로 된 음식을 먹기 위해 연습을 하는 시기에 해당한다.

이유식을 시작하는 시기가 꼭 정해져 있는 것은 아니다. 하지만 전문가들은 대개 생후 4개월 무렵 몸무게가 6~7kg 정도가 되고, 음식을 감각으로 느낄 수 있게 되며, 아빠나 엄마가 음식을 먹는 모습을 보면서 입을 오물거리며, 입으로 들어온 음식물을 혀로 밀어내지 않을 무렵이면 이유식을 하기에 적당한 시기라고 말한다. 보통 생후 5개월을 전후로 시작하는 경우가 많은데 아기마다 차이가 있다.

중요한 것은 이유식을 빨리 시작한다고 해서 음식을 먹는 기술이 부쩍 향상되는 것은 아니라는 점이다. 그러므로 엄마의 욕심을 버리고 아기의 상태를 체크해 가며 천천히 진행하도록 한다.

···▶ **이 시기에 적합한 음식**

쌀죽으로 시작한다

처음 이유식을 시작할 때 권장되는 음식은 쌀이다. 일반적으로 10배죽으로 시작하는데 이때 쌀은 불린 쌀을 갈아 만든 쌀가루를 이용하도록 한다. 10배죽이라고 하면 쌀가루 1에 물 10이 들어간 죽을 말한다. 현미를 갈아서 만든 죽도 괜찮다.

쌀죽은 차츰 물의 양을 줄여 7배죽, 5배죽으로 진행시킨다. 1~2주 정도 먹이다가 아기가 특별한 알레르기 증상을 보이지 않으면 야채를 첨가시킨다. 이때 알맞은 식품은 고구마, 강낭콩, 완두콩, 당근, 시금치 등이다. 이중 당근과 시금치는 초기 이유식 마지막 즈음인 6개월 무렵에 넣는 것이 좋다.

한 가지 재료로 만들어 3~4일간 먹인다

초기에는 대개 한번에 한 가지 재료로 만들되 3~4일 정도 간격을 두고 재료에 변화를 주도록 한다. 그래야 아기가 어떤 식품에 어떤 반응을 보이는지 관찰할 수 있다. 특히 야채는 1~2주 단위로 한 가지씩 첨가해서 6개월쯤 되었을 때는 쌀죽에 서너 가지 야채가 들어간 이유식을 먹게끔 한다.

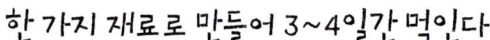

주르르 흘러내릴 정도의 묽기가 적당하다

처음 이유식을 시작할 때 아기가 이유식 먹기를 힘들어할 수 있다. 때문에 처음에는 이유식을 액체에 가깝게 조리하다가 점점 수분을 줄여서 요구르트나 미음처럼 숟가락을 기울이면 주루룩 떨어질 정도의 묽기로 해서 먹이도록 한다. 그래도 아기가 음식을 자꾸 뱉어내면 재료를 바꾸거나 입자를 더욱 곱게 만들어서 먹여보자.

이유식에는 간을 하지 않아도 된다

또한 음식 자체의 맛으로도 충분하므로 일부러 조미료를 첨가하여 맛을 낼 필요는 없다. 아기가 음식을 먹기 어려워할 때는 분유나 과즙을 첨가해 그동안 습관된 맛에 맞춰준다.

아기가 배가 고플 때 이유식을 주게 되면 빨리 배를 채울 수 없어 더욱 짜증을 내게 된다. 그러므로 이유식을 먹이기 전에 분유나 모유를 적당히 먹여 허기를 가시게 한 다음 숟가락으로 이유식을 먹이고 마지막에 다시 분유나 모유를 먹이도록 한다. 그러다가 차츰 배가 고플 때 이유식을 먼저 먹이는 것을 시도한다. 대개 그렇게 되기까지는 1~2개월이 걸린다.

곡물과 야채 중심으로 소화되기 쉽게 만든다

이유식 초기에는 쌀죽이나 빵죽, 야채를 삶아서 체에 내리거나 으깨어 주는 등 곡물과 야채 중심으로 소화되기 쉽게 만들어준다. 고기나 생선 등의 단백질 식품은 부드럽게 조리하기가 어렵고 또 너무 일찍 주면 오히려 식품 알레르기를 일으킬 수 있으므로 신중하게 상태를 체크해 가며 준다.

스푼으로 먹는 것을 연습하는 시기, 양에 구애받지 않는다

처음 이유식을 시작할 때는 절대 마음을 급하게 먹고 서둘러서는 안 된다. 아기의 위장은 아직 외부 음식에 적응이 되지 않아 잘 받아먹는다 하더라도 어느 순간에 탈이 나기도 하기 때문이다. 입으로 빠는 것밖에 모르던 아기가 스푼으로 음식을 먹는다는 것은 대단한 변화에 속한다. 이유식을 시작해서 2개월 정도까지는 음식을 입에 넣고 단지 삼키는 연습을 하는 시기이므로 양이 늘지 않는다고 해도 걱정할 필요가 없다. 처음에는 찻숟가락으로 1/4 정도만 먹여본다. 좀 익숙해지면 서서히 양을 늘려 1작은술(5g), 3~4일까지 2작은술(10g) 정도 먹이고, 이상이 없으면 이틀 단위로 양을 점차 늘려간다.

6개월 무렵이 되면 하루 2회씩 이유식 시간을 갖고 한 번 먹을 때 어른 숟가락으로 4~5숟가락 정도(60cc 정도) 먹을 수 있게 한다.

Baby Food Clinic

아기가 스푼을 싫어하여 이유식을 줄 때마다 울거나 머리를 흔드는 경우는 며칠 휴식시간을 가졌다가 다시 시도해 보세요. 또한 아기가 오랜 시간 계속 음식을 삼키기 어려워할 때는 조리 방법에 문제가 있을 수 있으므로 한번 체크해 보세요.

오전 10시경이 이유식 먹이기에 적당하다

이유식을 먹이는 시간은 아무 때라도 상관없으나 수유 시간 중의 1회에 맞춰 주는 것이 좋다. 아침 기상 직후나 취침 전보다는 아기가 활발하게 활동하는 시간을 택해서 주도록 한다. 예를 들면 아기가 아침에 일어나서 두 번째 수유 시간에 해당하는 오전 10~11시경에 주는 것도 좋다. 단, 가능하면 일정한 시간을 정해서 주고, 수유 시간이 일정하지 않은 아기는 이유식을 시작하기 전에 4시간 간격으로 수유 리듬을 조절해 본다. 또한 수유 시간이 되면 젖을 빨리 달라고 보채는 아기는 수유 시간보다 조금 빨리 이유식을 주는 것도 좋다.

이유 초기의 식사 스케줄

	5개월 (1회식)	6개월 (2회식)
오전 6시경	모유 또는 분유 (원하는 만큼 준다)	모유 또는 분유 (원하는 만큼 준다)
오전 10시경	이유식+모유 또는 분유	이유식+모유 또는 분유
오후 2시경	모유 또는 분유 (원하는 만큼 준다)	모유 또는 분유 (원하는 만큼 준다)
오후 6시경	모유 또는 분유(원하는 만큼 준다)	이유식+모유 또는 분유
오후 10시경	모유 또는 분유 (원하는 만큼 준다)	모유 또는 분유 (원하는 만큼 준다)

이유식의 양과 횟수는 아기에 따라 차이가 크다

한편 이유식을 시작해서 2개월로 접어들면 하루에 주는 이유식 횟수를 하루 2회 정도로 늘린다. 2회를 줄 때도 1회와 마찬가지로 수유 시간에 맞춰 아침과 저녁으로 나눠서 준다. 아기가 먹는 양이 별로 늘지 않으면 6개월경이 되었을 때 2회로 늘리기 위해 연습 기회를 좀더 늘려 본다. 다른 아기보다 이유 시기가 늦거나 육아책에서 제시하는 양보다 적게 먹는다고 걱정할 필요는 없다. 이유식은 아기마다 차이가 있고 일찍 시작했다고 해서 좋을 것이 없기 때문이다.

좀더 먹이려고 이유식 시간을 오래 끌지 않는다

이유식을 먹이는 시간은 길어야 20분 정도로 잡는다. 시간을 많이 끌면 아기가 피곤해지기 쉽기 때문이다. 또한 이유식이 끝난 직후 모유나 분유를 줄 때는 1회분의 수유 양에서 아기가 원하는 만큼 충분히 주도록 한다.

이 시기에 아기가 먹는 양은 극히 소량이므로 모유나 분유의 양을 줄이지 말고 그대로 1회분 양을 다 주어도 상관없다. 이와 반대로 이유식을 먹은 후 모유나 분유를 별로 먹지 않으려고 할 때는 그대로 포기한다. 이유식에 익숙해지는 속도는 아기마다 다르다. 처음부터 꿀꺽 잘 삼키는 아기가 있는가 하면 줄 때마다 뱉어내는 아기도 있다. 그러나 계속해서 주다 보면 어느 순간 삼키는 방법을 터득하게 되므로 양이 늘지 않더라도 스푼을 싫어하지만 않는다면 서두르지 말고 천천히 진행시킨다.

이유 트러블 & 해결 아이디어

초기트러블 1

생선을 먹지 않아요

해·결·포·인·트
먹기 좋은 맛을 플러스 해준다

생선은 요리를 하면 살이 퍼석해지므로 아기가 싫어할 수도
있다. 그럴 때는 먹기 좋게 수프에 넣어주거나 죽 등에 혼합해
서 먹게 해준다.

적·합·한·메·뉴 **흰살생선오렌지찜**

① 껍질과 뼈를 제거한 흰살생선 10g을 끓는 물에 익힌 후 으깨어
　놓는다.
② 껍질을 벗긴 오렌지 1/8개를 안에 있는 부드러운 속살만 꺼내 곱
　게 간다.
③ 작은 냄비에 ①과 ②를 넣고 한번 살짝 끓여 준다.

초기트러블 2

음식을 너무 빨리 먹어요

해·결·포·인·트
수분을 적게 사용하여 조리한다

음식에 수분이 너무 많아도 빨리 먹는 원인이 될 수 있다. 이
런 경우는 수분을 약간 적게 하여 걸쭉한 상태로 조리해 본다.

적·합·한·메·뉴 **호박매시**

① 내열 용기에 씨와 껍질을 제거한 호박 10g과 물 1/2큰술을 넣고
　랩을 씌워 전자레인지에서 약 1분간 가열한다.
② 랩을 벗기고 호박을 곱게 으깨어 준다.

초기트러블 3

베이비 푸드를 먹였더니 집에서
만든 음식을 잘 먹지 않아요

해·결·포·인·트
베이비 푸드의 농도에 맞춰 음식을 만들어준다

베이비 푸드는 집에서 만든 음식보다 입자가 곱고 부드러운 편
이다. 이런 경우는 믹서를 사용하거나 발이 가는 체에 음식을
내리는 등 가능하면 베이비 푸드의 농도에 맞춰 조리해 본다.

적·합·한·메·뉴 **당근페이스트**

① 작게 썰어 부드럽게 데친 당근 100g을 체에 곱게 내려 준다.
② ①을 냄비에 넣고 녹말 용액을 약간 떨어뜨린다.

초기트러블 4

닭고기를 싫어해요

해·결·포·인·트
점성을 붙여 조리한다

고기도 생선과 마찬가지로 조리를 하면 살이 퍽퍽해지기 때문
에 아기가 먹는 데 어려움을 느낄 수 있다. 고기는 매끄럽게
조리하기가 어려우므로 전분을 사용한다.

적·합·한·메·뉴 **닭고기찜**

① 작은 냄비에 힘줄을 제거하고 가늘게 찢은 닭가슴살 10g을 넣고
　여기에 다시국물과 소금을 약간 넣어 한동안 두면 가슴살이 수분
　을 흡수하게 된다.
② ①을 불에 올려놓고 끓이다가 마지막에 전분 용액을 약간 떨어뜨
　려 점성을 붙여 준다.

Q 6개월이 되면 이유식 횟수를 반드시 2회로 늘려야 하나요?

A 이유식 초기에서 1개월이 지나면 횟수를 2회로 늘리는 것이 기본이다. 양이 늘지 않더라도 음식을 싫어하지 않고 꾸준히 먹는 편이라면 반드시 2회로 늘려야 한다. 이유식 횟수가 증가해야 먹는 요령도 향상된다.

Q 빵죽을 만들 때 생우유를 사용해도 되나요?

A 이유식 초기는 아기의 소화력이 아직 미숙한 편이다. 단백질 분자가 큰 생우유는 소화에 큰 부담을 줄수 있고 알레르기를 일으킬 위험도 있다. 빵죽 등 모든 음식에는 모유나 분유를 사용하는 것을 원칙으로 한다.

Q 음식을 넘기지 않고 입에 가득 물고 있을 때는 어떻게 해야 하나요?

A 음식물을 넘기지 않고 입에 물고 있는 것은 음식이 입안에 너무 많거나 부드럽지 않다는 증거다. 음식을 물고 있으면 침에 의해 자연히 넘어가지만 앞으로는 농도를 훨씬 부드럽게 하고 한 스푼의 양을 줄여서 입에 넣어 준다.

Q 2회 모두 같은 음식으로 주어도 되나요?

A 2회 모두 같은 음식을 주어도 상관없다. 그러나 아기가 싫증을 낼 수 있으므로 조리 방법을 달리해 다른 맛을 느끼게 해주는 것이 좋다. 가령 처음에 밥을 주었다면 두 번째는 야채를 넣어 야채죽을 만들어주는 식으로 한다.

Q 음식을 주면 그대로 삼켜버리는데 소화에 이상이 없을까요?

A 이유식 초기의 음식은 대부분 소화되기 쉬운 유동식이므로 그대로 삼켜도 소화에 큰 지장은 없다. 음식을 그대로 삼키는 것은 아기가 먹는 방법을 스스로 익혀 가는 과정이라고 볼 수 있으므로 크게 걱정할 필요가 없다.

Q 시판하는 요구르트를 주어도 괜찮은가요?

A 이유식 초기의 요구르트는 무가당으로 맛이 엷은 것을 주는 것이 기본이다. 시중에 나와 있는 플레인 요구르트를 이용하면 편리하다. 플레인 요구르트는 떠 먹는 형태로 된 것도 있고 마시는 형태로 된 것도 있다. 단, 요구르트는 그냥 주는 것보다는 야채에 버무리거나 소스로 만들어주는 등 다른 음식과 섞어서 주는 편이 소화 흡수에 훨씬 좋다.

Q 직장에 다니는 까닭에 2회 째 이유식은 항상 밤에 주게 되는데 괜찮을까요?

A 2회째 이유식 시간이 늦더라도 규칙적으로 주고 있다면 별 문제가 없다. 단, 이유식을 먹인 후 젖이나 우유를 먹이는 것을 생략해서는 안 된다. 그리고 수유 후에는 반드시 어느 정도 소화시킨 후 잠을 재우도록 한다.

Q 음식물의 온도는 어느 정도가 적당한가요?

A 음식은 모유나 분유를 타주는 온도에 맞추는 것이 기본이다. 아기는 어른보다 뜨거운 맛에 민감하므로 항상 주의가 필요하다. 엄마의 팔 안쪽에 음식을 올려놓았을 때 차지도 뜨겁지도 않은 미지근한 정도가 가장 이상적이다.

Q 먹고 남은 이유식을 다음날 다시 주면 안 되나요?

A 음식을 미리 덜어 아기가 전혀 입에 대지 않은 상태라면 하루가 지난 후 다시 먹여도 상관없다. 단, 반드시 냉장고에 보관하고 음식을 주기 전 한번 끓여서 주는 것이 원칙이다.

Q 알레르기가 걱정이어서 달걀을 전혀 주지 않고 있는데 괜찮을까요?

A 엄마의 판단으로 음식을 제한하면 성장에 지장을 초래할 수 있다. 새로운 음식을 먹였을 때 아기의 피부에 발진이 생기거나 입가가 빨갛게 되고 장기간 설사를 한다면 알레르기의 가능성이 있으므로 그때 의사와 상담하여 제한할 음식을 결정한다.

Q 아파서 이유식을 중단했다가 다시 먹이려고 하는데 잘 먹지를 않아요. 어떻게 해야 할까요?

A 병이 나았다 해도 몸이 정상으로 회복하기까지는 시간이 걸리는 편이다. 이유식을 거부할 때는 일부러 먹이려고 하지 말고 우선은 모유나 분유만 주다가 몸이 회복되면 서서히 이유식 초기에 주었던 음식부터 다시 시작한다.

초·기·이·유·식

시작하는 시기 & 식습관 들이기	♥ 생후 5개월 전후가 적당하다 ♥ 몸무게가 6~7kg 정도 되고 어른이 음식을 먹는 모습을 보면서 입모양을 오물거릴 무렵이면 된다
초기 이유식 재료	♥ 곡 류 _ 쌀가루, 현미, 완두콩, 강낭콩, 고구마 ♥ 과일류 _ 바나나 ♥ 채소류 _ 당근, 시금치, 호박 ♥ 견과류 _ 밤
조리 포인트	♥ 요구르트나 미음처럼 숟가락을 기울이면 주루룩 떨어질 정도의 묽기가 적당하다 ♥ 아기가 음식을 자꾸 뱉어내면 재료를 바꾸거나 입자를 더욱 곱게 만든다
한번에 먹이는 양	♥ 죽의 경우 1작은술로 시작해 6개월 무렵이면 50g(1/4컵) 정도를 먹이면 되고, 채소류는 1작은술(5g) 정도로 시작해 6개월 무렵이 되면 4작은술까지 먹일 수 있다

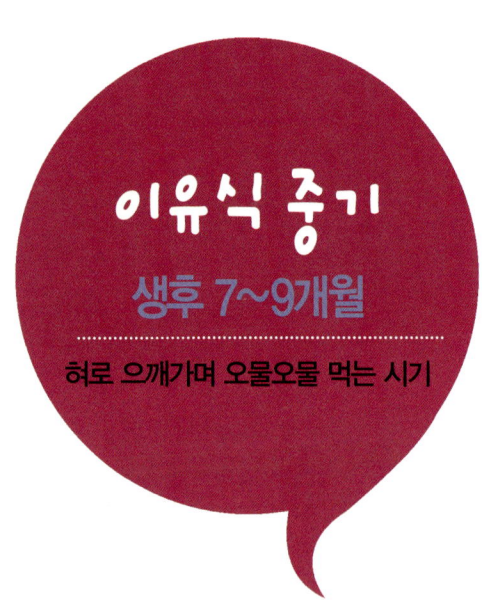

이유식 중기
생후 7~9개월
혀로 으깨가며 오물오물 먹는 시기

이 시기가 되면 아기는 혀로 음식물을
처리하는 감각을 익히게 됩니다.
차츰 우유의 횟수를 줄이고
다양한 이유식을 맛보게 하세요.

···▶ **시작하는 시기**

혼자 먹겠다고 떼를 쓸 무렵 아기 손에 스푼을 들려준다

7~8개월 무렵이 되면 아기는 이유식에 익숙해져 단백질 식품도 섭취할 수 있게 되며, 먹는 음식이 다양해
지고, 작은 음식 조각은 빨리 씹을 수 있게 된다. 또 독립심이 강해지면서 혼자서 먹겠다고 떼를 쓰기도 한다.
이렇듯 이유식 중기가 되면 엄마 손에 있는 스푼을 잡으려고 떼를 쓰는 아기들이 많아지는데, 아기에게 스푼
을 쥐어 주면 음식을 먹는 데 집중할 수 없다고 생각하는 엄마들이 많다. 그러나 이것은 착각일 수 있다.
생후 7~8개월은 눈에 보이는 것은 무엇이든지 잡으려고 하는 시기이므로 자신의 목적을 달성하게 되면 오
히려 안정감을 느끼게 된다. 때문에 엄마 손에 있는 스푼을 잡기 위해 떼를 쓰거나 칭얼거리면 아기용 스푼
을 따로 준비하여 손에 들려주는 것이 좋다.

우유 섭취 횟수를 줄이고 다양한 이유식을 맛보인다

이 시기가 되면 우유를 먹는 횟수를 줄이고 으깬 야채나 잘게 다진 고기 등의 고형 음식을 먹게 한다. 9개월
쯤 되면 국수나 부드러운 밥을 먹을 수 있는 아기도 있는데, 과일이나 야채를 줄 때는 단단한 섬유질을 반드
시 제거하고, 생선을 먹일 때는 가시를 특히 조심해야 한다.
아기가 이유식을 먹는 도중에 칭얼거릴 때는 목이 말라서일 수 있으므로 미리 보리차를 준비해두면 좋다. 이
시기의 아기는 손으로 집어먹는 음식들 즉 토스트 조각이나 빵 조각, 익힌 당근 조각, 삶은 고구마, 바나나
등을 제 손으로 집어먹는 것을 좋아한다.

···▶ **이 시기에 적합한 음식**

영양의 밸런스를 생각하면서 메뉴를 짠다

지금까지는 죽, 야채 등 단순한 맛에 길들여 왔지만 이제는 재료의 종류를 점차 늘려서 아기에게 다양한 맛
을 체험할 수 있게 해준다. 우선 곡류나 채소를 죽 상태로 주는 것을 계속하면서 닭고기, 쇠고기 등의 육류와
흰살생선 등의 건뇌 식품을 섞어서 다양한 메뉴를 구성하도록 한다.
메뉴를 변경시킬 때는 영양의 밸런스를 먼저 생각하는 것이 기본이다. 곡류, 야채, 고기, 생선 등을 맛있게
조리하여 골고루 섭취시키면 아기도 음식 맛을 폭넓게 익혀 갈 수 있다. 이때 알레르기의 원인이 될 수 있는

달걀은 7개월경까지는 노른자만을 사용하고 흰자는 8개월부터 시작하는 것이 안전하다. 노른자를 죽에 섞어서 주거나 또는 따로 조리하여 색다른 맛을 느끼게 하는 것도 좋다.

견과류와 해조류를 이용해 이유식을 만든다

견과류를 가루 내어 이유식에 조금씩 섞어주거나 다시마국물이나 미역을 잘게 다져 익힌 것 등 해조류를 먹여보는 것도 좋다. 단, 김 등의 건어물을 그대로 먹이는 것은 아직 이르다. 또한 등푸른 생선의 경우 많은 영양소가 함유되어 있기는 하지만 알레르기를 일으킬 수 있으므로 중기 후반에 시작하도록 한다.

···▶ 조리 포인트
두부나 푸딩 정도의 굳기가 알맞다

이 시기의 아기들은 입을 오물오물거리기 시작한다. 이 기간 동안에는 아기의 성장이 무척 빠르므로 조리 형태와 이유식의 양도 시작과 마무리가 달라진다. 처음에는 입으로 오물거리면 형태가 없어져서 마실 수 있는 정도로 묽게 했다가 점차 물의 양을 줄여서 끈적끈적한 상태가 되게 한다.

이유식 중기가 되면 음식물을 삼키는 속도가 빨라지고 혀로 음식물을 처리하는 감각도 발달하게 된다. 이 시기가 되면 아기는 혀로 음식물을 으깨어 먹는 방법을 익히게 된다. 아기가 혀를 이용해 음식물을 삼킬 수 있는 훈련이 필요한 시기이므로 두부나 푸딩 정도의 굳기로, 손가락으로 집어서 쉽게 부서질 정도의 덩어리를 섞어준다. 부피는 손톱 크기 정도가 알맞다. 아기의 먹는 상태를 잘 살피면서 점차 딱딱한 재료를 늘려가도록 한다.

맛의 농도는 성인 음식의 1/10 정도로 한다

기본적으로는 맛을 내지 않는 것이 원칙이지만 재료의 맛을 손상시키지 않는 범위 내에서 간장이나 소금, 된장, 설탕 등을 약간 사용해도 좋다. 단, 맛의 농도는 성인 음식의 1/10 정도가 이상적이다. 음식의 맛이 진하면 아기의 신장에 부담을 줄 수 있으므로 주의가 필요하다.

이유 중기의 식사 스케줄

(1일 2회식의 경우)

오전 6시경	모유 또는 분유 (원하는 만큼 준다)
오전 10시경	이유식+모유 또는 분유
오후 2시경	이유식+모유 또는 분유
오후 6시경	모유 또는 분유 (원하는 만큼 준다)
오후 10시경	모유 또는 분유 (원하는 만큼 준다)

이유식 횟수를 하루 2회로 늘린다

중기 이유식의 가장 큰 특징이라면 하루 한 번이었던 이유식을 하루 두 번으로 늘린다는 것이다. 1회째 이유식은 오전 10시경, 2회째 이유식은 오후 6시경이 적당하다. 먹이는 양은 오전, 오후에 모두 비슷한 정도가 알맞다. 오후에 먹이는 이유식도 초기 이유식에서 진행했던 것처럼 찻숟가락으로 시작하여 조금씩 늘려가도록 한다. 한 번 먹기에 적당한 양은 처음에는 60cc(4큰술) 정도가 적당하고 차츰 늘려서 9개월 무렵이 되었을 때는 120cc 정도가 알맞다. 이는 어른 밥그릇으로 반 공기에 해당하는 양이다. 한 번에 이 정도 먹을 수 있게 되면 하루 2회식에서 3회식으로 늘려보아도 좋을 것이다.

한번에 먹는 양은 120cc 정도가 알맞다

입자가 있는 음식을 처음 먹는 아기는 아무래도 먹는 속도가 떨어지게 된다. 이때 엄마는 아기가 음식을 혀로 으깨 완전히 삼킬 때까지 기다리는 것이 원칙이다. 또한 아기에게 음식을 줄 때는 먹기 좋게 입자의 크기를 조절해 준다. 입자가 너무 많아도 아기가 음식을 먹는 데 피곤을 느낄 수 있으므로 처음에는 입자보다는 국물의 양을 많게, 익숙해지면 서서히 입자의 양을 늘려간다.

이유식으로 부족한 영양은 모유나 분유로 채운다

이유식을 먹인 후에는 아기가 원하는 만큼 모유나 분유를 타준다. 이유식의 양이 증가되기는 했지만 내용은 아직 수분이 많은 상태이므로 1회 먹는 양은 소량에 불과하다. 이유식 중기까지 영양의 주체는 역시 모유나 분유가 되므로 이유식을 먹인 후라도 원하면 모유나 분유를 충분히 주도록 한다. 아기는 만복감이 생기면 활발하게 운동을 하게 되고 잠도 잘 자게 된다.

이유식 시간을 정해두어 식습관을 만든다

이유식을 먹는 양이 증가하고 아기가 포만감을 느끼게 되는 무렵이면 식후 수유의 양을 감소시키고 수유 시간도 4시간 간격으로 넓힌다. 즉 하루에 이유식과 모유(또는 분유)를 함께 주는 횟수가 2회, 수유만을 하는 횟수가 3회가 되도록 조절한다. 물론 밤에도 모유나 분유를 주지만 낮에는 5회를 목표로 한다.

이유식 중기에는 음식을 먹는 시간을 정하고 1일 2회의 식사를 정착시켜주는 습관을 들인다. 이유식 시간이 정확히 정해지면 외출이나 산책을 하는 계획을 짜서 밖의 공기를 즐긴 후 이유식이나 우유를 먹여도 좋다.

이유 트러블 & 해결 아이디어

중기트러블 1
음식을 그대로 삼켜요

해·결·포·인·트
한입 분량의 크기를 약간 크게 만들어 준다

음식의 크기가 너무 작거나 부드러우면 아기가 입 속에서 음식을 으깨지 않고 그대로 삼킬 수 있다. 때문에 이런 경우는 음식을 부드럽게 조리하되 평소보다 약간 크게 만들어주는 것이 좋다.

적·합·한·메·뉴 감자당근찜
① 작은 냄비에 다시국물 150cc, 5mm로 깍둑썰기한 감자 20g과 당근 5g을 넣고 부드럽게 익을 때까지 끓인다.
② ①을 스푼으로 1/2정도만 으깨서 준다.

중기트러블 2
먹는 양이 늘지 않아요

해·결·포·인·트
아기가 좋아하는 과일을 약간 크게 잘라준다

먹는 양은 아기에 따라 차이가 있을 수 있다. 그러나 음식을 적게 먹는 대신 자주 먹는다면 아무런 문제가 없다. 이유식 중기는 음식을 먹는 방법도 매우 중요하다. 만약 먹는 양이 늘지 않을 때는 아기가 좋아하는 과일을 약간 크게 잘라 혀로 눌러서 먹는 방법을 연습시켜본다.

적·합·한·메·뉴 과일요구르트버무림
① 딸기 1개, 멜론 1큰술, 속껍질을 벗긴 오렌지 1쪽을 각각 5mm로 깍둑썰기한다.
② 접시에 요구르트 2큰술을 담고 ①의 과일과 잘 섞는다.

중기트러블 3
음식을 삼키지 않아요

해·결·포·인·트
목으로 쉽게 넘어갈 수 있게 조리한다

음식의 입자가 너무 큰 것이 원인일 수 있다. 또한 부드러워도 아기에겐 목으로 삼키기 어려운 음식도 있을 수 있다. 이런 경우는 크기를 작게 하거나 점성을 붙여 목으로 쉽게 넘어가게 만들어준다.

적·합·한·메·뉴 달걀과 닭고기소보로탕
① 내열용기에 달걀물 1/2분량과 다시국물 50cc를 넣어 혼합한 후 찜기에서 찐다.
② 작은 냄비에 닭고기 다진 것 10g, 다시국물 50cc, 간장 조금을 넣고 끓인 다음 녹말 용액을 조금 넣고 ①과 섞어 준다.

중기트러블 4
음식을 으깨기 어려워해요

해·결·포·인·트
폭신하고 부드러운 음식을 준다

이유식 중기는 혀로 음식을 으깨어 먹는 시기이므로 이에 맞춰 아기가 먹기 좋은 푸딩이나 찜, 두부 등 부드러운 재료로 만든 음식을 준다.

적·합·한·메·뉴 두부찜
① 다시국물 1/3컵, 익혀서 잘게 썬 당근 1/2작은술, 곱게 다진 비단 콩깍지 1/2개, 두부 1/6모 으깬 것을 모두 냄비에 넣고 국물이 없어질 때까지 익힌다.
② 마지막으로 풀어놓은 달걀을 1/2정도 부어 점성을 붙여 준다.

Q&A 이유식 궁금증, 시원하게 풀어드려요

Q 개월 수는 늘었는데 먹는 양은 오히려 줄었어요. 괜찮을까요?

A 양이 줄더라도 아기가 건강하게 자라고 있다면 크게 염려하지 않아도 된다. 특히 중기의 메뉴는 수분이 적은 만큼 내용상으로는 충실하므로 먹는 양이 적은 것 같아도 실제는 이유식 초기보다 더 많이 먹는 편이며 영양의 섭취도 더 높다.

Q 이유식 후에도 많은 양의 젖을 먹는데 그대로 주어도 괜찮을까요?

A 이유식 후에 먹는 모유나 우유의 양은 전적으로 아기에게 맡기는 것이 좋다. 엄마의 생각에는 수유 량이 많은 것 같아도 아기의 식욕이 왕성하고 소화에 지장이 없으면 많이 먹게 되므로 일부러 제한할 필요는 없다.

Q 이유식을 먹으면 우유를 극히 소량밖에 먹지 않는데 괜찮을까요?

A 수유의 양이 극단적으로 줄게 되면 자연히 다음 수유 시간의 간격이 짧아지거나 양이 늘게 된다. 또한 이유식 중기는 음식으로 영양분을 어느 정도 공급할 수 있으므로 지나치게 우유를 먹이기 위해 노력하지 않아도 된다.

Q 치아가 나면 더 이상 음식을 먹는 훈련을 시킬 필요가 없나요?

A 치아가 나면 자연스럽게 음식을 씹어먹게 되므로 일부러 음식 먹는 훈련을 시킬 필요는 없다. 그러나 이유식 중기라도 치아가 완전히 난 상태가 아니므로 음식의 농도는 변함없이 그대로 주는 것이 좋다.

Q 영양의 밸런스는 어떻게 맞춰 주는 것이 좋은가요?

A 에너지원인 탄수화물과 비타민을 공급해주는 야채, 체세포와 피를 만들어주는 단백질 식품을 골고루 섞어서 준다. 1회의 식사로 미흡할 때는 1일 단위로 맞추고, 그것도 무리라면 2~3일 단위로 맞춰서 먹이는 것이 좋다.

Q 아기가 식욕이 있을 때는 1일 3회식으로 늘려도 괜찮은가요?

A 1일 3회식은 이유식 후기로 들어가는 9개월경부터 시작하는 것이 일반적이다. 중기라도 아기의 식욕이 왕성할 때는 3회로 늘려도 상관없지만 이유식 후 수유의 양이 줄 때는 그대로 2회식을 지키는 것이 기본이다.

Q 음식을 주면 그냥 삼키는데, 습관을 고칠 수 있는 방법이 없을까요?

A 우선 음식의 농도를 체크해 볼 것. 음식을 그대로 삼키는 것은 씹기에 너무 딱딱하거나 반대로 묽은 것이 주원인이다. 그밖에 식사시간의 간격이 길어 배가 너무 고파도 음식을 삼킬 수 있으므로 농도와 시간을 조절해 보도록 한다.

Q 부드러운 밥을 좋아하는데 7개월부터 주면 너무 빠른 편인가요?

A 7개월이면 부드러운 밥을 주어도 상관없지만 밥을 먹기 위해 근육을 과도하게 사용하여 도중에 피곤해서 식사량이 줄 수도 있다. 때문에 죽을 기본으로 하고 밥은 가끔씩 주고 밥을 줄 때는 음식을 최대한 부드럽게 만들어 준다.

Q 달걀은 흰자, 노른자를 전부 주어도 괜찮은가요? 메추리알은 어떤가요?

A 8개월부터는 흰자, 노른자를 전부 주어도 된다. 달걀은 음식을 만들 때도 들어가게 되므로 하루 1/2개가 목표다. 메추리알도 상관없지만 메추리알 6개가 달걀 1개의 분량이다. 또한 달걀은 반드시 완전히 익혀서 주도록 한다.

Q 왜 흑설탕이나 꿀을 사용하면 안되나요?

A 흑설탕과 꿀에는 '보툴리누스' 라는 균이 들어가 있을 수 있으므로 1세까지는 사용하지 않는 것이 원칙이다. 이 균은 독성은 강하지 않지만 100도 이상 가열하지 않으면 죽지 않기 때문에 저항력이 약한 아기에는 감염의 위험이 있다.

Q 앞니가 나기 시작하면 딱딱한 음식을 주어도 괜찮은가요?

A 딱딱한 음식을 씹어먹기 위해서는 어금니가 완전히 난 상태라야 한다. 앞니가 나면 음식을 잘라먹을 수는 있어도 씹기에는 불충분하므로 음식의 강도는 그대로 유지하고 어금니가 나면 조금씩 딱딱한 것을 주도록 한다.

중·기·이·유·식	
시작하는 시기 & 식습관 들이기	♥ 생후 7~8개월 무렵이 되면 시작할 수 있다 ♥ 혼자 먹겠다고 떼를 쓰기도 하는데, 혼자 먹는 습관을 들이는 것도 좋다 ♥ 9개월 무렵이 되면 국수나 밥을 먹으려는 아기도 있다
준비기 이유식 재료	♥ 곡류 _ 옥수수·식빵·국수·완두콩·감자 ♥ 채소류 _ 호박·시금치·당근·브로콜리 ♥ 과일류 _ 사과·배·바나나 ♥ 생선류 _ 새우·멸치·흰살생선 ♥ 육류 _ 닭가슴살·다진 쇠고기 ♥ 기타 _ 두부·달걀·다진 미역
조리 포인트	♥ 입으로 오물거리면 형태가 없어져서 마실 수 있는 정도의 묽기가 적당하다 ♥ 점차 물의 양을 줄여 끈적끈적한 상태로 옮겨간다 ♥ 9개월 무렵에는 두부나 푸딩 정도의 굳기로 조리한다
한 번에 먹이는 양	♥ 채소류는 30g(6작은술) 정도, 반고형식은 100g(1/2컵) 정도가 적당하다

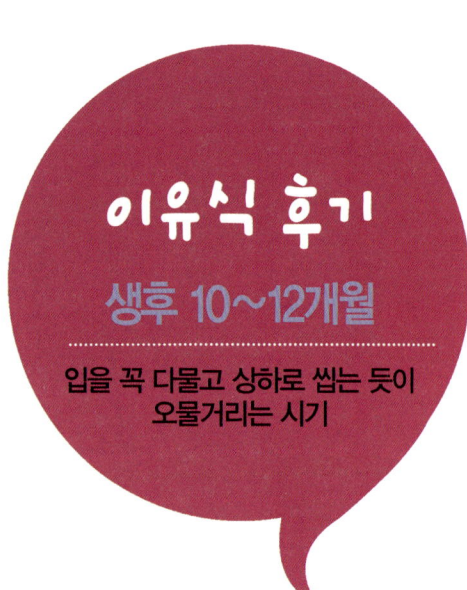

이유식 후기
생후 10~12개월

입을 꼭 다물고 상하로 씹는 듯이
오물거리는 시기

이 시기의 아기는 아침, 점심, 저녁으로
하루 3회 이유식을 먹을 수 있게 됩니다.
때문에 영양소를 고르게 섭취할 수 있는
식단으로 구성하세요.

···› 시작하는 시기

음식에 대한 기호가 확실해지면서 편식이 시작된다

먹는 것에 적극적인 관심을 보이기 시작하는 시기이다. 자립심이 발달해서 마음대로 하려고 고집을 부리기도 하므로 바람직한 식습관을 들여주어야하는 중요한 때이기도 하다. 이 시기의아기들은 좋아하는 것과 싫어하는 것이 생겨서 먹고 싶은 음식만 먹으려고 해 엄마와 실랑이를 벌이기도 한다. 하지만 이 시기 아기의 기호는 대개 일시적인 것이므로 먹지 않는 음식이라도 자꾸 아이 곁에 놓아두면 손이 가게 된다.

장난치면서 먹는 일이 없도록 식습관을 확실히 들인다

이 무렵 아기는 이리저리 돌아다니거나 장난을 치면서 밥을 먹기도 하는데 30분 정도 아기가 마음대로 하도록 둔 다음 시간이 되면 식탁을 치우도록 한다. 아기가 아무리 울고 먹겠다고 보채더라도 식사시간 안에 밥을 먹지 않으면 밥을 주지 않겠다는 엄마의 굳은 의지를 보여줄 필요가 있다. 이렇게 한두 번 버릇을 들이면 아기의 식사 습관은 몰라보게 달라질 것이다. 이 시기에 식사 습관을 제대로 들이지 못하면 만3세까지 두고 두고 고생을 하게 된다. 우선 중요한 것은 앉아서 먹는 것이다. 간혹 누워서 먹는 아기들이 있는데 숨이 막힐 위험도 있거니와 스스로 먹는 습관을 들일 수 없게 된다. 6~7개월 무렵에 아기가 혼자 앉을 수 있다면 아기 식탁을 준비해 엄마, 아빠와 함께 식사하는 버릇을 길러주도록 하자.

모유나 분유의 섭취량을 서서히 줄여간다

5개월경부터 시작한 이유식도 후기가 되면 서서히 최종 단계로 돌입한다. 특히 이유식 후기는 아기가 먹는 음식이 식생활의 주체가 될 수 있게 정착시켜준다. 모유나 분유는 서서히 양을 줄여가도록 한다.

···› 이 시기에 적합한 음식

영양의 균형을 철저히 고려해 식단을 짠다

이유식 양이 늘어나면 우유를 먹는 양이 줄어들거나아예 우유를 먹지 않으려는 아기도 있다. 때문에 이유식의 영양 균형이 철저히 고려되어야 할 시기이기도 하다. 달걀, 생선, 고기 등의 단백질 식품, 무, 시금치, 옥수수등의 비타민 식품, 밥이나 빵 등의 탄수화물 식품을 골고루 균형 있게 먹이도록 한다. 날마다 완벽한 영양군을 생각해서 메뉴를 짜기는 어려우므로 2~3일 단위로 영양분을 체크하여 식단을 짠 다음 번갈아 가며 먹이도록 한다.

손에 쥐고 먹을 수 있는 상태로 만들어 아기 손에 들려준다

야채를 먹일 때는 부드럽게 다진 것뿐만 아니라 쥘 수 있는 정도의 약간 딱딱한 상태로 먹인다. 감자나 당근은 삶아서 주고 오이는 껍질을 제거하여 저민 상태로 하여 아기 혼자 먹을 수 있게 해본다. 이 무렵의 아기는 익혀서 잘게 썬 야채나 고기를 먹을 수도 있다. 작은 치즈 조각이나 익힌 감자, 야채, 작고 부드러운 고기 조각, 부드러운 과일 조각 등 손으로 집어먹는 음식을 좀더 다양하게 매끼 준비해줘서 혼자 먹을 수 있게 해준다. 딸기와 토마토는 아직도 이르다. 좀더 기다렸다가 먹이도록 한다.

···▶ 조리 포인트

아기가 잇몸으로 씹기에 편한 정도로 부드럽게 조리한다

이유식 후기의 음식은 유동식이 아니므로 잇몸으로 충분히 씹을 수 있게 조리를 해도 아기에게는 씹는 것이나 소화가 어려울 수 있다. 아기가 음식을 밖으로 뱉어내거나 목이 메는 것 같은 표정을 지으면 더욱 부드럽게 만들어 준다. 또한 크기가 너무 커도 아기가 입 속에서 음식을 제대로 씹을 수 없으므로 크기에도 유의해야 한다. 특히 잇몸으로 씹어 먹을 때는 조금씩 천천히 먹는 습관을 들여주는 것이 중요하다. 볼이 불룩 튀어나올 정도로 입안에 음식이 너무 많거나 빨리 삼키게 하는 것은 좋지 않은 습관이다.

죽의 굳기는 밥알의 형태를 알 수 있을 만큼이 알맞다

대개의 경우 9개월경이 되면 앞니가 아래·위로 2개씩 난 아기도 많고, 잇몸으로 웬만한 음식은 씹을 수 있으므로 이에 맞는 음식을 만들어 준다. 특히 어금니 쪽의 잇몸이 아기가 음식을 씹는 데 중요한 역할을 해준다. 음식의 굳기는 엄마가 손으로 눌렀을 때 뭉개지는 정도라면 아기가 잇몸으로 충분히 씹어 먹을 수 있다. 이 시기 아기들은 오전, 오후 2회이던 이유식이 오후 2시 수유 시간에도 추가되어 하루 3회 이유식 시간을 갖게 된다.

미트볼이나 크로켓 정도의 굳기가 적당하다

또한 혀를 좌우로도 움직일 수 있게 되어 혀로 눌러서 으깰 수 없는 것은 옆으로 밀어서 잇몸으로 으깰 수 있게 된다. 따라서 이유식도 잇몸으로 씹을 수 있는 정도의 단단한 것으로 준비하도록 한다. 죽도 이제 밥알의 형태를 그대로 볼 수 있는 정도의 굳기

● 이유식 후의 수유는 원하지 않으면 하지 않는다.
● 분유는 성장 단계별 소세 이유식으로 바꾼다.

이유 후기의 식사 스케줄

(1일 3회식의 경우)

오전 6시경	모유 또는 분유 (원하는 만큼 준다)
오전 10시경	모유 또는 분유 +이유식
오후 2시경	모유 또는 분유 +이유식
오후 6시경	모유 또는 분유 +이유식
오후 10시경	모유 또는 분유 (원하는 만큼 준다)

를 먹을 수 있다. 미트볼이나 크로켓 정도가 이 시기 이유식의 적당한 굳기라고 할 수 있다. 처음부터 너무 딱딱한 것을 주면 씹지 않고 통째로 삼켜 버릴 수 있으므로 아기의 반응을 잘 살펴서 주도록 한다. 이 시기가 되면 소금, 간장, 된장, 설탕을 비롯하여 토마토케첩이나 마요네즈 등도 약간은 사용할 수 있다. 그러나 이 유식은 엷은 맛이 기본이므로 매일 사용하지 말고 메뉴를 변화시켜 가끔 첨가하는 정도로 한다.

···▶ 한 번에 먹이는 양 & 횟수
이유식 횟수가 하루 3회로 늘어나 어른의 식습관 패턴과 비슷해진다
이 무렵이 되면 이유식 먹는 시간을 오전 10시, 오후 6시에 더하여 오후 2시에 한 차례 더 갖는다. 이렇게 되면 어른의 식생활과도 비슷한 패턴이 되어 식습관을 들이기도 더욱 좋아진다. 아직은 칼로리 면에서 분유나 모유가 반 이상을 차지하고 있지만 3회 이유식이 익숙해지면 이유식 후에 우유를 주는 것은 그만해도 된다. 수유량도 줄어서 아침과 점심 또는 아침과 저녁 두 번에 걸쳐 400ml 정도의 우유만 먹이면 된다. 분유를 먹일 경우 성장 단계별 조제 이유식으로 바꿔준다.

···▶ 식습관 들이기
컵으로 마시는 훈련을 시킨다
수유를 완전히 중단하기 위해서는 젖병이 아닌 컵에 마시는 훈련을 시켜야 한다. 돌 무렵이 되면 아기는 음료와 손으로 집어먹는 음식을 포함해 끼니 중간에 두세 번 간식과 함께 하루 세 끼니를 먹게 될 것이다. 한 번에 먹는 이유식의 양은 어른 밥그릇의 절반 정도인 120cc 정도가 적당하다.

손으로 들고 먹는 음식을 주되 일정한 시간이 지나면 뺏는다
이유식 후기가 되면 대부분의 아기들이 식기 속에 손을 넣어 휘저어 놓거나 스푼으로 그릇을 엎지르기도 한다. 이것은 아기가 자신의 힘으로 음식을 먹고 싶다는 의욕의 표시이기도 하다. 때문에 이 시기는 아기가 직접 손으로 잡고 먹을 수 있는 메뉴도 만들어 준다. 예를 들어 스틱형으로 잘라 익힌 야채나 한입 크기의 김밥 등을 손에 들려줘도 앞니로 잘라 잇몸으로 충분히 씹어 먹을 수 있다. 또한 이 무렵의 아기들은 먹는 것 외에도 흥미 분야가 다양해져 놀면서 음식을 먹으려고 하는 경우가 많아진다. 처음엔 음식을 손에 잡고 잘 먹다가도 어느새 벽에 문지르거나 방바닥에 늘어놓는 일도 허다하다. 아기가 놀면서 음식을 먹는 버릇이 나타나면 엄마는 처음부터 먹는 것과 노는 것을 확실하게 구분해주는 훈련을 시키도록 한다. 가령 손에 쥔 음식을 갖고 놀 때는 30분을 목표로 그대로 내버려 두고 더 이상은 용납하지 않도록 한다.

후기트러블 1

면류만 좋아해요

해·결·포·인·트

영양의 밸런스를 맞춰 맛있게 만들어준다

면은 목으로 넘기기가 쉽기 때문에 좋아하는 아기들이 많다. 면만 먹고자 할 때는 영양의 밸런스를 맞춰 다른 식품과 함께 만들어 주는 것이 좋다.

적·합·한·메·뉴 튀김우동

① 볼에 달걀 용액 1큰술, 물과 밀가루 각 2큰술, 잘게 썬 새우 1마리, 채썬 당근과 양파, 강낭콩을 조금 넣고 잘 혼합한 후 적당한 크기로 뭉쳐 150℃의 기름에 튀겨낸다.
② 다시국물 1/2컵, 간장 조금, 우동 1/2개를 넣어 끓인다.
③ 우동이 완전히 익으면 ①의 재료를 위에 얹는다.

후기트러블 2

생선을 싫어해요

해·결·포·인·트

맛을 내고 생선살을 부드럽게 조리해준다

생선은 조리 후 살이 퍼석해지고 특유의 비릿한 냄새 때문에 생선을 싫어하는 아기들도 있다. 이런 경우는 다시국물을 사용하여 맛을 내고, 살을 좀더 잘게 찢어 육질을 부드럽게 해준다.

적·합·한·메·뉴 생선찜

① 냄비에 물과 설탕, 간장 조금을 넣고 끓이다가 흰살생선을 넣고 육질이 부드러워질 때까지 뭉근하게 익힌다.
② ①의 생선을 뼈와 껍질을 제거하고 잘게 찢어 접시에 담는다. 이 때 남은 국물을 생선 위에 끼얹는다.

후기트러블 3

입으로 오물거리다가 뱉어내요

해·결·포·인·트

수분이 많은 메뉴로 바꿔본다

한입에 넣는 양이 많거나, 씹다가 수분이 빠지면 뱉어내는 경우가 있다. 우선 한입의 양을 줄이고 수분이 많은 메뉴로 바꿔보거나 음식에 점성을 붙여 준다.

적·합·한·메·뉴 두부만두국

① 볼에 수분을 제거하고 곱게 으깬 두부와 돼지고기 다진 것, 잘게 썬 양파와 표고버섯을 골고루 혼합한 뒤 만두피로 싼다.
② 냄비에 다시국물 1/2컵을 붓고 끓이다가 ①과 가늘게 썬 청경채를 넣고 돼지고기가 완전히 익을 때까지 푹 끓인다.

후기트러블 4

씹지 않고 삼켜요

해·결·포·인·트

부드럽게 조리하되 크게 썰어준다

음식을 씹어서 맛을 느낄 수 있도록 엄마가 이유식을 줄 때마다 열심히 씹는 모습을 보여준다. 그래도 아기가 씹지 않으면 더 이상 음식을 입에 넣어 주지 말거나 씹지 않으면 삼킬 수 없는 정도의 크기로 잘라준다.

적·합·한·메·뉴 호박레몬찜

① 작은 냄비에 물 100cc와 레몬즙 조금, 껍질과 씨를 제거하고 사방 1cm 크기로 깍둑썰기를 한 호박 30g을 넣고 뚜껑을 덮은 후 부드럽게 익힌다.
② 도중에 물이 줄어들면 조금씩 첨가해 가면서 조리한다.

Q&A 이유식 궁금증, 시원하게 풀어드려요

Q 후기가 되면 반드시 1일 3회식을 해야 하나요?

A 아기의 상태에 따라 횟수를 천천히 늘려도 좋지만 되도록 빨리 3회식을 시작하는 것이 좋다. 엄마가 생각하는 것보다 아기는 훨씬 적응력이 높기 때문에 3회식을 빨리 실천할수록 소화력이 향상되고 영양분도 충분히 공급받게 된다.

Q 고기를 씹지 않고 입안에 물고 있을 때는 어떻게 해야 할까요?

A 고기를 입에 물고 있더라도 침에 의해 유연해지므로 넘기는 데 지장은 없다. 고기를 입에 물고 있는 이유는 씹기가 어렵기 때문이므로 조리를 할 때 가능하면 잘게 다져 두부나 야채 등과 함께 섞어서 주는 것이 좋다.

Q 어른들이 라면을 먹으면 달라고 보채는데 라면을 주어도 괜찮은가요?

A 라면은 아기에게는 매운 맛이 강하고 수프의 염분 함유량이 높고 첨가물이 포함되어 있는 경우도 있으므로 보채도 주지 않는 것이 원칙이다. 달라고 조를 때는 국수를 삶아 놓았다가 멸치 국물이나 야채 수프를 부어서 주도록 한다.

Q 언제까지 엷은 맛으로 조리해야 하나요?

A 이유식이 완전히 끝날 때까지는 엷은 맛으로 조리하는 것이 기본이다. 이유식 후기라도 어른이 먹었을 때 확실히 싱겁다는 느낌이 들 정도가 알맞다. 대신 치즈나 버터, 케첩 등으로 음식의 풍미를 더해주도록 한다.

Q 입에 있는 음식을 자꾸 뱉어낼 때는 어떻게 하죠?

A 이유식 후기가 되면 활동이 많아지므로 음식을 먹는 데 집중하지 않는 경우가 많다. 음식을 자꾸 뱉어내고, 놀면서 음식을 먹으려고 할 때는 억지로 먹이려 하지 말고 배를 충분히 고프게 한 후 음식을 주는 것이 효과적이다.

Q 3회 모두 다른 메뉴로 만들어야 하나요?

A 3회 모두 다른 메뉴를 주는 것이 이상적이나 엄마에게는 큰 부담이 될 수 있다. 단, 이유식 후기는 어른이 먹는 음식에서 덜어서 조리를 해도 되므로 어른 음식에서 약간만 변형시키면 쉽게 세 끼를 다른 메뉴로 만들 수 있다.

Q 튀김류를 주어도 되나요?

A 이유식 후기는 아기에게 튀긴 음식을 주어도 문제가 없다. 단, 식물성 기름은 공기 중에서 금방 산화되기 때문에 튀김류를 만들어 줄 때는 언제나 신선한 기름을 사용하는 것이 원칙이다.

Q 밥을 먹지 않고 죽만 찾을 때는 어떻게 해야 하나요?

A 밥을 처음 먹는 아기는 그동안 다양한 죽 맛에 익숙해졌기 때문에 싱거운 밥을 피하는 경우가 많다. 이럴 때는 입에서 밥과 반찬 맛을 동시에 느낄 수 있도록 밥에 반찬을 섞어 함께 스푼으로 떠 넣어준다.

Q 밥은 싫어하고 국수만 먹으려고 하는데 어떻게 해야 할까요?

A 국수를 많이 주되 계속해서 먹이면 편식의 위험이 있으므로 밥이나 빵과 번갈아 가면서 준다. 국수를 좋아하는 이유는 쉽게 넘길 수 있기 때문이므로 밥을 줄 때는 야채나 생선 등을 넣고 끓여 가능한 한 부드럽게 만들어준다.

Q 스트로를 빠는 연습은 어떻게 시키는 것이 좋은가요?

A 처음부터 스트로를 빨기는 어려우므로 우선은 종이로 된 우유팩이나 주스 등에 스트로를 꽂고 연습을 시킨다. 엄마가 팩을 눌러주면 압력에 의해 스트로 안으로 내용물이 쉽게 올라가므로 아기가 힘들이지 않고 빨 수 있다.

Q 이유식이나 젖을 너무 잘 먹어 비만이 될까봐 걱정인데 양을 줄이지 않아도 될까요?

A 당도가 높은 과즙이나 과일류는 삼가고 단백질이나 야채 식품을 듬뿍 주도록 한다. 단, 3세 이후의 비만은 주의가 필요하다.

후·기·이·유·식

시작하는 시기 & 식습관 들이기	♥ 올바른 식습관을 들여야 할 중요한 시기다 ♥ 식탁에 앉아서 먹는 습관을 들인다 ♥ 식사시간이 지나면 다 먹지 않았더라도 식탁을 치운다 ♥ 좋아하는 음식, 싫어하는 음식이 생긴다 ♥ 식사시간에 돌아다니거나 장난을 치는 것을 금한다
준비기 이유식 재료	♥ 곡류 _ 밥·빵·국수·옥수수·고구마·감자 ♥ 육류 _ 쇠고기·닭고기 ♥ 채소류 _ 무·시금치·당근·호박·버섯·콩나물 ♥ 과일류 _ 사과·배·멜론·오렌지 ♥ 생선류 _ 흰살생선·새우·조갯살·게살·등푸른생 ♥ 기타 _ 다시마·호두·두부·달걀
조리 포인트	♥ 밥알의 형태를 완전히 알 수 있을 만큼의 죽 정도가 알맞다 ♥ 잇몸으로 으깨어 먹을 수 있는 정도의 미트볼이나 크로켓 정도의 딱딱함이면 적당하다
한 번에 먹이는 양	♥ 곡류 고형식은 1회에 100g(1/2컵) 정도가 적당하고 채소류는 30g(6작은술)으로 시작해 12개월 무렵에는 40g(8작은술) 정도면 적당하다

이유식완료기

생후 12개월 이후

이유식을 졸업하는 시기

이유식이 마무리 되는 단계로
정상적인 식사리듬을 갖게 됩니다.
서서히 분유에서 생우유로 교체하고
하루 2회 정도 간식을 먹이세요.

···▶ 시작하는 시기

이유식을 마무리하는 단계로 가족과 함께 하는 식사패턴을 길들인다

1년 동안 의존해왔던 모유나 분유와는 이제 서서히 작별을 고할 시간이 다가왔다. 그러나 이 시기가 되어도 음식을 잘 먹지 않거나 놀면서 먹고, 편식을 하는 등 트러블을 일으키는 아기가 상당수에 이른다. 힘들지만 엄마가 더욱 분발하여 아기에게 좋은 식습관을 붙여주어야 할 시기이다.

이유식이 단계별로 잘 진행되었을 경우 이 무렵의 아기는 3회의 이유식을 확실하게 먹을 수 있게 된다. 오전 10시, 오후 2시, 오후 6시에 먹였던 이유식 리듬을 어른의 식사시간인 아침, 점심, 저녁으로 완전히 바꾸어 온 가족이 함께 식사를 하는 리듬을 새롭게 심어준다.

완벽한 식사메뉴를 구성하고 아기용 반찬은 간을 부드럽게 한다

돌이 지나면 젖병도 끊고 분유도 끊고 이유식도 차츰 중단해야 한다. 분유 대신 생우유를 먹이기 시작하는데 그 양은 하루 50~700ml 정도가 적당하다. 이제부터 아기는 엄마, 아빠와 같은 식탁에서 엄마, 아빠가 먹는 밥과 반찬을 함께 먹어야 한다. 단, 아기용 반찬은 엄마, 아빠용 반찬보다 간을 부드럽게 해야 한다. 이 무렵부터는 주식이 고형식이고 우유는 부식이 된다.

이유식이 주식, 우유는 간식으로 하루 2회 정도 먹인다

이 시기 아기에게 필요한 영양은 단위 체중당 에너지, 단백질의 양이 모두 어른의 3배에 가까울 정도이다. 이것을 3회의 이유식으로 다 섭취하기는 힘들다. 그러므로 아침 6시에 준 분유를 오전 10시에, 자기 전인 오후 10시의 분유는 오후 3시에 각각 200cc씩 먹여 영양을 보충하도록 한다. 즉 하루 3회의 식사와 2회의 간식 형태가 되는 것이다.

···▶ 이 시기에 적합한 음식

앞니로만 먹을 수 있으므로 아직 성인식은 무리다

갑자기 성인과 같은 음식을 주는 것은 금물이다. 어금니가 날 때까지 기다리도록 한다. 아기는 1세 이후가 되면 앞니가 아래위로 나게 되어 웃으면 치아가 보이는 경우가 많다.

그러나 앞니로 먹을 수 있는 음식의 종류에는 한도가 있다. 어금니가 생겨야 비로소 모든 음식을 완전하게 씹어 먹을 수 있으므로 아직 성인과 같은 음식을 먹기는 무리다.

24개월경이 되면 상하로 어금니가 나게 되므로 그때부터 서서히 성인과 같은 음식을 주도록 한다.

같은 영양소를 갖고 있는 식품이라 하더라도 다양하게 구성한다

식품의 종류는 다양하게 구성하는 것이 좋다. 같은 단백질 식품이라도 아침에는 달걀, 점심에는 고기, 저녁에는 생선을 주는 식으로 다양한 식품을 응용하도록 한다. 아기가 처음에 거부했던 식품이라 하더라도 시간을 두고 조리법을 달리하거나 시각적인 효과를 주어 다시 주면 의외로 좋아하게 되기도 한다.

간식의 비중이 높은 시기, 메뉴 선택에 주의를 기울인다

이 시기는 간식의 비중이 꽤 높은 시기이므로 간식도 주식과 마찬가지로 영양분을 생각해서 선택해야 한다. 달거나 맛이 강한 과자보다는 엄마가 손수 만든 튀김, 크로켓, 전 등을 주면 좋다. 간식은 활동이 많은 오전 11시경과 오후 3시경이 적당하다. 간식 시간을 너무 자주 가지면 주식을 못 먹게 되므로 횟수는 두 번으로 제한한다.

인스턴트 식품은 아기의 입맛에는 맞게 만들어져 있지만 건강에 좋지 않은 첨가물들이 많이 함유되어 있으므로 가능하면 주지 않도록 한다. 한번 인스턴트 음식에 입맛이 길들여지면 커서도 그런 것만 찾을 염려가 있으므로 어렸을 때 입맛을 잘 들여야 한다.

···▶ 조리 포인트
엷고 담백한 맛이 기본이다

이 시기는 이유식 후기의 연장이므로 음식을 만들 때는 역시 엷고 담백한 맛을 기본으로 해야 한다. 성인 음식의 1/3~1/4 정도로 희석시키는 것이 목표다. 또한 완료기부터는 음식의 풍미를 더하기 위해 카레 분말도 조금씩 사용할 수 있다. 지금까지와 같은 분량으로 소금, 설탕, 간장, 식용유를 사용하고 식품 첨가물은 가능하면 삼간다.

어른 음식을 덜어서 먹일 때는 물이나 다시국물 등에 헹구어 맛을 연하게 해서 준다.

● 분유는 성장 단계별 조제 이유식으로 바꾼다.

이유 완료기의 식사 스케줄

(1일 3회식의 경우)

오전 7시경	이유식
정오 무렵	이유식
오후 3시경	간식
오후 6시경	이유식
오후 10시경	모유 또는 성장 단계별 조제 이유식 (원하는 만큼 준다)

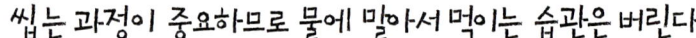

씹는 과정이 중요하므로 물에 말아서 먹이는 습관은 버린다

간혹, 아기가 밥을 잘 먹지 않는다고 해서 밥을 물에 말아주는 경우가 있는데 이는 바람직하지 않다. 밥을 물에 말아주게 되면 아기는 밥알을 잘 씹지 않고 목구멍으로 넘기게 된다. 씹는 것은 소화의 첫 단계로 아주 중요한 소화 운동 중 하나다.

그러므로 밥을 물에 말아 먹이면 1단계 소화를 포기시키는 셈이 된다. 또한 이런 아기들은 반찬을 잘 먹지 않는 버릇을 갖게 되어 고른 영양 섭취에도 문제가 생길 수 있다.

음식의 종류나 조리 방법에 변화를 줄 때는 천천히 진행한다

돌이 지난 아기에게는 어른이 먹는 식사로 넘어가기 위한 과도기 형태의 이유식을 먹여야 한다. 갑작스럽게 변화를 주기보다는 음식의 종류나 조리 형태를 차츰 달리해야 무리가 없다. 어금니가 나서 씹을 수는 있지만 가능하면 좀더 부드럽고 크기도 약간 작게 해서 먹이도록 한다. 구이, 튀김, 볶음 등 다양한 조리법을 이용해 아기들이 싫어하는 채소와 친해지게 해야 한다. 아기들은 여러 가지 채소가 섞인 샐러드보다는 한 종류의 채소를 손에 들고 베어먹는 것을 더 좋아한다.

plus tip

아기는 엄마의 식성을 닮는다

완료기의 아기는 탐구심이 강해지고 운동량도 늘어난다. 여기저기로 움직이면서 신기한 물건에 눈도 반짝이고 싫어하는 것에는 아주 혐오감을 나타내며 좋아하는 것에 강한 집착을 보이기도 한다. 음식에 대해서도 잘 먹는가 했더니 접시를 내던진다거나 하는 행동을 보여 엄마를 당황하게 만드는 일도 생긴다. 이럴 때는 편식의 문제가 있는 것은 아닌지 살펴보도록 한다. 대개의 경우 먹기 부담스러운 음식이거나 배가 불러서 더 이상 먹기 싫어졌다는 것이 이유일 수 있다.

억지로 먹이는 것도 문제! 무조건 안 먹이는 것도 문제!

먹지 않는 날에는 한번 더 먹여보고, 싫어하면 억지로 먹이지 말고 5~7일 정도 두고 보았다가 다시 시도해 보도록 한다. 그러면 잘 먹게 되는 경우가 많다. 만일 두 번째도 싫어하는 반응을 보일 때는 다시 5~7일 정도 시간이 흐른 뒤에 먹여보도록 하자.

이유식은 억지로 먹이는 것도 좋지 않지만, 아기가 싫어한다고 해서 무조건 안 먹이는 것도 좋은 방법이 아니다. 같은 영양소끼리 메뉴를 바꿔가며 먹여보기도 하고 싫어하는 음식도 시간을 두고 자꾸 맛을 들이게 되면 자연스럽게 여러 음식들을 잘 먹게 될 것이다.

싫어하는 식품은 무르게 삶아 으깨서 좋아하는 음식에 섞어 먹인다

콩, 채소, 치즈, 당근 등은 아기들이 싫어하는 식품의 대표적인 것들인데 이런 식품들은 푹 무르게 삶아서 으깬 다음 아기들이 좋아하는 음식에 섞어서 먹이면 잘 먹기도 한다.

또 아기들은 시각적인 것에도 많이 좌우되므로 푸른빛의 야채를 먹일 때는 붉은빛의 좋아하는 과일을 섞어 놓는 식으로 시각적인 효과도 염두에 두는 것이 중요하다.

···› 한 번에 먹이는 양 & 횟수

1일 3회 꼭꼭 씹어서 먹는 훈련을 시킨다

음식물이 영양의 주체가 되는 완료기는 아기가 모유나 분유를 거의 먹지 않고 생우유로 영양을 보충해 주는 정도의 시기다. 이 시기는 이유식 후 우유를 먹지 않거나, 먹는다 해도 100cc 가량이 이상적이다. 또한 3회 의 식사가 생활의 중심이 되어야 하므로 엄마가 항상 옆에서 올바른 식습관을 가르치고 천천히 꼭꼭 씹어서 먹는 훈련을 시키는 것이 매우 중요하다.

분유나 모유의 섭취량이 이유식보다 많으면 안된다

아직까지 분유나 모유를 먹는 아기들도 많겠지만 분유나 모유를 먹는 양이 이유식 양보다 많아서는 안 된다. 그렇게 되면 음식과 친해지기 어려울 뿐 아니라 아기의 영양 공급에도 문제가 생길 수 있기 때문이다. 모유나 우유의 양은 아침, 저녁에 400ml 이하로 먹이는 것이 바람직하다. 만약 아기가 이유식보다 모유나 분유를 더 좋아하고 끊을 생각을 하지 않는다면 단호하게 우유나 분유를 끊게 해서 이유식을 먹을 수 있게 할 필요가 있다.

간식은 1일 1~2회 규칙적인 시간에 만들어 준다

하지만 이유식(고형식)을 제대로 먹지 못하는 아기의 경우 철분이 부족해서 빈혈이 생길 수 있기 때문에 분유를 좀더 먹이면서 철분이 풍부한 고기와 야채를 병행해 먹이는 것도 필요하다. 이 시기는 운동량이 많아지므로 3회 식사를 해도 배고픔을 빨리 느끼는 아이도 있다. 이럴 때는 식간에 1~2회 규칙적으로 시간을 정해 간식을 주도록 한다. 간식은 염분이나 당도가 높은 시판하는 스낵은 피하고 영양가 높은 재료를 택해 엄마가 직접 만들어 준다. 샌드위치, 부드러운 김밥, 야채 스틱이나 치즈 등은 좋은 간식 메뉴가 될 수 있다.

Baby Food Clinic

이유식을 먹일 때 너무 많은 양을 먹이려 하거나 아기의 기분이 안정되지 않은 상태에서 엄마 욕심만으로 자꾸 음식을 권하게 되면 아기는 먹는 것 자체에 거부감을 가질 위험이 있어요. 배가 고픈 상태에서 자발적으로 원하는 만큼의 음식을 먹이는 것이 중요해요.

아기가 원하는 만큼이 적당한 이유식 섭취량이다

생우유를 먹일 시기에 간혹 우유 대신 두유를 먹이는 엄마도 있는데 콩은 액체로 섭취하는 것보다 음식으로 섭취하는 것이 좋으므로 액체로는 우유를 먹이는 것이 좋겠다. 이유식을 먹일 때 너무 많은 양을 먹이려 하거나 아기의 기분이 안정되지 않은 상태에서 엄마 욕심만으로 자꾸 음식을 권하게 되면 아기는 먹는 것 자체에 거부감을 가질 위험이 있다. 배가 고픈 상태에서 자발적으로 원하는 만큼의 음식을 먹이는 것이 중요하다.

⋯› 식습관 들이기
잠들 무렵에 우유를 찾는 습관은 고쳐주어야 한다

12개월 이후에는 낮 시간에는 모유나 우유를 별로 먹지 않아도 잠들기 전에는 젖을 달라고 떼를 쓰는 아기들이 많다. 12개월 이후 잠자기 전에 습관적으로 먹는 젖은 소화에도 문제가 있지만 아기의 치아를 상하게 할 가능성이 높다. 그러나 갑자기 젖을 떼면 아기가 심리적인 상처를 받을 수도 있으므로 서서히 수유 타임에서 졸업하는 연습을 시킨다. 가령 낮에 아기를 많이 놀게 하여 피곤하게 만들면 밤에 저녁을 먹고 곧 잠에 떨어지게 되므로 이런 방법도 한번 시도해 본다.

억지로 먹이려고 노력하기보다는 조리법에 변화를 주는 편이 낫다

12개월 이후가 되면 아기는 자기 주장이 강해지고 관심도 다양해져 규칙적인 식사를 하기가 어려워진다. 이유식 후기처럼 여전히 편식, 소식을 하고 놀면서 음식을 먹으려고 하는 습관도 마찬가지다. 그러나 이 시기는 기본적으로 식사량이 많이 필요한 시기이므로 잘 먹지 않다가도 배가 고프면 자연히 음식을 찾게 마련이다. 때문에 일부러 음식을 먹이기 위해 노력하는 것보다는 아기가 배고파할 때 맛있게 먹일 수 있도록 조리방법을 연구하는 편이 더 낫다.

스푼과 포크 사용법을 자연스럽게 가르쳐 준다

아기가 스푼이나 포크를 자기 손으로 잡고 먹으려 하거나 그릇에 넣고 돌리는 등의 행위는 식기 사용법을 알기 원한다는 뜻으로 해석할 수 있다. 그러나 스푼이나 포크 등을 마음대로 사용하게 내버려두어서는 안 된다. 이것들을 갖고 놀다가 눈이나 목을 다치는 사고도 많기 때문이다. 이 시기부터는 아기 스스로 스푼이나 포크로 음식을 먹을 수 있도록 엄마가 옆에서 도와주고 절대 아기 혼자 들고 노는 일이 없도록 주의해야 한다.

Baby Food Clinic
잠자기 전에 습관적으로 먹는 젖은 소화에도 문제가 있지만 아기의 치아를 상하게 할 가능성이 높아요. 그러나 갑자기 젖을 떼면 아기가 심리적인 상처를 받을 수도 있으므로 서서히 수유 타임에서 졸업하는 연습을 시키세요. 낮에 아기를 많이 놀게 하여 피곤하게 만들면 밤에 쉽게 잠들게 됩니다.

완료기트러블 1

손에 쥘 수 있는 음식만 먹어요

[해·결·포·인·트]

손에 잡기 쉬운 메뉴를 많이 만들어 준다

아기가 혼자 힘으로 음식을 먹겠다는 강한 의지가 담긴 행동
이라고 볼 수 있다. 때문에 손에 쥐고 먹을 수 있는 메뉴를 개
발하여 먹는 즐거움을 느끼게 해준다.

[적·합·한·메·뉴] 베이비춘권

① 팬에 기름을 두르고 잘게 저민 닭가슴살 10g, 다진 당근과 꼬리
를 뗀 콩나물을 적당량 넣고 볶는다. 여기에 간장·녹말 용액을
조금 떨어뜨려 점성이 붙게 만든다.
② 사각형의 춘권피를 1/4로 잘라 ①의 재료를 싼 후 170℃의 기름
에 튀겨낸다.

완료기트러블 2

육류를 싫어해요

[해·결·포·인·트]

육질을 부드럽게 하여 먹기 쉽게 조리해준다

어금니가 없을 때는 고기 음식은 아직 먹기 어려울 수 있다.
가능하면 육질을 부드럽게 하여 아기가 먹기 쉽게 조리해준다.
가령 녹말 전분을 뿌려 기름에 튀겨내는 등 아기에게 부담을
주지 않는 방법으로 조리해본다.

[적·합·한·메·뉴] 키위소스를 얹은 닭고기

① 편평한 그릇에 얇게 썬 닭가슴살을 적당량 올려놓고 랩을 씌워
전자레인지에서 약 1분간 가열한다.
② ①의 닭가슴살을 그릇에 담고 껍질을 벗겨 체에 내린 키위즙 1/2
개 분량을 닭고기에 얹어준다.

완료기트러블 3

부드러운 음식만 먹어요

[해·결·포·인·트]

크기와 굳기가 다양한 음식에 도전해 보게 한다

영양의 밸런스를 고려하여 전체적으로 부드럽게 익힌 재료를
중심으로 하고, 여기에 다양한 크기나 굳기를 지닌 다른 음식
을 혼합시켜 딱딱한 것도 먹을 수 있는 훈련을 시킨다.

[적·합·한·메·뉴] 대두와 쇠고기야채우동

① 대두(통조림용) 1큰술, 먹기 좋은 크기로 자른 당근 1/2큰술, 호
박·감자 각 1큰술씩과 다시국물 100cc를 넣고 부드럽게 익힌다.
② 간장으로 약하게 간을 하고 익혀 놓은 그린피스를 조금 첨가해
우동 위에 얹어 낸다.

완료기트러블 4

식사량이 너무 직어요

[해·결·포·인·트]

즐겁게 먹을 수 있게 만들어 식욕을 상승시켜 준다

이 시기는 노는 것에 정신을 빼앗겨 먹는 것은 뒷전인 경우가
많다. 적은 양을 먹더라도 영양가가 풍부한 음식을 만들어 주
고 형태나 색깔도 아기가 좋아할 수 있게 만들어 식욕을 자극
시킨다.

[적·합·한·메·뉴] 팬케익그라탕

① 식빵 1/2쪽의 가장자리를 잘라낸 다음 식빵의 중앙 부분을 도려
내어 고명을 얹을 홈을 만들어 놓는다.
② 데쳐서 썬 시금치, 참치(통조림), 요구르트 각 1큰술씩을 혼합하여
① 에 얹고 치즈가루를 뿌려 오븐에서 구워낸다.

Q&A 이유식 궁금증, 시원하게 풀어드려요

Q 3회 식사 외에 간식이 반드시 필요한가요?

A 1세 이후는 운동량이 많아지므로 3회 식사 외에 간식도 필요하다. 특히 점심과 저녁의 식간에 허기지지 않도록 식사에 준하는 우유나 빵, 과일 등의 간식을 준다. 단, 당도가 높거나 지방분이 많은 음식은 삼가도록 한다.

Q 싱거운 음식을 싫어하는데 간을 어느 정도 맞춰 주는 것이 좋은가요?

A 염분을 첨가하되 가능하면 소량 사용하도록 한다. 아기는 처음 입맛을 들이는 것이 중요하므로 이유식 초기부터 싱거운 음식을 주는 것이 포인트. 완료기가 끝나도 계속해서 엷은 맛의 음식으로 길들이도록 한다.

Q 우유를 싫어해서 칼슘 부족이 염려가 돼요. 칼슘을 보충해 주는 방법은 무엇인가요?

A 우유는 칼슘 흡수율이 높기 때문에 적어도 1일 400cc 정도는 마셔야 한다. 그러나 우유를 싫어할 때는 억지로 먹이지 말고 치즈나 잔멸치 등 칼슘이 풍부한 대체 식품을 선택하여 달지 않게 먹인다.

Q 젖을 언제쯤 완전히 떼는 것이 좋을까요?

A 잠자기 전에 젖을 찾는 아기는 배가 고파서가 아니라 젖꼭지를 빨고 있으면 마음에 안정감을 느낄 수 있기 때문이다. 그러나 이 시기가 길어지면 의타심이 강해지고 사회성이 결여될 수 있으므로 18개월까지는 완전히 떼도록 한다.

Q 생 야채를 먹이면 안 되나요?

A 생 야채는 아직은 소화에 지장을 줄 수 있고, 야채 위에 얹어주는 드레싱도 염분과 향이 강하기 때문에 되도록 익혀서 주는 것이 좋다. 익힌 야채는 소화되기 쉽고 생 야채에 비해 많은 양을 먹을 수 있는 이점이 있다.

Q 밥은 잘 먹지 않으면서 우유나 간식을 자주 달라고 하는데 주어도 될까요?

A 아기가 먹는 음식 중에서 밥이 최우선이므로 밥을 충분히 먹는 훈련을 시킬 필요가 있다. 가령 식사시간 전에 아기를 충분히 뛰어 놀게 하여 배가 고프게 한 후 밥을 주는 습관을 들이면 서서히 밥과 친해질 수 있다.

Q 분유는 언제까지 먹는 것이 이상적인가요?

A 분유는 1세가 되면 거의 끊고 서서히 생우유와 1일 3회의 식사를 통해 영양분을 보충하도록 한다. 젖을 빨던 아기보다 분유를 먹는 아기들이 우유에 대한 적응력이 빠르므로 처음부터 컵으로 먹는 훈련을 시키는 것이 좋다.

Q 떡이나 쌀과자를 밥 대신 주면 안 될까요?

A 간식으로 조금씩 주는 것은 문제가 없으나 밥 대신 사용하는 것은 절대 금물. 떡이나 쌀과자는 염분 함유량이 높고 반찬과 함께 제대로 된 식사를 할 수 없으므로 소화력이 떨어지고 영양분의 결핍을 초래하기 쉽다.

Q 완료기의 이유식과 유아식의 차이점은 무엇인가요?

A 가장 큰 차이점은 음식의 강도에 있다. 완료기 이유식은 고형식이 70% 정도가 되지만 1~2세의 유아식은 고형식이 80% 이상 된다. 그러나 3세까지는 100% 고형식보다는 유아식의 연장선상에서 음식을 만들어 주는 것이 좋다.

Q 밤에 자다가 몇 번씩 젖을 달라고 우는데 그때마다 젖을 주어도 될까요?

A 밤에 빈번하게 젖을 달라고 보채고 식사를 제대로 하지 않을 때는 과감하게 젖을 끊는 것이 좋다. 아기가 며칠동안 계속 울어도 젖을 주지 말고 배를 고프게 하여 아침에 밥을 많이 먹는 습관을 길러준다.

완·료·기·이·유·식

시작하는 시기 & 식습관 들이기	♥ 돌 전후로 시작한다 ♥ 스푼·포크의 올바른 사용법을 익히게 한다 ♥ 엄마·아빠가 먹는 밥과 반찬을 함께 먹기 시작한다 ♥ 채소와 친해지게 한다
초기 이유식 재료	♥ 곡류 _ 밥·빵·국수·옥수수·완두콩 ♥ 육류 _ 쇠고기·닭고기 ♥ 채소류 _ 무·시금치·당근·호박·버섯·양배추·양파·토마토 ♥ 생선류 _ 흰살생선·새우·조갯살·게살·멸치·등푸른생선 ♥ 과일류 _ 사과·배·멜론·딸기·오렌지 ♥ 기타 _ 치즈·호두·잣·땅콩·아몬드·밤·다시마·두부·달걀
조리 포인트	♥ 부드럽게 조리하고 크기를 작게 해서 한입에 먹을 수 있게 한다 ♥ 구이, 튀김, 볶음 등으로 조리법을 넓혀 나간다 ♥ 싫어하는 음식은 푹 무르게 삶아 으깨서 좋아하는 음식에 섞어 먹인다
한번에 먹이는 양	♥ 1회에 진밥을 100g(1/2컵) 정도 먹이면 적당하다. 채소 섭취량은 40g(8작은술)으로 시작해 50g(10작은술)으로 늘려간다

part ③

매일 새로운 메뉴
요일별 이유식

이유식 초기, 중기, 후기, 완료기 각 시기별 일주일 식단을 선보인다. 아기의 두 뇌발달과 성장발달에 초점을 맞춘 다양한 식품으로 이유식 식단을 구성했으며 초기에는 하루 한 가지, 중기에는 하루 두 가지, 후기와 완료기에는 각각 하루 세 가 지의 이유식 메뉴를 소개한다.

초기 이유식

이유식 초기에는 모든 이유식을 죽처럼 묽게 조리해야 한다. 형태가 있는 것을 자연스럽게 삼킬 수 있도록 연습시키는데 의의를 가지고 아기의 식욕에 맞추어 천천히 진행하도록 한다. 반드시 매일 식품의 종류를 바꾸어 줄 필요는 없다. 6개월이 넘으면 잼 정도로 덜 묽게 해서 먹이고 이유식 횟수도 차츰 2회로 늘려본다. 아직은 이유식으로 영양을 보충하기가 어려우므로 이유식 후에도 젖이나 우유를 먹여야 한다.

10배죽

● ● **재료**
불린 쌀 1/2컵, 물 2컵

● ● **이렇게 만드세요**
① 냄비에 불린 쌀과 물을 부어 끓인다.
② 끓으면 불을 줄이고 뚜껑을 열고 숟가락으로 저어가며 20분 정도 끓인다.
③ 불을 끈 뒤 10분 정도 두었다가 체에 내리거나 분마기로 간 뒤 30g씩 포장해 둔다.

● ● **재료**
불린 쌀 1큰술, 물 1/4컵,
바나나 1cm 길이 한토막

● ● **이렇게 만드세요**
① 냄비에 불린 쌀과 물을 부어 죽을 끓인다.
② 죽이 다 되면 체에 내린다.
③ 바나나를 강판에 갈아 죽에 넣고 섞는다.

바나나죽

● ● **재료**
쌀 2큰술, 메조 2작은술,
물 1컵 반

● ● **이렇게 만드세요**
① 쌀과 메조는 깨끗이 씻어 1시간 이상 불려 둔다.
② 불린 쌀과 메조에 분량의 물을 붓고 약한 불에서 푹 끓인다.
③ 쌀알이 충분히 퍼지면 체에 내린다.

메조미음

과일빵죽

● ● 재료
식빵 1/2장, 사과즙 2큰
술, 물 1/4컵

● ● 이렇게 만드세요
① 식빵은 잘게 뜯는다.
② 냄비에 물을 붓고 끓으면 식빵과 사과즙을 넣는다.
③ 한번 부르르 끓으면 불을 끈다.

배추수프

● ● 재료
배춧잎 1/4장, 분유 탄물
1/4컵

● ● 이렇게 만드세요
① 배춧잎은 깨끗이 씻어 끓는 물에 삶아 체에 내리거나
곱게 다진다.
② 냄비에 분유 탄 물을 붓고 부르르 끓으면 체에 내린
배추를 넣고 섞은 뒤 불을 끈다.

● ● 재료
당근 10g, 양배추 1장,
물 1/2컵

● ● 이렇게 만드세요
① 당근은 동그랗게 썰어 다시 반으로 자른다.
② 양배추는 8등분한다.
③ 냄비에 물을 붓고 야채를 넣어 끓인다.
④ 체에 받쳐 맑은 국물만 떠서 먹인다.

● ● 재료
밤 2톨, 불린 쌀 2큰술,
물 1~1과1/2컵

● ● 이렇게 만드세요
① 밤은 삶아서 속만 파내어 뜨거울 때 체에 내린다.
② 냄비에 불린 쌀을 넣고 물을 부어 약한 불에서 저어가
며 죽을 끓인다.
③ 쌀알이 충분히 퍼지면 밤을 넣어 섞어 준 뒤 한 번 더
끓인 다음 불을 끈다.

야채콘소메

밤암죽

79

중기 이유식

7개월부터는 혀로 으깰 수 있는 굳기로 만들어 준다. 이유식 재료가 되는 식품을 잘 삶아 으깨거나 잘게 썰어서 조리하고, 간은 되도록 연하게 한다.

아기가 이유식을 먹은 후에도 수유를 원하면 주도록 한다. 슬슬아기는 좋아하는 음식과 싫어하는 음식을 가리게 되고 때로는 먹기 싫다며 떼를 쓰기도 한다. 다양한 메뉴로 아기의 관심을 끌어야 하며, 이유식을 잘 먹는 아기의 경우 9개월부터 3회식으로 진행시켜도 된다.

제철제맛 이유식

건강과 맛을 생각한다면 뭐니뭐니해도 제철재료를 이용해 음식을 만드는 것이 최선이다. 제철 재료로 우리 아기 영양간식을 만들어보자.

- **겨울 (12~2월)** – 귤, 레몬, 사과, 바나나, 오렌지, 호두, 찹쌀, 고구마, 늙은호박, 당근, 무, 브로콜리, 시금치, 컬리플라워, 가자미, 굴, 김, 꽃게, 다시마, 대구, 대하, 마른멸치, 미역, 삼치, 전복, 청어, 홍합
- **봄 (3~5월)** – 딸기, 껍질콩, 살구, 자두, 파인애플, 완두, 시금치, 양배추, 오이, 햇무, 고등어, 굴비, 대합, 도미, 모시조개, 바지락, 뱅어포, 새우, 오징어, 조기
- **여름 (6~8월)** – 옥수수, 자두, 완두, 멜론, 들깨, 수박, 포도, 완두, 가지, 감자, 단호박, 부추, 애호박, 오이, 토마토, 피망, 마른멸치, 민어, 병어, 삼치, 새우, 오징어, 전복
- **가을 (9~11월)** – 감, 대추, 밤, 배, 사과, 은행, 호두, 현미, 고구마, 무, 배추, 버섯, 호박, 고등어, 대구, 대합, 마른새우, 새우, 연어, 오징어, 청어, 홍합

컬리플라워포타주

● ● 재료
컬리플라워 20g, 식빵 1/2장, 분유 탄 물 1/4컵

● ● 이렇게 만드세요
① 컬리플라워는 소금을 조금 넣은 끓는 물에 넣어 데친 다음 꽃 부분만 곱게 다진다.
② 식빵은 가장자리를 잘라낸 다음 손으로 뜯는다.
③ 냄비에 식빵과 컬리플라워, 분유물을 넣어 한번 부르르 끓인다.

● ● 재료
연두부 1/4토막, 오렌지 1/2개, 물 1큰술, 녹말물 1작은술(녹말가루 1작은술, 물 1작은술)

● ● 이렇게 만드세요
① 연두부는 끓는 물에 중탕해서 한번 데워 둔다.
② 오렌지는 반으로 갈라 즙짜기에 놓고 즙을 낸다.
③ 녹말가루에 물을 넣어 섞어 녹말물을 만든다.
④ 냄비에 오렌지즙과 물 1큰술을 넣고 한번 부르르 끓으면 녹말물을 넣어 덩어리가 지지않게 잘 저어준다.
⑤ 그릇에 연두부를 담고 오렌지 소스를 얹는다.

연두부오렌지 매시

화 Tuesday

과일수프

●● 재료
사과 · 복숭아 등 과일
40g씩, 물 1/2컵, 물녹말
1작은술(녹말 1작은술+
물 1작은술)

●● 이렇게 만드세요
① 과일은 잘게 다진다.
② 냄비에 물을 붓고 끓으면 과일을 넣어 준다.
③ 물녹말을 넣어 덩어리가 지지 않도록 저으면서 한번
부르르 끓인 다음 불을 끈다.

●● 재료
브로콜리 10g, 당근 1cm
두께 한 조각, 감자 1/3개,
육수 또는 물 1/4컵

●● 이렇게 만드세요
① 브로콜리는 끓는 물에 살짝 데쳐 꽃 부분만 다진다.
② 당근은 껍질을 벗기고 잘게 다진다.
③ 감자도 사방 5mm 크기로 썬다.
④ 냄비에 브로콜리와 당근, 감자를 넣고 육수를 부어 졸
인다.
⑤ 포크로 다시 한 번 살짝 으깨준다.

야채매시

수 Wednesday

닭살미역죽

●● 재료
쌀 3큰술, 마른 미역 조금,
닭살 20g, 참기름 조금,
물 1컵

●● 이렇게 만드세요
① 쌀은 깨끗이 씻어 30분 정도 불린다.
② 미역도 찬물에 불려 물기를 빼고 곱게 다진다.
③ 닭살은 삶아서 살을 쪽쪽 찢어 곱게 다진다.
④ 냄비에 참기름을 두르고 불린 쌀과 미역을 볶다가 물
과 닭살을 넣어 약한 불에서 저어가며 죽을 끓인다.

●● 재료
불린 쌀 2큰술, 두부 10g,
완두콩 1큰술, 슬라이스
치즈 1/4장, 물 1/2컵

●● 이렇게 만드세요
① 두부는 끓는 물에 살짝 데친 다음 으깬다.
② 완두콩은 끓는 물에 삶아 체에 내린다.
③ 냄비에 불린 쌀과 물을 부어 약한 불에서 죽을 끓인다.
④ 쌀알이 충분히 익어 퍼지면 완두콩과 두부를 넣고 조
금 더 끓인다.
⑤ 죽이 되면 불을 끄고 그릇에 담은 뒤 치즈를 올린다.

그린치즈죽

배추당근수프

● ● 재료
배춧잎 1장, 당근 1cm두께 한 조각, 다시마 5cm 길이, 물 1/2컵

● ● 이렇게 만드세요
① 다시마는 표면에 있는 하얀 염분을 젖은 행주로 닦아낸 다음 물에 30분 정도 담가 둔다.
② 배춧잎과 당근은 삶아서 곱게 다진다.
③ 냄비에 다시마 우려낸 물을 붓고 끓으면 다진 배춧잎과 당근을 넣어 한 번 더 끓인다.

● ● 재료
브로콜리 30g, 삶은 달걀노른자 1개

● ● 이렇게 만드세요
① 브로콜리는 끓는 물에 데쳐 꽃송이 부분만 곱게 다지고 삶은 물은 따로 둔다.
② 삶은 달걀노른자는 으깨어 1큰술 정도 준비한다.
③ 브로콜리와 으깬 노른자를 섞은 뒤 브로콜리 삶은 물을 넣어 농도를 조절한다.

달걀브로콜리죽

잔멸치야채죽

● ● 재료
잔멸치 2작은술, 당근 1cm두께 한 조각, 다진 양배추 1큰술, 불린 쌀 3큰술, 다시물(또는 당근 삶은 물) 150ml

● ● 이렇게 만드세요
① 잔멸치는 체에 담고 끓는 물을 끼얹어 염분을 뺀 다음 곱게 다진다.
② 당근은 무르게 삶아 포크로 으깬다.
③ 냄비에 불린 쌀을 담고 다시물을 부어 약한 불에서 저어가며 죽을 끓인다.
④ 쌀알이 익어 퍼지기 시작하면 다진 양배추와 멸치, 당근을 넣고 한 번 더 끓인다.

● ● 재료
현미 · 찹쌀 · 수수 · 차조 · 콩 · 보리 등 잡곡 1/4컵, 물 2컵

● ● 이렇게 만드세요
① 잡곡은 깨끗이 씻어 물에 불린다.
② 콩은 불린 다음 끓는 물에 삶아 껍질을 벗긴다.
③ 믹서에 불린 쌀과 콩, 물을 넣어 곱게 간다.
④ 냄비에 ③과 물을 부어 약한 불에서 저어가며 끓인다.

현미오곡죽

야채파스타죽

● ● 재료
감자·당근 조금씩, 삶은 파스타 50g, 육수 1/2컵

● ● 이렇게 만드세요
① 감자와 당근은 잘게 다진다.
② 파스타는 삶아 뜨거울 때 체에 내린다.
③ 냄비에 육수를 붓고 야채를 넣어 끓인다.
④ 야채가 익어 물러지면 파스타를 넣고 한번 더 끓인다.

● ● 재료
불린 쌀 4큰술, 물 1/4~1/2컵, 사과 1/4개, 가루치즈 1/2작은술

● ● 이렇게 만드세요
① 냄비에 불린 쌀과 물을 부어 약한 불에서 저어가며 죽을 끓인다.
② 사과는 껍질을 벗기고 강판에 간다.
③ 쌀알이 충분히 퍼져 죽이 거의 완성되면 사과 간 것을 넣고 한번 부르르 끓인다.
④ 다 끓으면 가루치즈를 넣어 섞어준다.

사과죽

당근두부죽

● ● 재료
당근 10g, 두부 20g, 밥 2큰술, 물 1/4컵

● ● 이렇게 만드세요
① 당근은 껍질을 벗기고 강판에 간다.
② 두부는 뜨거운 물에 살짝 데쳐 낸 다음 으깬다.
③ 냄비에 당근과 두부를 넣고 밥과 물을 넣어 준 다음 쌀알이 푹 퍼질 때까지 끓인다.

● ● 재료
콘플레이크 3큰술, 당근 20g, 애호박 20g, 분유 탄 물 6큰술

● ● 이렇게 만드세요
① 당근과 호박은 곱게 다진다.
② 냄비에 콘플레이크와 ①의 야채를 넣고 분유 탄 물을 넣어 끓인다.
③ 야채가 익으면 불을 끈다.

콘플레이크야채죽

후기  이유식

이제 어느 정도 씹는 힘이 생겼으므로 걸쭉한 죽이나 반고형식만을 먹던 아기에게 부드러운 고체 또는 굵게 썬 음식을 주어도 된다. 10개월이 지나면 쇠고기, 돼지고기, 닭고기, 달걀, 생선 등을 다양하게 메뉴로 구성하여 매일 영양을 섭취할수 있도록 해 준다. 콩류는 지금까지와 마찬가지로 주1~2회 정도 먹이면 된다. 이유식 후기에 알맞은 식품이나 조리법, 식사시간 등을 하나하나 짚어 바른 식습관 형성에 신경 쓰자.

닭죽

●● 재료
닭다리 1개, 찹쌀 3큰술, 표고버섯 1장, 감자 1/2개, 물 4~5컵

●● 이렇게 만드세요
① 닭다리는 물을 붓고 푹 끓인 다음 살만 발라 다지고 국물은 따로 둔다.
② 찹쌀은 불리고 표고버섯은 기둥을 떼고 다지고 감자는 사방 5mm 크기로 자른다.
③ 냄비에 불린 찹쌀과 감자, 표고버섯, 육수를 부어 죽을 끓인다.
④ 죽이 충분히 익어 퍼지면 닭살을 넣어 섞은 다음 불을 끈다.

야채우동

●● 재료
우동면(생면) 50g, 단호박 · 배추 각 20g씩, 무 조금, 닭고기(또는 돼지고기) 15g, 멸치 3마리, 물 3/4컵

●● 이렇게 만드세요
① 생면은 물에 데쳐서 건진 다음 3cm 길이로 자른다.
② 야채는 모두 사방 5~7mm 크기로 자른다.
③ 고기는 다진 다음 달군 팬에 살짝 볶는다.
④ 멸치는 머리를 떼고 반으로 잘라 내장을 빼낸다.
⑤ 냄비에 물을 붓고 멸치를 넣어 끓으면 멸치를 건져낸다.
⑥ 여기에 야채와 고기를 넣고 끓이다가 마지막에 우동면을 넣어 한 번 더 끓으면 불을 끈다.

생선참깨두유죽

● ● 재료
불린 쌀 3큰술, 대구살 30g, 대파 1/4대, 통깨 1큰술, 두유 1/2~1컵

● ● 이렇게 만드세요
① 대구살은 대파를 넣어 물을 자작하게 붓고 삶아 살만 발라 둔다.
② 참깨는 분마기에 살짝 간다.
③ 냄비에 불린 쌀과 두유를 부어 죽을 끓인다.
④ 죽이 끓으면 참깨를 넣어 섞어준다.

프렌치토스트

● ● 재료
식빵 1장, 달걀 1/3개, 우유 1큰술, 콩가루 조금, 식용유 또는 버터 조금, 바나나 1/4개

● ● 이렇게 만드세요
① 빵은 가장자리를 잘라낸다.
② 볼에 달걀과 우유를 넣어 젓다가 콩가루 1작은술을 넣어 섞는다.
③ 여기에 식빵을 적신다.
④ 버터나 식용유를 키친타월에 묻혀 프라이팬에 골고루 문지른 다음 ③의 빵을 넣어 노릇하게 굽는다.
⑤ 구운 빵을 접시에 담고 콩가루를 솔솔 뿌려준 다음 바나나를 잘라서 곁들인다.

● ● 재료
달걀 3개, 다시마 우려낸 물 1/2컵, 닭살 다진 것 2큰술, 고구마 30g

● ● 이렇게 만드세요
① 물 1/2컵에 5cm 크기의 다시마를 넣어 30분 정도 우려낸다.
② 달걀은 풀어서 다시마물과 섞은 뒤 체에 한번 내린다.
③ 고구마는 껍질째 깨끗이 씻어 사방 7mm 크기로 자른다.
④ 닭고기는 살만 준비해 곱게 다진다.
⑤ 그릇에 고구마와 닭살을 넣고 ②의 달걀물을 부어준다.
⑥ 김이 오른 찜통에 넣어 15~20분 정도 찐다.

● ● 재료
통조림 과일 300g, 가루젤라틴 15g, 통조림 국물 200cc, 물 460cc

● ● 이렇게 만드세요
① 젤라틴은 60cc의 물에 미리 불린다.
② 과일은 한입 크기로 자른다.
③ 냄비에 통조림 국물 200cc, 물 400cc, 과일을 넣고 중불에서 끓인다.
④ 여기에 ①의 젤라틴을 넣고 입자를 완전히 녹인다.
⑤ 투명한 컵에 조금씩 붓고 냉장실에 1시간 이상 넣어 굳힌다.

닭살고구마달걀찜

과일컵젤리

야채팬케익

●● 재료
시금치 3장, 당근 등 자투리 야채 데쳐서 다진 것 2큰술, 케익반죽(우유 4큰술, 핫케익 믹스 2큰술, 달걀 푼 것 1큰술), 식용유 조금

●● 이렇게 만드세요
① 시금치는 살짝 데친 다음 잘게 다진다.
② 케익반죽 재료를 모두 섞은 뒤 다진 시금치와 다른 야채를 넣어 반죽을 만든다.
③ 키친타월에 식용유를 조금 묻혀 팬에 골고루 바르고 팬이 달궈지면 반죽을 떠 넣어 핫케익을 부친다.
④ 윗면에 구멍이 숭숭 뚫리면 뒤집는다.

당근오렌지소스 크레이프

●● 재료
크레이프 반죽(달걀 2개, 우유 160g(60g+100g), 박력분 60g), 당근오렌지소스(당근 20g, 오렌지주스 1큰술, 물녹말 1작은술(녹말가루 1작은술+물 1작은술))

●● 이렇게 만드세요
① 달걀과 우유 60g만 섞어서 달걀물을 만들어 밀가루에 조금씩 부어가며 반죽을 만든다.
② ①에 우유 100g을 넣고 저어준다. 이 반죽은 실온에 2시간 이상 아니면 냉장고에서 하룻밤 묵힌다.
③ 팬을 약간 달군 후 기름이나 버터를 둘러 닦아낸다.
④ 반죽을 숟가락으로 떠서 크레이프를 작게 부친다.
⑤ 냄비에 당근 삶아 간 것과 오렌지 주스를 넣고, 한번 부르르 끓으면 물녹말을 넣어 덩어리지지 않도록 저어가며 소스를 만든다.

마카로니야채수프

● ● 재료
마카로니 20g, 양배추 1장, 양파 · 당근 · 호박 각 20g씩, 육수 1컵

● ● 이렇게 만드세요
① 마카로니는 끓는 물에 소금을 약간 넣어 삶는다.
② 야채는 사방 7mm 정도로 썬다.
③ 냄비에 육수를 담고 야채를 넣어 끓으면 마카로니를 넣어 한 번 더 부르르 끓인다.

잔치국수

● ● 재료
소면 30g, 달걀 1개, 식용유 조금, 애호박 한 토막, 참기름 조금, 쇠고기육수 (혹은 멸치국물) 1/2컵

● ● 이렇게 만드세요
① 달걀을 풀어 지단을 부친 후 채썰고, 애호박도 깨끗이 씻어 채썬다.
② 달군 팬에 참기름을 약간 두르고 채 썬 애호박을 넣어 볶는다.
③ 소면은 삶아 찬물에 헹궈 물기를 뺀 다음 그릇에 담는다.
④ 육수가 끓으면 국수 위에 붓고 볶은 호박을 올린다.

● ● 재료
불린 찹쌀 3큰술, 호두 3알, 물 2~3컵

● ● 이렇게 만드세요
① 찹쌀은 물에 불린다.
② 호두는 이쑤시개로 속껍질까지 벗겨낸다.
③ 믹서에 불린 찹쌀과 호두를 넣고 물을 조금 부어 곱게 간다.
④ 냄비에 ③과 물을 붓고 나무주걱으로 저으며 죽을 쑨다.

● ● 재료
사과 · 키위 · 귤 조금씩, 씨리얼 3큰술, 플레인 요구르트 1통, 분유 탄 물 또는 우유 조금

● ● 이렇게 만드세요
① 사과와 키위는 껍질을 벗기고 잘게 썰고 귤은 속껍질을 벗기고 알맹이만 준비한다.
② 씨리얼은 살짝 부숴 둔다.
③ 플레인 요구르트에 과일과 씨리얼을 넣고 잘 섞어준 다음 냉장고에 넣어 둔다.
④ 우유로 농도를 조절한다.

호두찹쌀죽

과일무슬리

청경채굴죽

●● 재료
불린 쌀 4큰술, 굴 2알, 청경채 2줄기, 대파 흰 부분 1cm,
다시마 5cm, 물 100~150ml, 참기름 1작은술

●● 이렇게 만드세요
① 다시마는 물에 넣어 30분 정도 우려낸다.
② 청경채와 대파는 다진다.
③ 굴은 잔 껍질을 잘 골라내고 소금물에 흔들어 씻어
　 곱게 다진다.
④ 냄비에 참기름을 두르고 다진 파와 굴을 넣어 볶는다.
⑤ 여기에 불린 쌀을 넣어 잠시 볶다가 청경채와 다시마
　 물을 넣어 약한 불에서 죽을 끓인다.
⑥ 쌀알이 익어 된죽이 되면 불을 끈다.

흰살생선
콘플레이크전

●● 재료
대구포 4장, 콘플레이크 1/4컵, 밀가루 4큰술, 파마산 치즈
2큰술, 달걀 푼 것 1개, 파슬리 조금, 식용유 조금

●● 이렇게 만드세요
① 밀가루와 파마산 치즈는 섞어 둔다.
② 달걀은 풀어놓고 파슬리는 다진다.
③ 콘플레이크는 커터기나 분마기에 갈아서 다진 파슬
　 리와 섞는다.
④ 대구포에 밀가루, 파마산 치즈, 달걀물, 콘플레이크,
　 파슬리가루 순으로 묻혀 기름 두른 팬에 노릇하게 지
　 져낸다.

연어시금치죽

● ● 재료
연어 30g, 시금치 4장,
불린 쌀 4큰술, 다시마
5cm 크기 1장, 물 1컵

● ● 이렇게 만드세요
① 다시마는 표면의 하얀 가루를 행주로 닦아낸 다음 물
에 담가 둔다.
② 연어는 삶아서 살만 곱게 발라 두고 시금치도 데쳐 다
진다.
③ 냄비에 다시마 불린 물과 불린 쌀을 넣어 약한 불에서
죽을 끓인다.
④ 마지막에 연어와 시금치를 넣어 한 번 더 끓으면 불을
끈다.

두부완자탕

● ● 재료
두부 50g, 양파 1/8개,
당근 1cm, 시금치 2줄
기, 식용유 조금, 닭육수
1/2컵

● ● 이렇게 만드세요
① 도마에 두부를 놓고 접시를 30분 정도 올려놓아 어
느 정도 물기가 빠지면 다시 한 번 물기를 꼭 짠다.
② 시금치는 데쳐서 다지고 당근도 삶아서 다진다.
③ 양파는 다져서 팬에 식용유를 살짝 두르고 볶는다.
④ 볼에 두부를 담고 야채를 모두 넣어 섞는다.
⑤ 물이 끓으면 ④의 반죽을 한 숟가락씩 떠 넣는다.
⑥ 익어서 떠오르면 완자를 건져내고 닭육수를 부어준다.

● ● 재료
마른 보리새우 2큰술,
당근 · 호박 · 양배추 등
자투리 야채 조금씩, 밥
4큰술, 물 1/2컵

● ● 이렇게 만드세요
① 야채는 다진다.
② 보리새우는 커터기에 넣고 갈아 가루로 만든다.
③ 물에 야채를 넣고 끓으면 밥을 넣어 끓인다.
④ 쌀알이 퍼지기 시작하면 새우가루를 넣어 한 번 더 끓
인다.

● ● 재료
옥수수콘 3큰술, 양파
1/2개, 육수 · 우유 각 4
큰술씩

● ● 이렇게 만드세요
① 옥수수는 체에 담아 끓는 물을 끼얹어 캔 냄새와 불순
물을 제거하고 곱게 다진다.
② 양파는 갈아서 2큰술 준비한다.
③ 냄비에 양파즙과 육수, 옥수수콘, 우유를 넣고 끓인다.

새우가루야채죽

어니언콘수프

바나나소스 고구마

●● **재료**
고구마 1개, 바나나 1/3토막, 플레인 요구르트 1/2통

●● **이렇게 만드세요**
① 고구마는 깨끗이 씻어 물을 부어 삶은 다음 껍질을 벗기고 사각형으로 썬다.
② 바나나는 포크로 눌러 으깬다.
③ 으깬 바나나에 플레인 요구르트를 넣어 잘 섞어준다.
④ 접시에 고구마를 담고 바나나 소스를 부어 준다.

●● **재료**
따뜻한 밥 1공기, 껍질콩 1줄기, 당근 1cm, 감자 20g, 슬라이스 치즈 1장

●● **이렇게 만드세요**
① 껍질콩, 당근, 감자는 끓는 물에 삶아 1cm 크기로 자른다.
② 치즈도 같은 크기로 자른다.
③ 따뜻한 밥에 야채와 치즈를 넣어 섞어준다.

완료기  이유식

이제 이유식 마지막 단계로, 웬만한 음식은 다 먹을 수 있게 되었으므로 이 시기에는 조리 형태를 진밥 정도의 상태로 진행시킨다. 단, 소화작용이 완전해지려면 5~6세가 되어야 하므로 너무 서두르지 않는다.
이유식 재료도 후기보다 훨씬 다양해져서 야채의 경우, 향이 강하거나 질긴 것을 제외하면 모두 사용할 수 있다. 열량소모량의 70%를 이유식으로 섭취해야 하므로 하루 1~2 희정도 간식 시간을 정해 두고 영양을 보충하도록 한다.

야채치즈밥

단호박샌드 토스트

●● 재료
단호박 삶아 으깬 것 2큰술, 식빵 1장, 달걀 1개, 우유 2큰술, 식용유 조금

●● 이렇게 만드세요
① 달걀은 풀어서 우유와 섞어 둔다.
② 식빵은 가장자리를 잘라내고 으깬 단호박을 한쪽 면에 바른다.
③ ②를 달걀물에 담갔다 건진다.
④ 키친타월에 식용유를 약간 묻혀 팬에 골고루 바르고 식빵을 지져 낸다.

조갯살 냉이된장국

●● 재료
불린 쌀 5큰술, 냉이 30g, 조갯살 20g, 된장 1/2작은술, 물 1~2컵

●● 이렇게 만드세요
① 냉이는 다듬어 씻은 후 잘게 다진다.
② 냄비에 조갯살을 넣어 끓이다가 조개가 익으면 조개만 건져 곱게 다진다.
③ ②의 조개 국물에 불린 쌀을 넣고 나무 주걱으로 저어가며 약한 불에 죽을 끓인다.
④ 쌀알이 익어 퍼지기 시작하면 냉이와 조갯살을 넣고 된장을 넣어 준다.

●● 재료
새우살 100g, 배춧잎 3장, 소금 조금, 녹말가루 1/2큰술, 시판 만두피

●● 이렇게 만드세요
① 새우살은 이쑤시개로 등쪽의 내장을 꺼내고 소금물에 흔들어 씻어 건진 다음 물기를 닦아내고 다진다.
② 배추는 잎 부분만 준비하여 소금을 약간 탄 물에 담갔다 건져 물기를 꼭 짠 뒤 다진다.
③ 볼에 다진 배추와 새우살, 녹말가루를 넣어 속을 만든다.
④ 만두속을 넣어 작은 사이즈의 만두를 빚는다.
⑤ 냄비에 육수나 물을 붓고 끓으면 만두를 넣고 떠오르면 건져낸 뒤 그릇에 담아내고 육수도 조금 붓는다.

●● 재료
굴 1개, 플레인 요구르트 2큰술, 오트밀 4큰술, 우유 4큰술, 밀가루 2큰술, 설탕 1작은술, 버터 또는 식용유 조금, 메이플 시럽 조금

●● 이렇게 만드세요
① 오트밀과 우유를 넣어 섞다가 설탕, 밀가루, 굴을 넣어 반죽한다.
② 키친타월에 버터나 식용유를 묻혀 팬에 골고루 발라 준 다음 반죽을 한 수저씩 떠 넣어서 굽는다.
③ 접시에 팬케익을 놓고 메이플 시럽을 약간 뿌린다.

새우물만두

굴오트밀팬케익

감자피자

● ● 재료
감자 1/2개, 밀가루 1/4컵, 양파 10g, 단호박 20g,
피망 1/4개, 모짜렐라 치즈 조금, 식용유 조금

● ● 이렇게 만드세요
① 감자는 삶아서 뜨거울 때 으깬다.
② 여기에 밀가루를 넣어 반죽한 다음 3~4등분으로 나
　눈 후 납작하게 밀어둔다.
③ 양파는 다지고 단호박은 사방 1cm 크기로 썰어서 물
　을 자작하게 붓고 삶아서 체에 받쳐 물기를 뺀다.
④ 피망은 1cm 길이로 자른다.
⑤ 팬에 식용유를 살짝 두르고 양파와 피망을 볶다가 단
　호박을 넣어 슬쩍 볶는다.
⑥ ②의 반죽에 볶아둔 야채를 얹고 모짜렐라 치즈를 얹
　은 다음 오븐이나 오븐 토스터에 노릇하게 굽는다.

닭살야채덮밥

● ● 재료
밥 1공기, 닭살 20g, 양상추 1/3장, 양파 간 것 1/2큰술, 사과
간 것 1큰술, 간장 1/2작은술, 다시물 1/4컵, 김채 조금

● ● 이렇게 만드세요
① 양상추는 살짝 데친 다음 다진다.
② 닭고기도 곱게 다진다.
③ 냄비에 갈아둔 양파와 사과, 다시물을 넣고 닭살, 양
　상추를 넣고 끓인다.
④ 여기에 간장을 넣어 닭고기가 익을 때까지 조린다.
⑤ 밥에 ④를 부은 다음 김채를 뿌린다.

명란달걀덮밥

●● 재료
따뜻한 밥 1공기, 명란 1/2큰술, 달걀 1개, 다시물 2큰술, 조미김 1/8장

●● 이렇게 만드세요
① 명란은 속만 파내어 달걀에 넣어 젓는다.
② 여기에 다시물 또는 물을 넣어 섞는다.
③ 조미김은 부수어 둔다.
④ 팬을 달궈 ①의 달걀물을 넣고 젓가락으로 저어가며 익힌다.
⑤ 그릇에 밥을 담고 ④의 명란달걀을 부어준 다음 김을 뿌린다.

어린이카레

●● 재료
닭고기 30g, 감자·양파·당근·단호박 각 20g씩, 카레가루 1작은술, 식용유 조금, 물 1컵, 밥 1공기

●● 이렇게 만드세요
① 감자는 사방 1cm 크기로 자른다.
② 양파는 채썰고 단호박과 당근은 껍질을 벗기고 사방 7mm 크기로 자른다.
③ 닭고기를 나진후 식용유를 약간 두른 팬에 넣어 볶는다.
④ 닭고기가 어느 정도 익으면 야채를 넣어 마저 볶다가 물을 붓는다.
⑤ 야채가 부드럽게 익으면 카레를 넣고 풀어준다.
⑥ 그릇에 밥을 담고 카레를 부어준다.

●● 재료
밥 1공기, 달걀 1개, 시금치 5줄기, 당근 5cm 길이, 김 1장, 소금·참기름 조금씩, 설탕 3/4작은술, 식초 2작은술, 식용유 조금

●● 이렇게 만드세요
① 달걀 지단을 부친 다음 적당한 길이로 썬다.
② 시금치는 끓는 물에 데친다.
③ 당근도 끓는 물에 데쳐 길이로 자른다.
④ 볼에 따뜻한 밥을 담고 식초와 설탕, 소금을 조금 넣어 골고루 섞어준다.
⑤ 김을 반으로 자른 뒤 밥을 골고루 펴고 달걀 지단, 시금치, 당근을 넣고 돌돌 말아준다.
⑥ 완성된 김밥을 한입 크기로 썬다.

●● 재료
식빵 1장, 우유 1/2컵, 달걀 1개, 옥수수콘·완두콩 각 1큰술씩 당근 20g, 모짜렐라치즈 조금

●● 이렇게 만드세요
① 당근은 사방 7mm 크기의 사각형으로 썰고 완두콩은 끓는 물에 살짝 데친다.
② 달걀을 풀어 우유와 섞는다.
③ 식빵은 가장자리를 잘라내고 사방 1cm 크기로 자른다.
④ 내열용기에 식빵과 야채를 모두 넣어준다.
⑤ 여기에 ②를 붓고 모짜렐라 치즈를 뿌려준 다음 오븐이나 전자레인지 등에 넣어 치즈가 녹을 때까지 굽는다.

꼬마김밥

빵그라탕

참치버섯밥

●● 재료
불린 쌀 4큰술, 참치캔 1큰술, 생표고버섯 1장, 실파 조금,
물 1/3~2/3컵

●● 이렇게 만드세요
① 참치캔은 체에 밭쳐 기름기를 뺀 다음 숟가락으로 살
　 짝 으깨준다.
② 표고버섯과 실파는 다진다.
③ 냄비에 불린 쌀과 표고버섯을 넣고 물을 부어 밥을
　 안친다.
④ 끓으면 불을 줄이고 참치를 넣은 다음 뜸을 들인다.
⑤ 밥이 다 되면 주걱으로 골고루 섞어준 뒤 그릇에 담고
　 실파를 솔솔 뿌린다.

볶음우동

●● 재료
우동 생면 1/2팩, 양배추 1/4장, 당근 1토막, 참기름 1작
은술, 닭고기 다진 것 1큰술, **볶음소스**(소금 조금, 간장
1/2작은술), 참깨 조금

●● 이렇게 만드세요
① 우동은 끓는 물에 한번 데쳐 낸 다음 적당한 크기로
　 자른다.
② 양배추와 당근은 채썬다.
③ 팬에 참기름을 두르고 닭고기와 야채를 넣어 볶는다.
④ 여기에 우동과 물 2큰술을 넣고 볶다가 볶음소스를
　 넣어 마저 볶아준다.
⑤ 접시에 담고 참깨를 솔솔 뿌린다.

양배추 숙주 비빔밥

● ● 재료

양배추 1장, 쇠고기 다진 것 1큰술, 숙주 20g, 밥 4~5 큰술, 버터 소금, 침깨 1직 은술, 간장 1/2작은술

● 이렇게 만드세요

① 양배추와 숙주는 끓는 물에 살짝 데친 다음 물기를 꼭 짜 다진다.
② 팬에 비디를 녹이고 쇠고기를 넣어 볶는다.
③ 쇠고기가 익어 갈색이 나면 양배추와 숙주를 넣는다.
④ 여기에 밥을 넣고 간장을 넣어 골고루 섞으면서 볶는다.
⑤ 그릇에 담고 참깨를 솔솔 뿌린다.

스터프드토마토

● ● 재료

방울토마토 5개, 감자 삶은 것 4큰술, 마요네즈 1/2 큰술, 다진 파슬리 1작은술, 치즈 1/2장, 버터 조금

● 이렇게 만드세요

① 방울토마토는 윗부분을 잘라내고 씨 부분을 파낸다.
② 치즈는 다진다.
③ 삶은 감자에 다진 파슬리와 치즈를 넣고 마요네즈를 넣어 버무린 다음 방울토마토에 채워 넣는나.

● ● 재료

두부 30g, 돼지고기 다진 것 2큰술, 양파 1/8개, 불린 쌀 1/3컵, 육수 또는 물 1/3~1/2컵, 일본된장 1/2작은술

● 이렇게 만드세요

① 두부는 체에 올리고 끓는 물을 끼얹어 준 다음 으깬다.
② 양파는 다진다.
③ 달군 팬에 돼지고기를 넣고 볶다가 양파와 불린 쌀 두부를 넣어 마저 볶는다.
④ 육수를 부어 뚜껑을 덮고 쌀알이 푹 퍼질 때까지 끓인다.
⑤ 숭간숭간 눌어붙시 잃도록 주걱으로 지이기며 익힌다.

● ● 재료

밥 1/2공기, 닭살 30g, 양파 1/8개, 청·홍 피망 조금씩, 토마토케첩 1작은술, 모짜렐라 치즈 조금

● 이렇게 만드세요

① 닭살은 곱게 다진다.
② 양파와 피망은 잘게 썬다.
③ 팬에 버터를 약간 두르고 닭살과 야채를 볶다가 밥과 케첩을 넣고 마저 볶는다.
④ 슬라이스 치즈는 1cm 폭으로 썰어 둔다.
⑤ 내열용기에 볶은 밥을 담고 모짜렐라 치즈를 올려 오 븐이나 전자레인지에 치즈가 녹을 때까지 굽는다.

된장두부리조또

라이스그라탕

소고기육전

●● 재료
쇠고기 다진 것 100g, 대파 다진 것 2큰술, 대추 3개,
잣 · 호두 조금씩, 부침가루 3큰술, 찹쌀가루 1큰술,
소금 · 후춧가루 조금씩, 식용유 조금

●● 이렇게 만드세요
① 쇠고기는 소금 후추를 뿌려 밑간한다.
② 대추는 돌려 깎아 씨를 빼내고 다진다.
③ 대파를 손질한 다음 잘게 다진다.
④ 호두는 이쑤시개로 속껍질도 대강 벗기고 잣과 함께
　 다진다.
⑤ 볼에 밀가루와 찹쌀가루를 넣고 물을 조금씩 부어가
　 며 반죽한다.
⑥ 여기에 쇠고기, 대추, 호두, 잣을 넣고 섞는다.
⑦ 팬을 달궈 식용유를 두르고 반죽을 한 숟가락씩 떠
　 넣어 전을 부친다.

과일샌드위치

●● 재료
식빵 4장, 통조림 황도 50g, 키위 50g, 생크림 50cc, 설탕
2작은술

●● 이렇게 만드세요
① 키위는 껍질을 벗겨 잘게 썬다.
② 황도는 통조림에서 건져 체에 밭쳐 물기를 뺀 다음
　 같은 크기로 썬다.
③ 볼에 생크림과 설탕을 넣고 거품기로 저어서 휘핑한다.
④ 휘핑한 생크림에 과일을 넣어 섞는다.
⑤ 식빵은 네 귀퉁이를 자른다.
⑥ 식빵을 한 장 놓고 ④를 골고루 펴준 다음 다른 식빵
　 을 덮어 샌드위치를 만든 후 4등분으로 자른다.

미네스트로네

●● 재료
당근 5g, 양파 10g, 양배추 1/4장, 감자 1/8개, 토마토 1/8개, 육수 또는 물 1컵, 마카로니 20g, 올리브유 1작은술, 소금·후춧가루 조금씩

●● 이렇게 만드세요
① 야채는 모두 사방 1cm 크기로 썬다.
② 냄비에 올리브유를 두르고 토마토를 제외한 야채를 모두 넣어 볶는다.
③ 여기에 육수를 붓고 마카로니를 넣어 끓인다.
④ 야채가 익으면 토마토를 넣고 끓이고 소금과 후추를 약간 넣어 준다.

달걀참치볶음밥

●● 재료
밥 1공기, 물 1큰술, 참치캔 1큰술, 달걀 1/2개, 대파 2cm, 소금 조금, 식용유 1작은술

●● 이렇게 만드세요
① 참치캔은 체에 밭쳐 기름기를 뺀다.
② 달걀은 풀어두고 대파는 다진다.
③ 팬에 식용유를 두르고 달걀을 넣어 젓가락으로 저어가며 볶는다.
④ 여기에 밥을 넣어 볶다가 참치를 넣고 소금으로 살짝 간한다.
⑤ 마지막으로 대파를 넣어 볶아준 뒤 불을 끈다.

●● 재료
따뜻한 밥 1공기, 쇠고기 불고깃감 2장, 양파 1/4개, 육수 2/3컵, 간장 1/2작은술, 설탕 조금

●● 이렇게 만드세요
① 쇠고기는 다진다.
② 양파는 사방 5mm 크기로 썬다.
③ 냄비에 다시물과 간장, 설탕을 넣는다.
④ 끓으면 쇠고기와 양파를 넣어 조린다.
⑤ 그릇에 밥을 담고 ④를 부어준다.

●● 재료
우동생면 1/4팩, 토마토 1/4개, 양파·피망 각 10g씩, 토마토케첩 1큰술, 버터 1/2작은술

●● 이렇게 만드세요
① 우동면은 끓는 물에 살짝 데쳐서 건진다.
② 토마토를 열십자로 칼집을 넣어 끓는 물에 살짝 데쳐 껍질을 벗긴 다음 씨 부분을 제거하고 다진다.
③ 양파와 피망은 다진다.
④ 팬에 버터를 두르고 양파와 피망, 토마토를 넣어 볶는다.
⑤ 여기에 우동면을 넣어 볶다가 케첩을 넣어 간한다.

쇠고기덮밥

우동나폴리탄

part 4

편식 않는 아이로 키우는
재료별 이유식

이유식 재료로 **가장 인기있는 식품** 13가지로 만든 **재료별 이유식**
백과. 양배추, 시금치, 브로콜리, 단호박, 당근, 닭고기, 쇠고기, 잔멸치, 흰
살생선, 두부, 달걀, 감자, 고구마로 초기, 중기, 후기, 완료기 이유식 메뉴를
한 눈에 볼 수 있게 구성했다.

양배추

양배추는 잎이 부드러운 봄에 나는 양배추와 전체적으로 편평하게 생긴 겨울 양배추의 두 종류가 있다. 위장 기능을 조절해 주는 비타민 U와 비타민 C, 칼륨, 칼슘 등의 영양소를 함유하고 있다.

고르는법
겨울 양배추는 무거운 것으로, 봄 양배추는 둥근 것으로 고른다

겨울 양배추는 들었을 때 묵직하고 바깥 잎이 촉촉한 것을, 봄 양배추는 둥글고 바깥에 광택이 나는 것을 선택할 것. 잘라놓은 것을 구입할 때는 단면을 살펴보고 잎이 감겨 있는 상태가 확실한 것을 고른다.

밑손질
잎 끝의 부드러운 부분을 섬유질의 방향과 직각이 되게 자른다

양배추 잎을 뜯어낼 때는 뿌리 쪽에 칼집을 넣은 후 한장씩 뜯어낸다. 농약의 위험성이 있으므로 가장 바깥쪽 잎은 사용하지 말고 버린다. 뜯어낸 잎은 한 장씩 흐르는 물로 깨끗이 씻는다. 이유식에 사용할 때는 심이 없는 잎 끝의 부드러운 부분만 골라 섬유질의 방향과 직각이 되게 잘라준다.

보관방법
냉장고 야채실에 보관한다

상처난 겉잎이라도 떼어버리지 말고 그대로 두는 것이 좋다. 나중에 사용할 때 겉잎을 한 장 떼어버리고 나면 속은 아무 이상이 없다. 랩이나 신문지로 싸거나 비닐 주머니에 넣어 냉장고 야채실에 보관한다. 신선도를 높이려면 심을 도려내고 젖은 신문지로 심 부분을 채워 놓는다.

포인트 어드바이스
칼집을 넣어 심을 도려내고, 잎 가운데 줄기도 저며낸다

양배추로 이유식을 만들 때는 심 주변의 단단한 부분에 깊숙이 칼집을 넣어 도려낸다. 잎을 떼어 사용할 때는 겉잎부터 한 장씩 벗겨서 쓴다. 그리고 잎 가운데에 두툼한 줄기는 칼을 옆으로 뉘어 저며낸 다음 사용한다. 그래야 열이 고루 전달된다.

초기

양배추소면죽

●● 재료
양배추 1/4장, 소면 20g, 다시마 5cm 1장, 물 1컵

●● 이렇게 만드세요
① 양배추는 깨끗이 씻어 잘게 다진다.
② 소면은 삶아 둔다.
③ 다시마 우려낸 물을 냄비에 담고 양배추를 넣어 끓인다.
④ ③이 끓으면 삶아둔 소면을 넣어 한 번 더 익힌다.
⑤ 다 익으면 체에 내려 먹인다.

중기

양배추두부조림

●● 재료
양배추 1/4장, 두부 30g

●● 이렇게 만드세요
① 양배추는 끓는 물에 데쳐서 곱게 다지고 국물은 따로 받아 둔다.
② 두부는 체에 밭쳐 끓는 물을 한번 끼얹은 다음 포크로 눌러 으깬다.
③ 작은 냄비에 두부와 양배추를 넣고 양배추 삶은 물을 2~3큰술 정도 넣어 끓여 농도를 조절한다.

양배추물만두

● ● 재료
양배추 1/2장, 만두피 3장, 닭살 다진 것 1큰술반, 생표고버섯 다진 것 1작은술, 대파 다진 것 1작은술, 육수 1컵

● ● 이렇게 만드세요
① 양배추는 삶아서 물기를 꼭 짜고 곱게 다진다.
② 여기에 다진 닭살, 표고버섯, 대파를 넣고 섞어 만두속을 만든다.
③ 만두피를 반으로 자르고 ②의 속을 1작은술씩 떠 넣어 만두를 빚는다.
④ 냄비에 육수를 붓고 끓으면 만두를 넣는다.
⑤ 만두가 익어 떠오르면 건져 그릇에 담고 육수를 자작하게 부어준다.

양배추닭살볶음밥

● ● 재료
밥 1공기, 닭살 20g, 양배추 1장, 다진양파·당근 각 1큰술씩, 통깨 1작은술, 버터 또는 식용유 조금

● ● 이렇게 만드세요
① 닭살은 다진다.
② 양배추는 끓는 물에 데쳐 물기를 꼭 짠 뒤 다진다.
③ 팬에 버터를 녹이고 닭살을 넣어 볶는다.
④ 고기가 반 이상 익으면 다진 양파와 당근을 넣어 볶는다.
⑤ 여기에 밥과 양배추를 넣어 한 번 더 볶은 뒤 불을 끈다.
⑥ 접시에 볶음밥을 담고 통깨를 솔솔 뿌린다.

양배추고기전

● ● 재료
양배추 1장, 달걀 1/2개, 쇠고기 다진 것 2큰술, 밀가루 2큰술, 식용유 조금

● ● 이렇게 만드세요
① 양배추는 끓는 물에 살짝 데쳐 다진다.
② 팬에 식용유를 살짝 두르고 고기를 넣어 볶은 뒤 접시에 부어 식힌다.
③ 볼에 양배추와 고기, 달걀, 밀가루를 넣어 반죽을 만든다.
④ 팬에 식용유를 두르고 반죽을 떠 넣어 노릇하게 전을 부친다.

미니양배추롤

● ● 재료
양배추 1장, 육수 1컵, 쇠고기·돼지고기 간 것 각 1큰술씩, 달걀 푼 것 1큰술, 빵가루 2작은술, 다진 양파 1작은술, 넛맥 또는 후춧가루 조금, 토마토케첩 1작은술

● ● 이렇게 만드세요
① 양배추는 삶아서 물기를 빼고 길이로 2등분한다.
② 볼에 고기, 달걀물, 빵가루, 양파를 넣어 섞는다.
③ 여기에 넛맥이나 후춧가루를 약간 넣어 준 다음 한 번 더 섞는다.
④ 양배추를 놓고 반죽을 반 분량만 떠서 펴준 뒤 돌돌 말아준다.
⑤ 냄비에 육수와 토마토 케첩을 넣고 풀어준 다음 말아둔 양배추를 넣어 고기가 익을 때까지 조린다.

시금치

체내에서 비타민 A로 변화되는 카로틴을 비롯하여 비타민 B1, 비타민 B2, 비타민 C 등의 비타민과 철분, 칼륨, 칼슘 등 미네랄을 풍부하게 함유한 야채 중의 우등생이다.

고르는법 **잎 끝이 활짝 퍼져 있고 뿌리 부분이 빨갛고 깨끗한 것이 상품이다**

시금치는 11~12월이 제철로 이 시기가 가장 영양가가 높다. 뿌리가 붉고 깨끗한 것, 잎이 시들지 않고 활짝 퍼져 있는 것이 신선하다. 특히 여린 잎일수록 떫은맛이 적기 때문에 이유식용으로 적당하다.

밑손질 **떫은맛이 있기 때문에 데친 후 반드시 물에 헹군다**

열이 통과하기 쉽게 뿌리 부분에 십자로 칼집을 넣고 뿌리 부분부터 끓는 물에 넣어 데친다. 이유식에 사용하는 것은 더 부드럽게 데친다. 데친 시금치는 흐르는 물에 헹궈 물기를 꼭 짜준다. 떫은맛의 원인인 수산은 칼슘 흡수를 방지하기 때문에 시금치는 반드시 익혀서 사용한다.

보관방법 **젖은 신문지로 싸서 냉장고의 야채실에 보관한다**

젖은 신문지로 싸서 냉장고 야채실에 보관한다. 뿌리 부분이 밑으로 가게 세워서 보관하는 것이 포인트다. 장기간 보관하면 비타민 C 등 영양소가 감소하기 때문에 빨리 사용하는 것이 좋다. 익힌 시금치는 냉동 보존이 가능하므로 구입하면 즉시 데쳐서 냉동 보관한다.

포인트 어드바이스 **이유식 후기까지는 잎 끝을 잘게 잘라서 사용한다**

시금치의 줄기나 뿌리에는 섬유소가 많아 소화되기 어렵기 때문에 이유식 후기까지는 잎 끝 부분을 사용한다. 시금치를 씻을 때는 한 장씩 흐르는 물에 깨끗이 씻는다. 데친 시금치를 썰 때는 가능하면 섬유소를 잘게 잘라준다.

1 야채류

초기

시금치바나나매시

● ● **재료**
시금치 2~3줄기, 바나나 2cm

● ● **이렇게 만드세요**
① 시금치는 깨끗이 씻어 끓는 물에 살짝 데친다.
② 데친 시금치는 물기를 꼭 짜 둔다.
③ 체에 데친 시금치을 올려놓고 숟가락으로 으깬다.
④ 바나나는 강판에 갈아준다.
⑤ 데친 시금치와 바나나를 섞는다.

중기

시금치요구르트

● ● **재료**
시금치 2~3줄기, 플레인 요구르트 1/2통

● ● **이렇게 만드세요**
① 시금치는 끓는 물에 데쳐서 잎 부분만 곱게 다진다.
② 플레인 요구르트와 다진 시금치를 섞어준다.

후기

시금치치즈전

● ● 재료
시금치 30g, 달걀 1개, 치즈 1장, 식용유 조금

● ● 이렇게 만드세요
① 시금치는 데쳐서 꼭 짠 후 잘게 썬다.
② 볼에 달걀을 넣고 풀어준 후 ①의 시금치를 넣고 섞는다.
③ 키친타월에 기름을 살짝 묻혀 달군 팬에 발라준 후 ②를 한 수저씩 넣어 부친다.
④ 뜨거울 때 치즈를 조금씩 잘라 얹어준다.

완료기

시금치달걀찌

● ● 재료
시금치 3줄기, 달걀 1개, 우유 3큰술

● ● 이렇게 만드세요
① 시금치는 끓는 물에 데쳐 1cm 길이로 썬다.
② 달걀과 우유를 볼에 담아 풀어준다
③ 여기에 시금치를 넣어 섞는다.
④ 내열용기에 부어 오븐이나 오븐 토스터에 달걀이 완전히 익을 때까지 15분 정도 구워준다.

후기

시금치찐빵

● ● 재료
달걀 1개, 설탕 1/4컵, 우유·샐러드유 1큰술씩, 박력분 1/2컵, 베이킹 파우더 1작은술, 시금치 3줄기

● ● 이렇게 만드세요
① 볼에 달걀, 설탕을 넣고 거품기로 섞는다.
② ①에 우유와 샐러드유를 넣어 섞는다.
③ 박력분과 베이킹 파우더를 함께 계량해 체에 내려 ②에 넣어준 다음 섞는다.
④ 시금치를 데쳐서 물기를 꼭 짠 다음 다진다.
⑤ ④를 반죽에 넣고 섞어준다.
⑥ 반죽을 베이킹컵에 7~8부 정도 떠서 넣는다.
⑦ 김 오른 찜통에 15~20분 정도 찐다.

완료기

시금치수제비

● ● 재료
밀가루 1컵, 다진 시금치 2큰술, 소금 조금, 물 조금, 육수 1컵, 양파·당근·팽이버섯 조금씩

● ● 이렇게 만드세요
① 밀가루에 다진 시금치와 소금을 약간 넣고 물을 조금씩 넣어가며 반죽한다.
② 반죽이 다 되면 비닐봉지에 넣어 30분 정도 둔다.
③ 양파·당근은 채썰고, 팽이버섯은 잘라 둔다.
④ 냄비에 육수를 붓고 육수가 끓으면 야채를 넣고 수제비 반죽을 뜯어서 넣는다.
⑤ 반죽이 떠오르면 잠시 더 끓인 뒤 그릇에 담는다.

야채류 1

브로콜리

브로콜리는 비타민 C, 비타민 B군 등 각종 비타민을 많이 함유하고 있고 이 밖에도 칼슘, 칼륨, 철분과 섬유질이 풍부하다.
컬리플라워는 열에 강한 비타민 C와 칼륨을 함유하고 있다.

고르는법

브로콜리는 녹색이 진하고 꽃송이 부분의 모양이 선명할수록 상품이다

브로콜리는 양배추의 일종으로 우리가 먹는 것은 작은 꽃의 꽃봉오리다. 고를 때는 우선 색상을 체크하는 것이 포인트. 녹색이 선명하고 풍부할수록 신선하다. 또한 밑동을 자른 부분이 촉촉하고 꽃이 벌어지지 않은 것을 선택한다.

밑손질

이삭의 끝 부분만 잘라내어 사용하는 것이 기본이다

데친 브로콜리는 이삭의 끝 부분을 칼로 잘게 잘라내 사용한다. 이유식 초기에는 이것을 갈아서 사용하지만 중기 이후는 그대로 죽에 넣거나 토핑 등에 얹어서 사용해도 좋다. 한편 데친 후 냉동시켜 두면 냉동된 상태로 강판에 갈거나 부숴서 사용할 수 있으므로 조리 시간을 절약할 수 있다. 또한 꽃집이 작은 줄기는 연하기 때문에 데쳐서 조리하면 맛있게 먹을 수 있다.

보관방법

구입한 즉시 사용한다

시간이 흐를수록 신선도가 떨어지기 때문에 구입한 즉시 사용하는 것이 이상적이다. 구입 후 곧 비닐주머니에 넣어 입구를 봉하고 냉장고의 야채실에 보관한다. 이유식용이라면 데쳐서 냉동 보관한 것도 1주일 내에 빨리 사용한다.

포인트 어드바이스

끓는 물에 데친 다음 찬물에 담가 식힌다

끓는 물에 소금을 넣고 데친 다음 곧바로 찬물에 담가 식힌다. 만약 바로 사용하지 않고 냉동시킬 목적이라면 부채로 식히는 편이 효과적이다.

초기

브로콜리당근죽

●● 재료
브로콜리 10g, 불린 쌀 1 큰술, 당근 1cm 두께 한 토막

●● 이렇게 만드세요
① 브로콜리는 끓는 물에 데쳐 꽃 부분만 곱게 다진다.
② 당근도 삶아 강판에 갈아 준비한다.
③ 냄비에 불린 쌀과 물을 부어 죽을 끓인다.
④ 브로콜리와 당근을 넣고 한 번 더 끓인다.

중기

브로콜리사과조림

●● 재료
브로콜리 20g, 사과 1/4 개, 녹말가루 1작은술, 물 1작은술

●● 이렇게 만드세요
① 사과는 껍질을 벗기고 강판에 갈아 준비한다.
② 브로콜리는 끓는 물에 데쳐 꽃 부분만 곱게 다진다.
③ 녹말가루와 물을 섞어 녹말물을 만든다.
④ 작은 냄비에 사과즙과 브로콜리를 넣어 끓인다.
⑤ 여기에 녹말물을 부어 덩어리가 지지 않도록 저어가며 농도를 조절한다.

브로콜리치즈수프

● ● **재료**
브로콜리 50g, 다진 양파 2큰술, 육수 또는 물 1/2컵, 우유 1/2컵, 슬라이스치즈 1/2장, 버터 1작은술

● ● **이렇게 만드세요**
① 브로콜리는 끓는 물에 데친다.
② 밑이 두꺼운 팬에 버터를 넣어 녹이고 양파를 볶는다.
③ 양파가 노릇하게 색깔이 나면 브로콜리를 넣어 한 번 더 볶다가 육수를 부어 끓인다.
④ 불을 끄고 한김 식힌 다음 믹서기에 넣어 간다.
⑤ 나시 냄비에 붓고 우유를 넣어 끓으면 슬라이스 치즈를 뜯어서 넣고 불을 끈다.

브로콜리소고기볶음밥

● ● **재료**
다진 쇠고기 50g, 브로콜리 50g, 양파 1/2개, 버터 1큰술, 소금 조금, 밥 1공기

● ● **이렇게 만드세요**
① 브로콜리는 데친 후 잘게 뜯어놓고 양파는 다진다.
② 팬에 버터를 두르고 고기를 넣고 후추를 약간 뿌린다.
③ 고기가 반 이상 익으면 양파를 넣는다.
④ 양파가 어느 정도 익으면 브로콜리와 밥을 넣어 같이 볶아준 다음 소금으로 살짝 간한다.

브로콜리닭살죽

● ● **재료**
브로콜리 10g, 닭가슴살 10g, 불린 쌀 3큰술, 닭 삶은 물 1/4컵

● ● **이렇게 만드세요**
① 브로콜리는 송이를 떼어내고 끓는 물에 데친 다음 곱게 다진다.
② 닭가슴살은 삶아서 찢은 뒤 다진다.
③ 냄비에 불린 쌀과 닭 삶은 물을 부어 약한 불에 저어가며 죽을 끓인다.
④ 쌀알이 익어 퍼지기 시작하면 브로콜리와 닭살을 넣고 섞어준 다음 불을 끈다.

브로콜리닭살그라탕

● ● **재료**
닭살 40g, 다진 양파 2큰술, 브로콜리 30g, 모짜렐라치즈 · 가루치즈 조금씩, **화이트 소스**(버터 · 밀가루 각 1작은술씩, 우유 5큰술)

● ● **이렇게 만드세요**
① 브로콜리는 살짝 데쳐 자르고 닭살은 다진다.
② 팬에 버터를 약간 두르고 닭살과 양파를 볶다가 브로콜리를 넣고 살짝 더 볶아준다.
③ 작은 냄비에 버터를 두르고 밀가루를 넣어 볶다가 우유를 부어가며 걸쭉하게 될 때까지 젓는다.
④ 그릇에 재료를 담고 ③의 소스를 넣어 버무린다.
⑤ 모짜렐라 치즈와 가루치즈를 뿌려준 다음 오븐이나 오븐 토스터에 넣어 치즈가 녹을 때까지 굽는다.

단호박

카로틴, 비타민 C, 비타민 B군, 칼륨이 풍부하다.
노란색이 진할수록 카로틴이 많고 당도도 높다. 대부분의 식품과 궁합
이 잘 맞기 때문에 이유식 식품으로 폭넓게 사용할 수 있다.

1 야채류

고르는법 **묵직하고 육질이 단단한 것을 고른다**

묵직하고 육질이 단단하여 손으로 두드렸을 때 통통 소리가 나는 것이
맛있고 신선하다. 잘라놓은 것을 살 때는 과육이 두껍고 노란색이
진한 것을 선택한다.

밑손질 **전자레인지에서 부드럽게 익히면 편리하다**

통째로 된 호박은 꼭지가 없는 쪽에 칼집을 넣고 1/2로 자른다.
호박이 딱딱한 경우는 전자레인지에서 가볍게 가열하면 훨씬 쉽게
잘라진다. 씨와 속을 스푼으로 긁어내고 적당한 크기로 썰어 물에
익히거나 랩으로 싸서 전자레인지에서 숟가락이 들어갈 정도의
굵기로 부드럽게 익힌다. 그런 다음 스푼으로 껍질을 벗겨낸다.
호박은 밑손질이 많이 필요하기 때문에 한꺼번에 만들어두고
사용하고 남은 것은 랩으로 개별 포장하여 냉동시킨다.

보관방법 **자르지 않은 것은 상온에, 자른 것은 냉장고에
보관한다**

통째로 된 호박은 그대로 냉암소에 보관한다. 자른 호박은 속
부분부터 상하기 때문에 씨와 함께 물렁거리는 부분을 제거하고
둥글게 자른 후 랩을 씌워 냉장고의 야채실에서 보관한다.
통째로 된 것은 장기간 보존이 가능하지만 자른 것은 1주일 내에
사용하도록 한다.

포인트 어드바이스 **바쁠 때는 시판 냉동 호박을 사용하면 편리하다**

시간이 없을 때는 수퍼 등에서 잘라서 팔고 있는 냉동 호박을
사용해도 좋다. 호박은 냉동시켜도 영양가 면에서는 생것과 별
차이가 없다.

초기

단호박포타주

●● 재료
단호박 30g, 분유 탄 물
3큰술

●● 이렇게 만드세요
① 단호박은 씨를 제거하고 한입 크기로 썰어서 삶는다.
② 단호박이 푹 삶아지면 속만 긁어낸 다음 뜨거울 때
  분마기에 넣고 곱게 으깬다.
③ 곱게 으깬 단호박에 분유 탄 물을 넣어 섞는다.

중기

오렌지펌프킨

●● 재료
단호박 20g, 귤즙 2큰술

●● 이렇게 만드세요
① 단호박은 껍질과 씨를 제거하고 찜기에 넣어 찐다.
② 단호박이 다 쪄지면 뜨거울 때 분마기에 넣고 으깨
  거나 포크로 대강 으깨어 놓는다.
③ 귤은 즙짜기에 놓고 즙을 낸다.
④ 작은 냄비에 으깬 단호박과 귤즙을 넣어 한번 부르
  르 끓인다.

후기

단호박양갱

●● 재료
단호박 400g, 가루 한천 4g, 물·우유 각 150cc

●● 이렇게 만드세요
① 단호박은 사방 1cm 크기로 잘라 랩을 씌워 전자레인지에 6~7분 정도 돌린 다음 곱게 으깬다.
② 냄비에 가루 한천과 물, 우유를 붓고 ①의 단호박을 넣은 뒤 나무주걱으로 저어가며 한천이 완전히 녹을 때까지 끓인다.
③ 틀에 ②를 부어 냉장고에서 1~2시간 정도 굳힌다.
④ 완전히 굳은 뒤 틀에서 빼낸다.

완료기

호박범벅

●● 재료
단호박 300g, 찹쌀가루 5큰술, 물 1/2컵, 설탕 1큰술, 소금 조금, 울타리콩 20개, 밤 3개

●● 이렇게 만드세요
① 호박은 껍질과 씨를 제거하고 얇게 썰어 삶는다.
② 익으면 한김 식혀서 핸드블렌더나 믹서에 간다.
③ 밤은 껍질을 까서 4등분한다.
④ 냄비에 물을 붓고 밤과 콩, 소금을 약간 넣고 삶아 건진다.
⑤ 찹쌀가루를 물에 풀어 죽을 쑨다.
⑥ ②의 호박에 찹쌀풀을 부어 서어가며 끓이다가 ④를 넣고 설탕, 소금으로 간한다.

야채류 1

후기

단호박리조또

●● 재료
단호박 150g, 양파 1/4개, 쌀 1컵(약 180ml), 파마산 치즈 2큰술, 버터·올리브유 각 1큰술씩, 소금 1/2작은술, 물 2컵반

●● 이렇게 만드세요
① 쌀을 씻어 불린 다음 체에 밭쳐 물기를 빼둔다.
② 단호박은 사방 1cm 크기로 자르고 양파는 다진다.
③ 냄비에 버터와 올리브유를 두르고 양파를 넣어 투명해질 때까지 볶다가 단호박을 넣고 약한 불로 줄여 5분 정도 더 볶는다.
④ ③에 쌀을 넣어 볶다가 물을 붓는다.
⑤ 쌀이 꼬들꼬들하게 익으면 소금과 파마산 치즈를 넣어 한번 섞어주고 불을 끈다.

완료기

단호박야채그라탕

●● 재료
단호박 40g, 양파 10g, 완두콩 또는 껍질콩 10g, 우유 1큰술, 모짜렐라 치즈 조금, 빵가루 조금, 식용유 1/2작은술

●● 이렇게 만드세요
① 단호박은 손질한 다음 사방 1cm 크기로 자른다.
② 양파도 같은 크기로 썰고 완두콩은 끓는 물에 살짝 데쳐둔다.
③ 팬에 단호박과 양파, 완두콩을 넣어 볶는다.
④ 여기에 우유를 넣어 한 번 더 볶은 뒤 불을 끈다.
⑤ 내열용기에 ④를 붓고 모짜렐라 치즈와 빵가루를 뿌린다.
⑥ 오븐이나 오븐 토스터에 치즈가 녹을 때까지 굽는다.

당근

체내에서 비타민 A로 변하는 카로틴을 듬뿍 함유하고 있다.
피부나 점막을 건강하게 보호하고 저항력을 높여주는 역할도 한다.
칼륨과 같은 미네랄 성분과 섬유질도 풍부하다.

1 야채류

고르는법 **고운 오렌지색에 표면이 깨끗한 것을 고른다**
당근은 밝고 고운 오렌지색에 표면이 매끄러운 것이 상품이다.
표면이 고르지 못하고 수염이 나 있거나 잎을 자른 부분이 검은색을
띠고 있는 것은 품질이 떨어진다. 또한 위쪽이 푸른색을 띠고 있는
것은 육질이 너무 단단하므로 전체적으로 고르게 오렌지색을 띠고
있는 것이 이유식에 적합하다.

밑손질 **필러를 이용해 껍질을 얇게 벗겨낸다**
껍질을 벗길 때는 필러를 이용하는 것이 가장 좋다. 칼로 벗기면 너무
두껍게 벗겨지고 또 칼로 긁어내듯 하면 표면이 매끄럽지 못하다.

보관방법 **비닐주머니에 넣어 냉장고 야채실에 보관한다.**
사용하고 남은 당근은 자른 입구에 물을 뿌려 랩으로 싼 후
비닐주머니에 넣어 냉장고 야채실에 보관한다. 아직 사용하지 않은
것은 신문지로 싸서 비닐주머니에 넣어 야채실에 보관한다.

포인트 어드바이스 **영양분이 손실되는 것을 막기 위해 조리 방법을 연구한다**
당근은 껍질 부분에 영양분이 듬뿍 함유되어 있기 때문에 가능하면
껍질을 얇게 벗겨 영양분의 손실을 막는다. 당근에 함유되어 있는
카로틴은 기름과 함께 섭취하면 흡수율이 높기 때문에 이유식 후기
이후에는 기름에 볶거나 튀김 요리를 해주는 것이 적당하다

초기

당근우유수프

●● 재료
당근 1cm, 분유 탄 물 3
큰술

●● 이렇게 만드세요
① 당근은 끓는 물에 넣고 푹 익혀 강판에 갈아서 준비
한다.
② 냄비에 갈아둔 당근을 넣고 분유 탄 물을 부어 한번
부르르 끓으면 불을 끈다.

중기

스위트죽

●● 재료
불린 쌀 1큰술, 당근
1~2cm, 사과 1큰술,
물 적당량

●● 이렇게 만드세요
① 사과는 강판에 갈아 즙을 낸다.
② 당근은 껍질을 벗기고 삶은 뒤 강판에 갈아 1큰술
준비한다.
③ 작은 냄비에 불린 쌀을 넣고 물을 부어 약한 불에서
저어가며 죽을 끓인다.
④ 쌀알이 충분히 퍼지면 당근과 사과즙을 넣어준다.

후기

당근고구마오렌지조림

●● 재료
고구마 5cm, 당근 2cm, 오렌지과즙 1/4컵, 물 2큰술

●● 이렇게 만드세요
① 고구마는 7mm 두께로 썰어 모양틀로 찍거나 사방 7mm 크기로 자른다.
② 당근은 2mm 두께로 썰어 모양틀로 찍거나 사방 2mm 크기로 자른 다음 끓는 물에 삶는다.
③ 냄비에 오렌지 과즙과 물을 붓고 고구마와 당근을 넣고 고구마가 익을 때까지만 조린다.

완료기

당근핫케익

●● 재료
핫케익 믹스 50g, 달걀 푼 것 1/3개분, 우유 50ml, 당근 1cm, 식용유 조금

●● 이렇게 만드세요
① 당근은 삶아서 강판에 간다.
② 핫케익 믹스에 달걀물과 우유, 당근을 넣어 반죽을 만든다.
③ 키친타월에 식용유를 묻혀 팬에 골고루 발라준 다음 반죽을 한 숟가락씩 떠 넣어 굽는다.

후기

당근잼롤샌드위치

●● 재료
식빵 2장, **당근잼**(당근 1개, 오렌지주스 1/2컵, 물엿 3큰술, 레몬즙 1/2큰술, 소금 1/4작은술)

●● 이렇게 만드세요
① 당근은 껍질을 벗긴 뒤 동그랗게 잘라 냄비에 중탕으로 익힌다.
② 뜨거울 때 오렌지주스를 부어 핸드 블렌더로 곱게 간 뒤 냄비에 부어 물엿, 레몬즙, 소금을 넣어 뭉근해질 때까지 저어가며 조린다.
③ 식빵은 가장자리를 잘라낸다.
④ 식빵에 당근잼을 바르고 김밥 말듯이 돌돌 말아준다.
⑤ 랩이나 호일에 잠시 싸 두었다가 한입 크기로 자른다.

완료기

당근수프

●● 재료
당근 1/2개, 양파 1/4개, 육수 1/2컵, 우유 1/2컵, 파슬리 조금, 버터 1큰술, 소금 조금

●● 이렇게 만드세요
① 당근은 얇게 썰고 양파는 채썬다.
② 밑이 두꺼운 냄비에 버터를 녹이고 양파를 넣어 5분 이상 충분히 볶아 매운맛을 없앤다.
③ 여기에 당근을 넣어 볶다가 육수를 넣어 끓인다.
④ 당근이 익으면 한김 식혀 믹서에 붓고 갈아준다.
⑤ ④을 다시 냄비에 붓고 우유를 부어 끓인다.
⑥ 소금으로 살짝 간을 하고 불을 끈 다음 파슬리를 다져 솔솔 뿌려준다.

닭고기

부드럽고 담백한 맛이 특징이다. 고단백·저지방의 대표적인 식품으로 소화가 잘되기 때문에 이유식 중기부터 사용할 수 있다. 닭고기를 비롯하여 모든 육류는 지방이 적은 부위를 사용하는 것이 기본이다.

2 고기류

고르는법 고기에 윤기가 있고 색깔이 선명한 것으로 선택한다

신선도가 높은 것을 구입하기 위해서는 광택과 색을 체크해야 한다. 고기에 윤기가 흐르고 색이 선명한 것이 상품이다. 특히 이유식용으로는 육질이 연한 영계를 사용하는 것이 좋다.

밑손질 힘줄을 제거하고 열탕에서 익힌다

힘줄이 붙어 있는 상태로 조리를 하면 힘줄이 딱딱해지므로 반드시 제거한다. 냉동이나 낮은 온도에서 익힌 후에는 힘줄을 제거하기 어렵기 때문에 처음부터 제거해주는 것이 좋다. 힘줄은 몸속에서 나와 있는 부분에 칼을 넣고 잡아당기면 쉽게 제거할 수 있다.

보관방법 상하기 쉬우므로 냉동 보관해야 한다

닭고기는 상하기 쉬우므로 구입 후 즉시 사용하는 것이 원칙이다. 보관을 할 때는 반드시 밑손질을 하여 냉동 보관한다. 특히 날것을 냉동시켰을 경우엔 냉동육을 강판에 갈아주면 살이 쉽게 부스러져 아기가 먹기 좋은 상태로 된다.

포인트 어드바이스 지방을 제거한 후 다져서 보관한다

시판하는 닭고기 중에는 지방이 많은 것도 있으므로 반드시 지방을 제거하고 냉동보관한다. 우선 닭고기를 도마 위에 올려놓고 힘줄을 제거한 후 가로 세로로 칼집을 내 준다. 다음 끓는 물에 넣고 끓인 후 고기가 익으면 살만 발라내어 곱게 다져 1회분씩 랩으로 싸서 냉동 보관한다.

중기

닭고기야채수프

●● 재료
닭가슴살 10g, 시금치 1장, 당근 얇게 썬 것 1쪽, 물 1/4컵

●● 이렇게 만드세요
① 닭가슴살은 물을 붓고 삶아 육수만 따로 받쳐 둔다.
② 시금치와 당근은 다진다.
③ 냄비에 닭육수를 붓고 다진 야채를 넣어 끓인다.
④ 맑은 국물만 떠서 먹인다.

중기

닭가슴살콘수프

●● 재료
닭가슴살 1/2개, 스위트콘 1/2컵, 닭 삶은 육수 70ml

●● 이렇게 만드세요
① 닭가슴살에 물을 부어 삶은 다음 살만 건져 곱게 다지고 육수는 따로 둔다.
② 스위트콘은 체에 받쳐 놓고 끓는 물을 한번 끼얹은 다음 믹서에 곱게 갈아둔다.
③ 냄비에 닭육수와 ②의 스위트콘을 넣어 끓이다가 다진 닭가슴살을 넣어 한 번 더 끓인다.

후기

닭완자탕

● ● **재료**
닭가슴살 100g, 달걀물 2큰술, 녹말 1작은술, 다진 대파 2작은술, 다시마 5cm 크기1장, 물 1/2컵, 시금지 3쭐기

● ● **이렇게 만드세요**
① 다시마는 젖은 행주로 하얀 가루를 닦아내고 미리 물 3컵에 담가놓는다.
② 커터기에 닭가슴살, 달걀, 녹말을 넣어 갈아준 다음 다진 대파를 넣고 잘 섞어 반죽한다.
③ 다시마 우려낸 물이 끓기 시작하면 다시마는 건져 내고 ②의 반죽을 한 숟가락씩 떠 넣는다.
④ 여기에 시금치를 1cm 길이로 잘라서 넣는다.
⑤ 완자가 익어서 떠오르면 그릇에 담아 낸다.

완료기

닭고기영양밥

● ● **재료**
닭살 30g, 고구마 1/2개, 생표고버섯1개, 간장1/2 작은술, 불린 쌀 4큰술, 물 1/2~1컵

● ● **이렇게 만드세요**
① 고구마는 껍질을 벗기고 사방 1cm크기로 썬다.
② 표고버섯은 가위로 기둥을 잘라내고 잘게 다진다.
③ 닭살은 잘게 썰어둔다.
④ 냄비에 쌀과 썰어둔 재료를 모두 담고 물을 부은 다 음 간장을 넣고 밥을 안친다.

후기

닭찹쌀죽

● ● **재료**
닭살 20g, 감자 1/4개, 불린 찹쌀 2큰술

● ● **이렇게 만드세요**
① 닭살은 물을 자작하게 부어 삶는다.
② 육수는 따로 두고 닭살은 곱게 다진다.
③ 감자는 껍질을 벗기고 잘게 다진다.
④ 냄비에 불린 찹쌀과 감자를 넣고 육수를 부어 약한 불에서 저어가며 죽을 끓인다.

완료기

닭고기단호박조림

● ● **재료**
단호박 30g, 닭살 20g, 다시물 1컵(다시마 1장+ 물 1컵)

● ● **이렇게 만드세요**
① 다시마는 표면에 하얀 가루를 행주로 깨끗이 닦아 낸 다음 물에 30분 정도 불린다.
② 단호박은 사방 1cm 크기로 자른다.
③ 닭살은 다진다.
④ 냄비에 ①의 다시마물과 단호박, 닭살을 넣고 국물 이 졸아들 때까지 졸인다.

고기류 **2**

쇠고기

양질의 단백질과 비타민 B군, 철분과 미네랄을 다량 함유하고 있으며 부드럽고 맛도 좋다. 또한 필수아미노산이 풍부한 쇠고기의 단백질은 성장기 아기들에게 가장 좋은 영양 공급원이다.
단, 이유식 후기부터 사용한다.

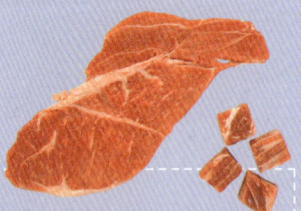

2 고기류

고르는법
지방이 적은 허벅지 살을 선택한다
이유식에 사용하기 위해서는 지방이 적은 붉은 살 중에서도 허벅지 살을 고르도록 한다. 그 밖에 어깨나 로스(어깨 로스나 립 로스)도 비교적 지방이 적기 때문에 이유식에 적당하다. 고기 전체가 선명한 적색을 띠며 지방은 크림색이나 흰색을 띠고 있는 것이 상품에 속한다.

밑손질
육수용 고기는 삶을 때 고기 덩어리의 결을 살려 썬다
덩어리 고기를 다질 경우 먼저 고기를 잘게 썬 뒤 가로세로로 엇갈려가며 다져서 고기의 결을 끊어준다. 고기를 썰 때는 고기의 결과 직각으로 잘라야 고기가 연해지고 맛있다. 삶을 때도 고기 결을 살려 썰면 삶은 후에 결대로 찢기가 쉽다. 다진고기는 양파와 함께 섞으면 맛도 부드럽고 냄새가 가셔서 좋다. 뭉쳐서 반죽할 때는 달걀이나 밀가루를 섞으면 끈기가 생겨 부스러지지 않는다.

보관방법
얇게 썰어 1회분씩 나누어 냉동 보관한다
쇠고기는 썰어 놓은 지 오래된 것일수록 검붉은 색을 띠게 된다. 또한 고기 전체가 거무스름한 것은 선도가 극히 낮은 상태이므로 피하는 것이 원칙이다. 얇게 썬 고기는 냉동이 빨리 되므로 밑 손질을 하여 1회분씩 보관하면 사용하기 편리하다.

포인트 어드바이스
부위에 따라 조리법이 달라진다
질 좋은 연한 살코기는 센불에서 살짝 익혀 풍미를 살리고, 근육 부분은 약한 불에서 천천히 삶아 살코기가 퍼석퍼석해지는 것을 막는다. 육수를 만들거나 찜, 스튜 등에는 덩어리 고기를 이용하는 것이 적당하다.

후기

소고기야채콘소메

●● **재료**
쇠고기 20g, 당근 1cm, 물 1컵, 시금치 2줄기,

●● **이렇게 만드세요**
① 쇠고기는 키친타월로 핏물을 잘 닦아낸 뒤 물을 붓고 끓여 육수를 만들어 둔다.
② 시금치와 당근은 깨끗이 씻은 뒤 곱게 다진다.
③ 냄비에 시금치와 당근을 담고 육수를 부어 끓인다.
④ ③을 체에 밭쳐 맑은 국물만 받아 먹인다.

후기

소고기야채죽

●● **재료**
다진 쇠고기 2큰술, 참기름 조금, 양파·당근·호박 조금씩, 불린 쌀 3큰술, 물 1컵

●● **이렇게 만드세요**
① 양파, 당근, 호박을 모두 잘게 다진다.
② 냄비에 참기름을 두르고 쇠고기를 넣어 볶다가 반정도 익으면 쌀과 야채도 같이 넣어 볶는다.
③ 여기에 물을 부어 잘 저어가며 죽을 끓인다.

후기

소고기버섯영양죽

● ● 재료
쇠고기20g, 불린 쌀3큰술, 다시마 5cm 길이 1장, 물 1/2컵, 배춧잎 1장, 생표고버섯 1장, 참기름 1/2작은술

● ● 이렇게 만드세요
① 다시마는 분량의 물에 30분 정도 담가둔다.
② 생표고버섯은 다지고 배춧잎은 1cm 두께로 썬다.
③ 냄비에 참기름을 두르고 쇠고기를 넣어 볶는다.
④ 쇠고기가 익어 갈색이 나면 표고버섯과 배춧잎, 불린 쌀을 넣어 조금 더 볶는다.
⑤ 여기에 ①의 다시마 우려낸 물을 부어 저어가며 숙을 끓인다.

완료기

베이비햄버거

● ● 재료
다진 쇠고기 100g, 양파 1/4개, 달걀 1/2개, 빵가루 1/4컵, 소금 · 후춧가루 · 식용유 조금씩, **버거소스**(토마토케첩 2큰술, 우스터소스 · 설탕 1작은술씩, 물 1/4컵)

● ● 이렇게 만드세요
① 양파는 곱게 다져 팬에 볶은 뒤 식힌다.
② 볼에 다진 고기와 볶아둔 양파, 달걀물, 빵가루, 소금, 후춧가루를 넣어 손으로 치댄다.
③ 반죽을 조금씩 떼어내 한입 크기로 모양을 빚은 다음 팬에 식용유를 두르고 앞뒤로 노릇하게 굽는다.
④ ③에 물을 붓고 뚜껑을 덮어 2분 정도 더 익힌 다음 소스 재료를 넣어 고기를 익힌다.

완료기

소고기주먹밥

● ● 재료
쇠고기 다진 것 2큰술, 당근 20g, 양파 20g, 참깨 1작은술, 참기름 조금, 진밥 4큰술

● ● 이렇게 만드세요
① 당근과 양파는 다진다.
② 팬에 참기름을 조금 두르고 쇠고기를 넣어 볶다가 갈색이 나면 당근과 양파를 넣어 볶는다.
③ 볼에 밥을 담고 ②의 볶은 재료를 넣어 섞는다.
④ 준비된 주먹밥 재료에 참깨를 조금 넣어 섞는다.
⑤ 한입 크기로 동글동글하게 주먹밥을 만든다.

완료기

소고기무볶음밥

● ● 재료
쇠고기 다진 것 2작은술, 깻잎1장, 식용유 조금, 무 1cm 두께 한 토막, 달걀물(달걀 1/2개분)

● ● 이렇게 만드세요
① 무는 껍질을 벗기고 다진다.
② 깻잎도 깨끗이 씻은 뒤 물기를 닦아내고 돌돌 말아 썰어서 다진다.
③ 팬에 식용유를 살짝 두르고 달걀물을 부어 지단을 부쳐 채썬다.
④ 달걀을 그릇에 쏟아내고 다진 고기를 넣어 볶는다.
⑤ 고기가 어느 정도 익으면 무를 넣고 볶다가 밥과 깻잎, 달걀을 넣고 마저 볶아준다.

잔멸치

잔멸치는 뼈째 먹는 생선의 대표적인 재료로 칼슘의 보고이며 단백질과 무기질이 풍부하다. 살이 부드럽기 때문에 이유식 초기 후반부터 사용할 수 있다. 단, 염분을 빼고 조리하는 것을 잊지 말자.

초기

멸치죽

●● 재료
잔멸치 1작은술, 불린 쌀 2큰술, 물 1/4컵

●● 이렇게 만드세요
① 멸치는 체에 담아 뜨거운 물을 끼얹어 짠맛을 없앤다.
② 믹서에 멸치와 불린 쌀, 물 2큰술 정도를 넣고 곱게 갈아준다.
③ 냄비에 ②를 붓고 물을 넣은 다음 약한 불에서 저어가며 천천히 죽을 끓인다.

고르는법 크고 흰색이 선명한 것을 고른다
멸치는 색이 희고 깨끗한 것일수록 상품에 속한다. 또한 크기가 큰 것이 육질이 부드럽기 때문에 가능하면 큰 것을 구입한다.

밑손질 뜨거운 물을 끼얹거나 물에 데쳐 염분을 제거한다
멸치의 염분은 아기에게 지나치게 짜기 때문에 반드시 염분을 제거하고 사용한다. 볼에 멸치를 담은 체를 올려놓고 멸치가 잠길 정도로 뜨거운 물을 붓고 몇분간 그대로 둔다. 이런 식으로 염분이 완전히 제거될 때까지 뜨거운 물을 몇 차례 더 부어준 후 잘게 다지거나 곱게 으깨어 이유식 단계에 맞춰 조리한다. 멸치가 소량이면 커피 필터를 사용해도 좋고 염분이 너무 강할 때는 물에 데쳐내도 된다.

보관방법 냉동 보관을 해도 1~2주를 넘기지 않도록 한다
육질이 부드러운 것일수록 수분을 많이 함유하고 있기 때문에 쉽게 상하는 것이 단점이다. 냉장고에서 보관하더라도 장기간 두는 것은 삼간다. 이유식에 사용할 것은 구입한 날 바로 염분을 제거하고 소량으로 나누어 냉동 보관한다. 냉동 보관을 할 때는 1주일 이내에 모두 소비하는 것이 좋다.

포인트 어드바이스 잔멸치와 뱅어포의 차이
뱅어포는 잔멸치를 비롯하여 여러 종류의 치어를 여러 차례 건조시킨 것이다. 때문에 멸치에 비해 색이 누렇고 훨씬 딱딱한 것이 특징이다.

중기

멸치양배추수프

●● 재료
잔멸치 1작은술, 양배추 1/8장, 육수 또는 물1/2컵

●● 이렇게 만드세요
① 멸치는 체에 담아 뜨거운 물을 끼얹어 염분을 제거한다.
② 손질한 멸치를 잘게 다진다.
③ 양배추는 곱게 다진다.
④ 냄비에 육수를 붓고 다진 멸치와 양배추를 넣어 끓인다.

3 생선류

멸치야채부침

● ● 재료
잔멸치 1큰술, 부추 2줄기, 실파 2줄기, 달걀 1/2개, 밀가루 · 물 3큰술씩, 식용유 조금

● ● 이렇게 만드세요
① 멸치는 체에 담아 뜨거운 물을 부어서 염분을 빼낸다.
② 부추와 실파는 5mm 길이로 자른다.
③ 밀가루, 달걀, 물을 넣어 반죽을 만들고 야채를 넣어 섞는다.
④ 키친타월에 식용유를 묻혀서 팬에 발라준 다음 팬이 달궈지면 반죽을 떠 넣어 부쳐 낸다.
⑤ 먹기 좋은 크기로 자른다.

뱅어김소면

● ● 재료
뱅어 1큰술, 소면 30g, 김 1/4장, 당근 · 양파 각 10g씩, 물 1/2컵, 소금 1/4작은술

● ● 이렇게 만드세요
① 당근과 양파는 채썬다.
② 소면은 삶아서 찬물에 헹궈 사리를 지어 둔다.
③ 냄비에 물을 붓고 뱅어를 넣어 끓인다.
④ 여기에 당근과 양파를 넣고 끓이다가 소금을 넣는다.
⑤ 야채가 익으면 김을 부숴 넣는다.
⑥ 그릇에 소면을 담고 ③의 국물을 부어준다.

뱅어포야채죽

● ● 재료
뱅어 5g, 시금치 3줄기, 양파 10g, 불린 쌀 4큰술, 다시마 우려낸 물 1/2컵

● ● 이렇게 만드세요
① 뱅어는 잘게 다진다.
② 양파는 껍질을 벗긴 다음 곱게 다진다.
③ 시금치는 끓는 물에 살짝 데쳐 다진다.
④ 냄비에 불린 쌀과 뱅어와 야채 다진 것을 넣고 물을 부어 천천히 된죽을 끓인다.

잔멸치달걀볶음밥

● ● 재료
밥 60g, 당근 1cm, 생표고버섯 1/2개, 양배추 1/2장, 대파 2cm, 잔멸치 1큰술, 달걀 푼 것 1/2개분, 물 1큰술, 식용유 · 소금 · 통깨 조금씩

● ● 이렇게 만드세요
① 멸치는 체에 담아 뜨거운 물을 끼얹어주고 야채는 모두 다진다.
② 달궈진 팬에 달걀물을 붓고 젓가락으로 저어가며 몽글몽글하게 볶은 다음 접시에 쏟는다.
③ 프라이팬에 야채를 모두 넣어 볶다가 밥을 볶는다.
④ ③에 물을 1큰술 넣어서 볶다가 ②의 달걀 스크램블을 넣고 소금으로 약하게 간한다.

생선류 3

흰살생선

양질의 단백질을 함유하고 있으며 지방이 적고 소화가 잘되는 것이 특징이다. 담백한 살은 구이나 찜 등에 폭넓게 사용할 수 있으며 이유식 초기 후반부터 시작해도 좋다.

흰살생선타락죽

●● 재료
흰살생선 10g, 밥 2큰술, 분유 물 1/2컵

●● 이렇게 만드세요
① 흰살생선은 껍질과 뼈를 제거하고 살만 준비한다.
② 작은 냄비에 손질한 생선을 담고 분량의 물을 부어 끓인다.
③ ②를 믹서기에 곱게 간다.
④ 냄비에 생선살 간 것과 밥, 분유물을 붓고 약한 불에서 저어가며 끓인 다음 체에 한번 내린다.

고르는법 투명하고 담백한 핑크색이 나는 것으로 고른다

잘라 파는 대구를 구입할 때는 단면의 색을 체크한다. 살은 투명감이 있고 담백한 핑크색을 띤 것이 신선하다. 팩 안에 물이나 피가 고여 있는 것은 시간이 오래 경과된 것이므로 피한다. 대구에는 생대구와 염장대구가 있는데, 이유식용으로는 역시 생대구가 좋다. 염장대구는 생대구에 비해 약 17배의 염분을 함유하고 있으므로 이유식용으로는 부적합하다.

밑손질 끓는 물에 익혀 두면 조리가 즐겁다

대구 등의 흰살생선은 미리 익혀서 밑손질을 해 두는 것이 좋다. 익히면 살이 훨씬 부드러워지고 잡균이나 비린내를 없애주는 효과가 있다. 대구는 흐르는 물에서 깨끗이 씻은 후 끓는 물 속에 넣어 속까지 완전히 익힌다. 익힐 때는 살이 두꺼운 부분이 희게 보이면 OK. 익힌 후 껍질과 뼈를 제거하고 이유식 단계에 맞춰 잘라놓거나 살을 으깨어 놓는다.

보관방법 밑손질을 한 후 냉동 보관한다

대구는 대표적인 겨울 생선이다. 겨울 외의 계절에 팔고 있는 것들은 거의 냉동이다. 그것을 그대로 집에서 다시 냉동하면 맛과 신선도가 모두 떨어지게 된다. 때문에 익혀서 살을 발라내어 밑손질을 한 후 냉동시키는 것이 좋다. 물론 냉동 후에는 가능한 한 빨리 사용하도록 한다.

포인트 어드바이스 포크를 이용해 살을 으깬다

대구살을 으깰 때는 접시 위에서 포크를 사용하면 간단하게 살을 으깰 수 있음은 물론 껍질과 뼈까지 완전히 제거할 수 있다

콘플레이크생선죽

●● 재료
현미 콘플레이크 2큰술, 흰살생선 10g, 물 3큰술

●● 이렇게 만드세요
① 흰살생선은 껍질과 씨를 발라내고 살만 준비하여 작은 냄비에 물 3큰술을 부어 끓인다.
② 여기에 콘플레이크를 넣어 한 번 더 부르르 끓인다.
③ 불을 끄고 체에 내린다.

후기

대구살야채우동

●● 재료
대구살 30g, 우동 생면
40g, 배춧잎 1/2장, 당
근 얇게 썬 것 4장, 다시
물 1컵

●● 이렇게 만드세요
① 대구살은 끓는 물에 데쳐 살만 으깬다.
② 배춧잎과 당근은 채썬다.
③ 우동면은 끓는 물에 한번 데쳐 3cm 길이로 자른다.
④ 냄비에 다시물을 붓고 야채와 대구살, 우동면을 넣
　어 야채가 익을 때까지 끓인다.

완료기

흰살생선
라이스크로켓

●● 재료
대구살 30g, 따뜻한 밥 1
공기, 다진 양파 1큰술, 달
걀 1개, 빵가루 조금, 식용
유 적당량

●● 이렇게 만드세요
① 대구살은 끓는 물에 데쳐 곱게 으깬다.
② 양파는 팬에 살짝 볶고 달걀은 풀어 둔다.
③ 볼에 밥과 양파, 대구살을 넣고 달걀물을 1큰술 넣
　어 섞는다.
④ ③의 재료를 동글동글하게 완자로 빚어 달걀물 빵
　가루 순으로 묻혀 식용유에 노릇하게 튀긴다.

후기

화이트소스 얹은 생선

●● 재료
흰살생선 한 토막, 우유
5큰술, 버터 · 밀가루 각
1작은술씩, 다진 파슬리
조금

●● 이렇게 만드세요
① 생선은 끓는 물에 한번 삶거나 랩을 씌워 전자레인
　지에 돌린다.
② 작은 냄비에 버터를 두르고 밀가루를 넣어 볶다가
　우유를 조금씩 부어가며 약간 걸쭉하게 될 때까지
　저어 화이트소스를 만든다.
③ ①의 생선에 ②의 화이트 소스를 붓는다.
④ 다진 파슬리를 솔솔 뿌린다.

완료기

흰살생선치즈전

●● 재료
동태살 50g, 두부 20g,
양파 1/4개, 실파 1줄기,
슬라이스 치즈 1장, 달걀
물 1/2개분, 밀가루 1큰
술, 식용유 조금

●● 이렇게 만드세요
① 생선살은 뼈를 발라내고 다진다.
② 두부는 물기를 꼭 짜 으깨고 양파는 다진다.
③ 실파는 송송 썰고 치즈도 잘게 썬다.
④ 볼에 생선, 두부, 양파, 실파, 치즈를 넣어 반죽한다.
⑤ 프라이팬에 식용유를 두르고 반죽을 한 숟가락씩 떠
　넣어 노릇하게 지진다.

생선류 3

두부

두부는 대표적인 콩 가공 식품이다. 두부는 '밭의 쇠고기'라는 말도 있
듯이 양질의 단백질을 다량 함유하고 있으며 부드럽기 때문에 이유식
초기부터 사용할 수 있다.

고르는법 · **포장두부는 제조 일자를 반드시 확인한다**

두부는 수분이 많아 상하기 쉬운 식품이므로 특히 주의해서 선택해야
한다. 팩에 들어 있는 것은 반드시 제조일자를 확인한 후 구입하고,
일반적으로 판매되는 두부는 면이 매끄럽고 모양이 단정한 것으로
고른다. 가능하면 오전에 구입하는 편이 좋다.

밑손질 · **두부는 반드시 익혀서 사용한다**

두부를 이유식에 사용할 때는 반드시 물에 익혀 조리하는 것이
기본이다. 두부의 수분을 제거하고 싶을 때는 면주머니에 넣고 짜도
되지만 시간이 없을 때는 전자레인지에서 가열해도 편리하다.
두부(1/4모)를 키친타월로 싸서 전자레인지에서 가열하면 익는 것과
동시에 물이 빠지게 된다.

보관방법 · **뜨거운 물에 데쳤다가 찬물에 담근 다음 차게 식혀
보관한다**

두부를 사면 빨리 포장 용기에서 꺼내 조리하기 직전까지 물에 담가
놓는 것이 좋다. 사용 후 남은 두부는 반드시 물에 담가
냉장보관하도록 하고 담가둔 물은 매일 바꿔주어야 한다. 그러면
2~3일은 두고 먹을 수 있다.
그 이상 보관하고 싶을 때는 뜨거운 물에 한 번 데쳐 바로 찬물에
담갔다가 빼서 차게 식힌다. 그리고 나서 물을 매일 갈아주면
4~5일은 보관할 수 있다.

**포인트
어드바이스** · **물기를 뺄 때는 마른행주나 키친타월을 이용한다**

적은 양의 두부를 으깰 때는 도마 위에 올려놓고 칼을 비스듬히 눕혀
칼 면으로 으깨면 간편하다.

초기

두부요구르트

●● **재료**
두부 10g, 플레인 요구르
트 2큰술

●● **이렇게 만드세요**
① 두부는 끓는 물에 살짝 데친 다음 체에 내린다.
② 체에 내린 두부에 플레인 요구르트를 넣어 고루 섞
는다.

중기

두부당근퓌레

●● **재료**
두부 20g, 당근 1cm,
다시물 또는 물 1큰술

●● **이렇게 만드세요**
① 두부는 끓는 물에 살짝 데쳐 포크로 으깬다. 도마에
놓고 칼등으로 으깨도 된다.
② 당근은 얇게 썰어 삶은 다음 강판에 간다.
③ 냄비에 당근과 두부를 넣고 물을 부어 다시 한 번 끓
인다.

두부달걀찜

●● 재료
달걀 1개, 두부 으깬 것 1큰술, 자투리 야채 조금

●● 이렇게 만드세요
① 자투리 야채는 삶거나 데쳐서 잘게 잘라둔다.
② 달걀은 풀어 둔다.
③ 두부는 칼등으로 으깬다.
④ 그릇에 달걀과 야채, 두부를 넣어 김 오른 찜통에 넣어 쪄낸다.

두부야채 볶음밥

●● 재료
두부 30g, 당근 10g, 호박 20g, 밥 1공기, 식용유 조금

●● 이렇게 만드세요
① 두부는 끓는 물을 부어준 다음 물기를 꼭 짜서 으깬다
② 당근과 호박은 사방 5mm 크기로 썬다
③ 팬을 달궈 식용유를 넣고 야채를 넣어 볶다가 으깬 두부를 넣는다
④ ③에 밥을 넣고 좀더 볶은 뒤 불을 끈다.

두부생선완자

●● 재료
대구살 포 뜬 것 50g, 두부 30g, 양파 1/8개, 치즈 1/2장, 달걀물 1/2개분, 밀가루 1큰술, 식용유 조금

●● 이렇게 만드세요
① 대구살은 전자레인지에 랩을 씌워 2~3분 정도 돌려 익힌 다음 으깬다.
② 두부도 물기를 꼭 짠 다음 으깨고 양파는 다진다.
③ 치즈는 잘게 썰고 달걀은 풀어 둔다.
④ 볼에 생선살, 두부, 양파를 넣고 달걀물과 밀가루를 넣어 반죽한다.
⑤ 팬을 달궈 식용유를 두르고 반죽을 한 숟가락씩 떠넣어 노릇하게 지진다.

두부버거

●● 재료
두부 1/2모, 당근·양파 조금씩, 달걀 1개, 밀가루 1큰술, 치즈 1/2장, 소금·식용유 조금씩

●● 이렇게 만드세요
① 두부는 깨끗한 면보에 싸서 물기를 꼭 짠다.
② 당근과 양파는 잘게 다진다.
③ 볼에 두부와 당근, 양파, 달걀, 밀가루를 넣고 소금을 조금 뿌린 다음 잘 치댄다.
④ 둥글넓적하게 빚는다.
⑤ 팬에 기름을 두르고 ④의 두부를 넣어 앞뒤로 노릇하게 지진다.
⑥ 접시에 담고 치즈를 올린다.

달걀

비타민C를 제외한 각종 영양소가 골고루 들어 있는 완전식품이다. 특히 달걀의 단백질은 양질로서 천연식품에서는 최고라 평가받고 있다. 그러나 흰자는 소화가 잘 안되기 때문에 중기 전반까지는 충분히 익힌 달걀노른자만 사용한다.

고르는법 반드시 날짜를 확인하고 구입한다

신선한 달걀은 껍질이 딱딱하고 표면이 까칠까칠하다. 팩에 넣어 상태를 정확히 알 수 없을 때는 반드시 날짜를 확인하고 구입한다. 달걀을 깨뜨렸을 때 내용물이 넓게 퍼지지 않고 흰자와 노른자가 모두 위로 도톰하게 올라와 있는 것이 신선한 달걀이다.

밑손질 달걀은 젓가락을 이용해 말끔히 푼 다음 사용한다

달걀을 풀 때는 오목한 볼에 달걀을 깨뜨려 넣고 젓가락을 이용해 저으면 쉽게 풀어진다. 푼 달걀을 멍울 없이 곱게 부치려면 체에 한번 내려준 뒤 부치면 된다.

보관방법 반드시 냉장고의 달걀 케이스에 보관하고 3주일을 넘기지 않는다

일반적으로 달걀은 차고 어두운 곳에 보관하는데 일반 가정에서는 냉장고의 달걀 케이스에 넣는 것이 가장 안전하다. 냉장고는 항상 3~5℃를 유지하므로 잘만 보관하면 3주일 정도는 보존이 가능하다. 그 이후에는 먹지 않는 것이 좋다. 보관할 때는 동그스름한 쪽이 위로 오도록 놓는다.

포인트 어드바이스 달걀말이를 할 때는 식용유를 조금만 두른다

달걀지단이나 달걀말이를 할 때는 식용유를 너무 많이 두르지 않도록 한다. 식용유가 많으면 지단이나 달걀말이가 부풀어오르므로 여분의 식용유는 닦아내는 것이 좋다. 이때 프라이팬은 사각프라이팬을 사용하는 것이 편리하다.

초기

노른자다시죽

● ● 재료
달걀노른자 1/2개분, 다시물(다시마 우려낸 물) 2~3큰술

● ● 이렇게 만드세요
① 달걀은 삶아서 노른자만 곱게 으깨 놓는다.
② 냄비에 다시물을 담고 노른자를 넣어 한번 부르르 끓인다.

중기

노른자감자죽

● ● 재료
달걀노른자 1/4개분, 감자 1/2개, 분유 탄 물 3큰술

● ● 이렇게 만드세요
① 달걀은 삶아서 노른자만 곱게 으깬다.
② 감자도 삶아서 뜨거울 때 매셔로 으깬다.
③ 으깨 놓은 노른자와 감자를 섞은 뒤 분유 탄 물을 부어 잘 섞이도록 저어준다.

후기

당근스크램블

● ● 재료
달걀 1/2개분, 당근 2cm, 우유 1큰술, 버터 1/4작은술

● ● 이렇게 만드세요
① 달걀은 우유와 함께 풀어 둔다.
② 당근은 다져서 접시에 담아 물을 1큰술 붓고 랩을 씌워 전자레인지에 2분 정도 가열한다.
③ 풀어둔 달걀에 당근을 넣어 섞는다.
④ 팬에 버터를 녹이고 ③의 달걀물을 부어 젓가락으로 지이기며 스크램블을 만든다.

완료기

오믈렛

● ● 재료
토마토 1/4개, 감자 1/2개, 브로콜리 20g, 달걀 1개, 소금 조금, 식용유 적당량

● ● 이렇게 만드세요
① 토마토는 끓는 물에 데친 다음 껍질을 벗긴다.
② 감자는 사방 1cm 크기로 썰어 접시에 물을 1큰술 붓고 랩을 씌운 다음 전자레인지에 익힌다.
③ 브로콜리는 끓는 물에 살짝 데쳐 송이를 가닥가닥 떼어놓는다.
④ 볼에 달걀을 넣어 풀어준 다음 야채를 모두 넣고 소금을 약간 넣어 섞어준다.
⑤ 팬에 식용유를 두른 다음 ④의 달걀을 부어 굽는다.

후기

달걀사과찜

● ● 재료
사과 1/2개, 달걀 1개, 우유 100ml

● ● 이렇게 만드세요
① 사과는 싱싱한 것으로 골라 껍질을 벗긴 다음 사방 5mm 크기로 깍둑썰기 한다.
② 달걀은 풀어서 분량의 우유에 섞어 둔다.
③ 내열용기에 달걀물을 붓고 썰어둔 사과를 넣어 김 오른 찜통에서 15분 정도 쪄낸다.

완료기

달걀야채말이

● ● 재료
달걀 1개, 껍질콩 · 당근 각 10g씩 말린 표고버섯 1/2개, 다시물 또는 물 2큰술, 소금 조금, 식용유 적당량

● ● 이렇게 만드세요
① 당근과 껍질콩은 데친 뒤 잘게 다진다.
② 표고버섯은 물에 불린 뒤 물기를 짜서 다진다.
③ 볼에 달걀, 다시물, 다진 야채를 넣고 소금을 약간 뿌린 뒤 섞는다.
④ 식용유를 키친타월에 묻혀 팬에 발라준 다음 달걀물을 부어준다.
⑤ 반 정도 익으면 팬 가장자리부터 말아 완성한다.

달걀 · 두부류 **4**

감자

주성분은 당질이지만 비타민 C와 칼륨, 식물섬유 등이 풍부하다. 부드럽고 영양가가 높기 때문에 이유식의 대표적인 식품에 속한다. 단, 싹이 돋아있거나 껍질이 푸르게 변한 것은 유독성분이 있으므로 피한다.

5 곡류

고르는법 **둥글고 도톰하며 몸에 상처가 없는 것으로 선택한다**
우선 색과 형태를 체크하는 것이 포인트다. 표면에 상처나 주름이 없고 둥글고 도톰한 것이 상품이다. 반면 싹이 나 있거나 껍질이 녹색으로 변해 있고 주름이 많은 것은 피하도록 한다.

밑손질 **아린 맛이 있기 때문에 밑손질을 확실하게 한다**
감자의 아린맛을 제거하기 위해서는 껍질을 벗긴 후 10분 정도 물에 담갔다가 사용하는 것이 좋다. 또한 싹이 돋아 있거나 껍질이 파랗게 된 부분에는 솔라닌이라고 하는 유독 성분이 함유되어 있으므로 반드시 깨끗이 도려내고 사용한다. 푸르게 변색된 부분은 껍질을 두껍게 잘라내고 싹이 돋은 부분은 주변까지 확실하게 도려내 준다.

보관방법 **햇볕이 닿지 않는 시원한 장소에 상온 보관한다**
감자는 통풍이 좋은 냉암소에서 보관하는 것이 가장 좋다. 실내에 시원한 장소가 없는 경우는 냉장고의 야채실도 좋다. 장기 보존도 가능하나 싹이 나기 전에 사용하는 것이 원칙이다. 진흙이 묻은 것은 흙을 씻어내면 선도가 떨어지기 때문에 그대로 보관한다.

포인트 어드바이스 **감자를 으깰 때는 포크가 편리하다**
입자가 약간 남아 있게 감자를 으깰 때는 포크를 사용하면 편리하다. 곱게 으깰 때는 작은 포크를, 거칠게 으깰 때는 큰 포크가 편하다.

초기

감자밀크죽

● ● **재료**
감자 1/4개, 분유 탄 물 1/4컵

● ● **이렇게 만드세요**
① 감자는 삶아서 뜨거울 때 으깨 체에 내린다.
② 분유 탄 물을 으깬 감자와 섞는다.

중기

감자당근매시

● ● **재료**
당근 20g, 감자 30g

● ● **이렇게 만드세요**
① 당근은 껍질을 벗기고 적당한 크기로 잘라 푹 삶은 다음 강판에 곱게 간다.
② 감자는 껍질을 벗기고 삶아 뜨거울 때 매셔로 으깬 다음 체에 한번 내린다.
③ 그릇에 갈아놓은 당근과 으깬 감자를 넣고 고루 섞는다.

후기

감자야채전

●● **재료**
감자 1개, 호박 · 당근 각 2cm씩, 밀가루 1큰술, 식용유 조금

●● **이렇게 만드세요**
① 감자는 깨끗이 씻어 껍질을 벗기고 강판에 간다.
② 호박과 당근은 잘게 다진다.
③ 볼에 감자 간 것과 밀가루, 호박, 당근을 넣어 섞는다.
④ 팬에 기름을 살짝 두르고 반죽을 한 숟가락씩 떠 넣어 부친다.

완료기

감자샐러드

●● **재료**
감자 1개, 샌드위치용 햄 1장, 당근 10g, 우유 2큰술, 마요네즈 1큰술, 파슬리 조금

●● **이렇게 만드세요**
① 감자는 소금을 약간 넣어 삶은 후 껍질을 벗기고 뜨거울 때 으깬다.
② 햄은 7mm 크기로 자른다.
③ 당근은 껍질을 벗겨 곱게 채썬 다음 소금을 약간 뿌려 절여두었다가 물기를 꼭 짠다.
④ 볼에 마요네즈와 우유를 넣어 잘 풀어준 뒤 감자, 당근, 햄을 넣어 버무린다.
⑤ 파슬리를 다져 뿌려준다.

후기

포테이토그라탕

●● **재료**
감자 1/2개, 양파 1/4개, 모짜렐라 치즈 1큰술, 버터 조금

●● **이렇게 만드세요**
① 감자는 껍질을 벗기고 얇게 썰어서 끓는 물에 삶는다.
② 양파는 다진다.
③ 팬에 버터를 녹이고 감자와 양파를 넣어 볶는다.
④ 내열용기에 담고 치즈를 뿌려 오븐에 치즈가 녹을 때까지 굽는다.

완료기

감자소고기조림

●● **재료**
감자 1개, 쇠고기 샤브샤브용 4장, 당근 30g, 양파 1/4개, 간장 1큰술, 설탕 1/2작은술, 물 1/2컵, 식용유 조금

●● **이렇게 만드세요**
① 감자는 껍질을 벗기고 조그맣게 깍둑썰기한다.
② 당근은 감자보다 조금 더 잘게 썬다.
③ 쇠고기는 두세 번 자른다.
④ 냄비에 식용유를 두르고 쇠고기를 볶은 후 꺼낸다.
⑤ ④의 냄비에 야채를 모두 넣고 볶다가 물과 간장, 설탕을 넣어 조린다.
⑥ 국물이 자작하게 졸아들면 고기를 넣고 한번 부르르 끓으면 불을 끈다.

고구마

주성분은 당질이며 가열을 해도 파괴되지 않는 비타민 C가 풍부한 것이 특징이다. 그 외에도 비타민 B1, B2, 칼륨, 섬유질을 듬뿍 함유하고 있다. 하지만 떫은 맛이 있기 때문에 밑손질에 신경써야 한다.

고르는법

크고 색깔이 고우며 자연색을 띠고 있는 것을 고른다

고구마는 길쭉하고 가는 것보다 크고 둥근 것이 부드럽고 조리하기도 쉽다. 또한 표면에 상처가 없고 자연색을 띠고 있는 것이 상품이다. 색깔이 너무 진한 것 중에는 물감을 들인 것도 있으므로 주의한다. 껍질에 반점이 있는 것은 쓴맛이 나고 유해성분이 함유되어 있으므로 피하는 것이 원칙이다.

밑손질

껍질을 두껍게 벗겨 떫은맛을 제거한다

고구마의 양쪽 끝 부분과 껍질 부위는 섬유질이 많기 때문에 이유식으로 사용하기 부적당하다. 양끝에서 2~3cm는 잘라내고 껍질도 두껍게 벗겨준다. 또한 떫은맛이 강하기 때문에 껍질을 벗겨 자른 후 물에 10분 정도 담갔다가 사용한다.

보관방법

냉장고는 No, 실온에서 보관한다

고구마는 저온에 약하기 때문에 냉장고에 넣는 것은 금물이다. 봄에서 여름까지는 그대로 실온에서 보관하고, 실내가 찬 겨울에는 신문지 등으로 싸서 추위를 막아준다.

포인트 어드바이스

수분을 플러스하여 먹기 좋게 만들어준다

감자나 고구마 등의 근채류는 수분이 적기 때문에 삶아서 으깨 놓으면 이유식 초기나 중기의 아기는 먹기가 쉽지 않다. 부드럽게 먹을 수 있도록 더운물에 탄 분유, 야채수프, 다시국물, 주스 등에 섞어서 주는 것이 좋다.

5 곡류

초기

고구마쌀죽

● ● 재료
고구마 20g, 밥 1큰술,
다시물 또는 물 2/3컵

● ● 이렇게 만드세요
① 고구마는 껍질을 벗겨 5mm 크기로 자른다.
② 냄비에 고구마를 담고 물을 자작하게 부어 삶은 뒤 체에 내린다.
③ 작은 냄비에 밥과 다시물, 고구마를 넣고 약한 불에서 끓인다.

중기

고구마사과조림

● ● 재료
사과 · 고구마 각 30g씩,
물 조금

● ● 이렇게 만드세요
① 사과는 깨끗이 씻어 껍질을 벗긴 다음 5mm 크기로 썰어 놓는다.
② 고구마도 깨끗이 씻어 껍질을 벗기고 사과와 같은 크기로 썬다.
③ 냄비에 잘게 썬 사과와 고구마를 넣고 물을 자작하게 부은 다음 끓인다.
④ 완성된 고구마사과조림을 그릇에 담는다.

후기

스위트포테이토볼

●● 재료
고구마 200g, 무염버터 20g, 우유 1큰술

●● 이렇게 만드세요
① 고구마는 껍질을 벗기고 얇게 썰어 물을 약간 넣은 다음 전자레인지에서 4~5분간 조리한다.
② 고구마를 뜨거울 때 볼에 넣고 으깨어 버터를 넣어 녹인 다음 우유를 섞어준다.
③ 랩을 손바닥에 놓고 ②의 반죽을 넣어 접어서 돌렸다가 보앙이 집으면 풀어서 담는다.

완료기

고구마치즈구이

●● 재료
고구마 2개, 바나나 1개, 치즈 1장, 버터 1큰술, 모짜렐라 치즈 조금

●● 이렇게 만드세요
① 고구마는 삶아서 뜨거울 때 으깬다.
② 볼에 으깬 고구마 속을 담고 바나나를 껍질 벗겨 넣은 다음 함께 포크로 으깬다.
③ 치즈를 잘게 썰어 넣고 버터를 1큰술 넣어 버무려준다.
④ 내열용기에 ③을 숟가락으로 떠서 담고 위에 모짜렐라 치즈를 올려서 200℃로 예열된 오븐이나 오븐 토스터에 치즈가 녹을 정도로만 굽는다.

후기

고구마비트죽

●● 재료
고구마 40g, 비트 10g, 우유 1/2컵

●● 이렇게 만드세요
① 고구마는 삶아서 뜨거울 때 매셔나 숟가락으로 으깬다.
② 비트는 껍질을 벗기고 강판에 갈아둔다.
③ 작은 냄비에 삶아서 으깨 놓은 고구마와 갈아 놓은 비트즙을 담고 분량의 우유를 부어 잘 섞은 다음 한소끔 끓인다.

완료기

고구마사과양갱

●● 재료
고구마 250g, 사과 100g, 설탕 1큰술, 물 조금, 우유 250cc, 가루한천 4g

●● 이렇게 만드세요
① 고구마는 삶은 다음 껍질을 벗겨 으깬다.
② 사과는 껍질을 벗기고 얇게 썰어서 냄비에 담고 물을 자작하게 붓고 설탕을 넣어 조린다.
③ 다른 냄비에 우유와 가루한천을 넣고 중불에서 저어가며 끓인다.
④ ③에 ①과 ②를 넣어 섞는다.
⑤ 빈 우유팩에 ④를 붓고 냉장실에서 1시간 정도 식힌 다음 썬다.

곡류 5

part 5

건강한 아이로 키우는
주제별 이유식

엄마들의 최고 관심거리인 두뇌발달 이유식과 성장발달 이유식을 소개
한다. 주제별 이유식 파트에서는 머리를 좋게 하고 키를 키워주는 음식, 그리고
잘 먹지 않는 아기들의 입맛을 돋워주는 이유식과 아기가 아플 때 먹일
수 있는 영양 이유식을 꼼꼼하게 소개한다.

두뇌발달 돕는 이유식

두뇌발달은 건강과 마찬가지로 식품과 밀접한 관계가 있다. 뇌세포의 구성 성분과 뇌 활동에 필요한 에너지원은 모두 음식을 통해 얻어지기 때문이다. 뇌 발육이 한창인 돌 이전에 균형 잡힌 이유식으로 아기의 두뇌발달을 돕자.

기억력과 사고력을 증진시키는 식품

지방의 한 종류인 레시틴과 비타민 B군은 기억력과 사고력을 증진시킨다. 레시틴이 많이 함유된 식품으로는 콩, 된장, 달걀, 생선류, 육류, 간, 땅콩, 참기름을 들 수 있다. 그리고 비타민 B₁은 돼지고기, 쇠고기, 우유, 콩에 많고 B₁₂는 육류, 생선류, 치즈, 달걀에 많다. 아기의 두뇌발달에 좋은 영양소는 한 가지 식품, 한 가지 영양소에만 있는 것이 아니라 고루 분포되어 있으므로 머리 좋은 아기로 키우기 위해서는 뇌 발육이 한창인 출생 후 1년부터 6세까지 균형 잡힌 이유식을 먹이도록 힘써야 한다.

사람의 뇌세포는 생후 1년간 가장 많은 성장을 한다. 생후 1~2년까지도 뇌 발육이 진행되지만 생후 1년에 비하면 완만한 편이며 약 6세 정도가 되면 성인과 거의 같은 수준의 뇌발달이 이루어진다.

뇌세포 발육은 첫돌까지가 중요하다

다시 말해 아기의 뇌 성장 시기는 엄마의 뱃속에서 자라는 10개월과 생후 1년, 그리고 이후 6세까지로 구분한다. 이 세 단계 시기는 아기 두뇌발달에 아주 중요한 시기이므로 영양 섭취에 특히 신경을 써야 한다.

특히 생후 1년까지는 뇌에 유해한 물질이 인체에 들어와도 혈액과 뇌간문에서 차단할 능력이 없어 뇌이상을 일으킬 수 있으므로 세심한 주의가 필요하다. 모유로 키우는 아기의 경우에는 모체에서 아기에게 나쁜 영향을 미치는 물질을 걸러내므로 일단 안심해도 좋지만, 분유를 먹는 아기인데다 이유식을 하는 아기의 경우 위생과 영양을 따져보아 뇌 성장을 위해 좀 더 신경 쓰는 것이 좋다.

육류와 생선류는 뇌세포를 구성한다

단백질이 많이 들어 있는 쇠간, 쇠고기, 돼지고기의 살코기, 닭다리살, 닭가슴살, 생선류, 달걀 등은 뇌세포의 구성 성분이 된다. 특히 DHA는 등푸른생선에 많이 들어 있는데 정어리, 가다랭이, 꽁치, 고등어, 참치가 우수한 DHA 급원이다. 이 영양소는 뇌의 발육을 적극적으로 돕는다.

뇌의 에너지원은 포도당이다

사람에게 꼭 필요한 영양소는 크게 5가지가 있다. 단백질, 탄수화물, 비타민, 무기질, 지방이 그것으로, 인체 신진대사와 성장, 생활을 위한 에너지원으로 쓰인다. 그러나 뇌는 에너지원으로 오로지 포도당만을 필요로 한다.

또한 뇌에서 한번 써버린 포도당은 다른 기관과는 달리 재합성되지 않고 물과 이산화탄소로 남을 뿐 다시 만들어지지 않으므로 음식으로 계속 공급해 주어야 한다. 포도당 급원 식품으로는 곡류, 설탕, 과일 등이 대표적이다.

뇌의 활동을 돕는 식품은 곡류와 과일류다

뇌가 활동할 수 있도록 돕는 에너지원은 포도당이지만 신경세포를 만들고 신경 전달을 원활히 하도록 돕는 영양소는 단백질과 불포화지방산, 비타민, 칼슘이다. 그러므로 뇌 발육기에 있는 유아들은 단백질, 탄수화물, 불포화 지방산, 칼슘이 풍부한 식품을 고루 섭취해야 한다.

탄수화물이 풍부한 식품으로는 곡류와 과일류가 대표적이다. 곡류에는 밥과 빵, 국수, 스파게티 등이 있고 과일류로는 바나나, 포도, 수박, 배, 귤, 사과 등을 들 수 있다. 이들은 몸속에서 포도당으로 분해되어 뇌가 활동할 수 있는 에너지를 공급한다.

초기

바나나미음

●● 재료
불린 쌀10g, 비타민5g, 생수170cc, 바나나10g

●● 이렇게 만드세요
① 불린 쌀을 곱게 갈아 생수를 넣고 7배죽을 끓인다.
② 비타민은 손질 후에 데쳐서 갈고, 바나나는 껍질을 까서 으깬다.
③ 끓여놓은 미음에 비타민을 넣고 살짝 끓이다가 바나나를 넣어 한소끔 더 끓인다.

중기

참치살애호박죽

●● 재료
불린 쌀 15g, 참치살 15g, 애호박 20g, 다시물 400cc, 김가루 · 참기름 적당량씩

●● 이렇게 만드세요
① 불린 쌀은 살짝 갈아놓는다.
② 참치살은 손질하여 곱게 다진다.
③ 애호박은 깨끗이 씻어 손질한 후에 잘게 다진다.
④ 냄비에 불린 쌀을 넣어 볶다가 어느 정도 익으면 참치살과 애호박, 다시물을 넣어 푹 끓여 익힌다.
⑤ 마지막에 김가루와 참기름을 넣어 버무린나.

●● 재료
잔멸치 5g, 양파 · 당근 · 완두콩 10g씩, 육수 · 전분물 조금씩, 진밥 40g, 참기름 · 깨조금씩

●● 이렇게 만드세요
① 잔멸치는 뜨거운 물을 끼얹어 소금기를 뺀 후 다진다.
② 양파와 당근은 5mm로 자르고, 완두콩은 다진다.
③ 팬에 잔멸치를 넣고 볶다가 육수를 붓고 양파, 완두콩, 당근 순으로 넣어 볶은 후 전분물을 조금 넣어 걸쭉하게 멸치야채소스를 만든다.
④ 진밥에 참기름과 깨를 넣어 비빈 후 만들어 놓은 멸치야채소스를 넣고 골고루 섞는다

●● 재료
흰살생선10g, 감자15g, 전분 · 달걀물 조금씩 당근10g, 다시물 100cc, 송송 썬 실파 조금

●● 이렇게 만드세요
① 흰살생선은 손질한 후 감자와 전분, 달걀물을 넣고 믹서기에 갈아 조그맣게 완자를 만든다.
② 당근은 손질 후 7mm 크기로 사각썰기한다.
③ 다시물에 당근을 넣고 끓이다가 완자를 넣어 팔팔 끓인다.
④ 완자가 익으면 송송 썬 실파를 넣어 끓인다.

후기

잔멸치야채밥

완료기

어알탕

성장발달 돕는 이유식

키는 유전적인 요인이 중요하기는 하지만 영양 섭취와 운동량, 수면 습관이 미치는 영향도 크다. 그러므로 엄마 아빠의 키가 다소 작더라도 잘 먹고 잘 자고 규칙적인 운동을 하는 아기라면 충분히 키 큰 아이로 자라날 수 있다.

Baby Food Clinic

잘 자고 스트레스 없는 아기가 잘 큰다

아기가 키가 크기 위해서는 잠을 푹 자야 한다. 특히 성장 호르몬은 아기가 잠을 잘 때 분비되는데, 밤 10시부터 새벽 2시 사이에 가장 많은 양의 성장호르몬이 분비되므로 이 시간에는 무조건, 충분히 숙면을 취할 수 있게 해주어야 한다.

밤에 자주 깨서 울고, 밤늦도록 잠을 자지 않는 아기, 아토피성 피부염으로 숙면을 취하기 어려운 아기는 키가 잘 크지 않는다고 할 정도로 키와 잠은 그 연관성이 크다. 따라서 잠들기 어려워하는 아기는 반드시 그 원인을 찾아 해결해 주도록 한다.

키가 얼마나 크느냐 하는 것은 성장판에 달려 있다. 성장판은 사춘기에 접어들면서 닫히게 되는데, 그 이전에 얼마나 잘 먹고 운동을 규칙적으로 하느냐에 따라 달라진다.

즉 건강관리 능력에 따라 키가 크고 안 크고가 결정된다고 볼 수 있다.

단백질은 성장호르몬을 만드는 필수영양소다

키가 크기 위해서는 무엇보다 잘 먹는 것이 중요하다. 특히 첫돌 무렵부터 두돌 무렵까지는 어느 때보다도 많은 단백질, 무기질, 칼슘을 필요로 하므로 엄마의 세심한 배려가 필요하다.

아이의 성장 및 발육 속도는 성장 호르몬의 분비를 촉진하는 영양에 직접적인 영향을 받으므로 다양한 음식으로 여러 가지 맛과 영양을 접하게 해주도록 한다.

매끼 이유식이나 간식마다 탄수화물, 단백질, 지방, 비타민 등의 영양을 고루 섭취할 수 있게 식단을 짜두는 것이 좋다. 특히 단백질은 체내에서 혈액과 근육을 만들고 키가 자라게 하는 성장 호르몬의 원료가 되므로 키가 크는 데 있어 없어서는 안 될 영양소라고 할 수 있다.

성장판이 세포 분열을 하면서 키가 자란다

골단부에 위치한 성장판은 세포분열을 통해 키를 크게 하는데, 사춘기가 지나면서 성장이 멈추게

된다. 더 이상 세포분열이 일어나지 않으면서 키도 더 이상 크지 않는다는 것이다. 간혹 20세 이후에도 키가 컸다는 사람이 있는데, 이 경우는 그 나이까지도 성장판이 닫히지 않은 케이스다. 하지만 대개의 경우 15~17세가 되면 성장판의 세포분열은 끝이 난다.

잘 먹고 잘 자는 아기가 키가 큰다

흔히 부모의 키가 작을 경우 유전적인 요인으로 아이 역시 키가 작을 거라는 생각을 하게 되는데, 사실 키에 관한 한 유전의 영향은 50% 정도에 지나지 않는다.

영양 상태로 결정되는 요인이 30% 정도, 환경에서 받는 영향이 10% 정도, 운동에 의한 영향이 10% 정도이므로 선천적인 요인만큼이나 후천적인 요인도 크게 작용한다고 볼 수 있다.

비타민 B군은 칼슘의 흡수율을 높여 키가 크게 한다

우유는 단백질과 칼슘의 결정체라고 일컬어진다. 특히 우유 칼슘은 다른 식품으로 같은 양을 섭취할 때보다 흡수율이 상당히 높다. 그 때문에 우유는 키 크는 식품으로 이해하고 있는 사람들이 많다. 하지만 이렇게 좋은 우유도 너무 많이 먹으면 오히려 성장에 방해 요소가 될 수 있다. 생후 12개월 이후의 아기라면 하루 400ml 정도 섭취하는 것이 적당하다.

초기

고구마귤미음

● ● 재료
불린 쌀 10g, 귤 10g, 생수 170cc, 고구마 10g

● ● 이렇게 만드세요
① 불린 쌀을 곱게 갈아 생수를 넣고 7배죽을 끓인다.
② 고구마는 껍질과 심을 제거한 후 삶아서 곱게 으깨고 귤은 즙을 내어 둔다.
③ 끓여놓은 미음에 고구마를 넣고 한소끔 더 끓이다가 귤즙을 넣어 살짝 끓인다.

중기

소고기파래죽

● ● 재료
쇠고기 간 것 15g, 파래김 5g, 팽이버섯 10g, 불린 쌀 15g, 다시물 400cc, 참기름 · 통깨 조금씩

● ● 이렇게 만드세요
① 쇠고기 간 것을 다시 한 번 잘게 다진다. 파래김은 살짝 구워 잘게 부수고, 팽이버섯은 밑동을 자른 후 곱게 다져 준비한다.
② 불린 쌀에 다시물을 넣고 끓이다가 준비한 쇠고기, 팽이버섯, 파래김을 순서대로 넣어 죽을 끓인다.
③ 마지막에 참기름과 통깨를 빻아 넣고 한소끔 끓인다.

● ● 재료
시금치 10g, 당근 5g, 연어살 15g, 양파 5g, 진밥 40g, 육수 100cc

● ● 이렇게 만드세요
① 시금치는 데쳐서 5mm 크기로 썰고, 연어살은 찜통에 찐 후 잘게 부순다.
② 양파와 당근은 껍질을 벗긴 다음 5mm 크기로 썬다.
③ 냄비에 연어살을 넣어 볶다가 손질해둔 야채를 넣고 볶는다.
④ 재료가 어느 정도 익으면 진밥과 육수를 약간 넣고 끓인다.

후기

삼색진밥

● ● 재료
시금치 20g, 쌀가루 20g, 감자 10g, 대파 5g, 멸치다시물 100cc, 참기름 · 깨소금 조금씩

● ● 이렇게 만드세요
① 시금치는 데친 후 으깨서 즙을 낸다.
② 쌀가루에 시금치즙을 넣어 수제비 반죽을 한다.
③ 감자는 손질 후 1cm 크기로 사각썰기하고 대파는 연한 부분으로 어슷썰기한다.
④ 냄비에 멸치다시물을 넣고 끓이다가 준비한 ②의 수제비 반죽을 얇고 작게 떼어 넣은 후 감자와 대파를 넣어 팔팔 끓인다.
⑤ 재료가 익으면 참기름과 깨를 넣어 완성한다.

완료기

시금치수제비

입맛 돋워주는 이유식

식사 때마다 쫓아다니면서 먹여야 하는 아기, 1시간이건 2시간이건 놀면서 하염없이 먹는 아기, 한두 숟가락 먹고 나면 무조건 배부르다고 하는 아기 때문에 걱정인 엄마들이 많다. 무엇이 문제인지, 어떻게 먹여야 하는지 알아보자.

Baby Food Clinic

아기가 잘 먹지 않는 여러 가지 이유

● 젖을 먹일 때나 이유식을 먹일 때 아기가 꾸벅꾸벅 졸면서 먹거나 헛구역질을 하면서 먹는 것은 엄마가 무리하게 먹이려는 태도를 보였기 때문일 가능성이 높다.

● 낯선 곳에서는 아기도 긴장하므로 외출이나 여행으로 피곤하거나 낯선 곳에서는 아기도 잘 먹지 않는다.

● 첫 이유식을 시작한 아기의 경우 이유식이 지금까지 먹던 젖이나 우유와 달라서 당황하기 쉽다. 또 이미 이유식이 진행중인 아기라 하더라도 갑자기 메뉴나 조리법을 바꾸면 익숙하지 않은 맛이어서 먹지 않는 경우가 많다.

성격이나 소화기관에 문제가 없는지 확인한다

아이가 밥 잘 먹고 건강하게 자라는 것이 소원인 엄마에게, 식사 때마다 따라다니며 먹여야 하고 TV보고 놀면서 1시간이건 2시간이건 먹는 아기는 스트레스를 안겨준다.

대개 식욕이 부진한 아이들은 비장과 위장의 기능이 떨어져 소화에 문제가 있거나, 날 때부터 신장 기능이 약한 경우일 수도 있으므로 전문의의 진단을 받아보는 것이 좋다. 성격적으로 예민하고 신경질적인 아기도 입이 짧아 편식을 하거나 먹는 양이 지나치게 적을 수 있다.

정해진 시간에, 원하는 만큼만 먹인다

아기가 밥을 잘 먹게 하려면 우선 식습관부터 제대로 길들일 필요가 있다. 일단 이유식을 먹일 때는 아이가 기분이 좋을 때, 먹고 싶어할 때, 원하는 만큼 먹이는 것을 기준으로 삼아야 한다. 특히 아프거나 졸린 아기에게 억지로 먹이는 일이 없도록 하자.

또 식사시간을 일정하게 정해 두고 그 시간이 지나면 상을 치우도록 한다. 시간은 30분 정도가 적당하다. 아기가 먹은 양이 너무 적어 좀더 먹이고 싶은 마음이 들더라도 마음을 굳게 먹고 상을 치우다보면 오래지 않아 아기의 식사습관이 올바르게 형성되면서 소화기능도 좋아지게 된다.

잘못된 식습관이 문제인 경우가 많다

아무런 이유가 없음에도 불구하고 밥 먹이기가 힘들고 잘 먹지 않는 것은 신생아기부터 잘못 길들여진 식사습관 때문인 경우가 많다.

배가 고프지 않은 아기에게 울음을 달랠 목적으로 젖을 물렸다거나, 아기는 이미 배가 부른데도 엄마 욕심으로 억지로 몇 숟가락을 더 먹였다거나, 엄마가 항상 음식을 떠먹여주었다거나, 항상 텔레비전이나 책을 보면서 음식을 먹었다거나 하는 것이 버릇이 되었을 경우 아기는 먹는 것에 흥미를 잃게 될 가능성이 높다. 심한 경우 먹는 것 자체를 꺼리는 아기로 자라날 수도 있다.

시각적인 변화로도 입맛을 돋울 수 있다

아기가 밥을 잘 먹지 않는다고 해서 대신 간식으로 배를 채우게 하는 일이 없도록 하자. 특히 단 음식은 아기를 신경질적으로 만들 가능성이 있을 뿐 아니라 입맛도 떨어지게 하여 밥맛을 더욱 잃게 만들 우려가 있다.

그리고 음식을 만들 때 시각적으로 먹고 싶은 욕구를 일으킬 수 있도록 만들어주려는 노력도 필요하다. 다양한 색깔의 그릇이나 스푼, 포크, 귀여운 모양틀로 찍어 낸 음식 등은 아기의 식욕을 한층 돋워줄 것이다.

초기

단호박당근미음

● ● 재료
당근 5g, 단호박 10g, 불린 쌀 10g, 생수 170cc

● ● 이렇게 만드세요
① 불린 쌀을 곱게 갈아 생수를 넣고 7배죽을 끓인다.
② 당근은 손질 후 곱게 간다.
③ 단호박은 깨끗이 씻어 껍질과 속씨를 빼고 삶은 후 스푼이나 매셔로 곱게 으깬다.
④ 미음을 한소끔 끓이다가 갈아놓은 당근과 단호박을 넣어 살짝 끓인다.

중기

닭살양배추죽

● ● 재료
닭가슴살 50g, 육수 400cc, 당근 10g, 양배추 10g, 불린 쌀15g, 참기름 · 깨 조금씩

● ● 이렇게 만드세요
① 닭가슴살은 삶아서 곱게 찢어 5mm 크기로 자르고, 닭육수는 체에 거른다.
② 당근은 곱게 다지고, 양배추는 데쳐서 잘게 다진다.
③ 불린 쌀은 한 번 간 후 닭육수를 넣고 푹 끓인다.
④ 쌀을 끓이다가 다져놓은 야채와 닭가슴살을 넣어 푹 끓인다.
⑤ 어느 정도 끓으면 참기름과 깨를 넣는다.

● ● 재료
고구마30g, 건포도 5g, 분유물 50cc, 레몬즙 · 사과 간 것 · 깨 조금씩, 치즈 1/2장

● ● 이렇게 만드세요
① 고구마는 삶아서 곱게 으깨고, 건포도는 물에 불려 잘게 다진다.
② 분유물에 레몬즙과 사과 간 것, 깨를 넣고 살짝 끓여 소스를 만든다.
③ 으깨놓은 고구마에 다진 건포도와 ②의 소스를 섞어 버무린 후 치즈를 다져 얹는다.

후기

채소범벅

● ● 재료
밤 200g, 달걀 2개, 카스텔라 1개, 생크림 2큰술, 소금 · 치커리 조금씩

● ● 이렇게 만드세요
① 밤은 껍질을 벗긴 다음 찜통에 넣어 찐다. 찐 밤은 으깨어 체에 내리고 달걀은 삶아서 노른자만 으깬다.
② 카스텔라는 겉 부분을 떼어내고 체에 내려 가루를 만든다. 볼에 으깬 밤과 달걀노른자, 생크림, 소금을 넣고 고루 섞어 놓는다.
③ 섞은 재료로 한입 크기의 완자를 빚어 겉면에 물을 살짝 묻힌 다음 카스텔라 가루를 묻혀 완성한다.
④ 그릇에 밤카스텔라경단을 담고 치커리로 장식한다.

완료기

밤카스텔라경단

아픈 아기 위한 이유식

아기가 아프면 식욕이 떨어지고 소화력도 저하된다. 여러 가지 아픈 증세에 엄마는 어떻게 대처해야 하는지,
어떤 이유식을 만들어 먹여야 하는지 꼼꼼하게 살펴본다.

**빈혈기가 있는 아기는
철분 섭취를 늘린다**

생후 5~6개월쯤이 되면
아기의 몸 안에 저장해 두었던
철분이 거의 다 소모된다.
그렇기 때문에 필요한
양만큼의 철분을 식사로
보충시켜 주어야 한다. 철분이
풍부한 식품의 대명사는
간이다. 간을 먹을 수 있는
이유 중기부터 적절히
활용하면 좋다. 그밖에 멸치나
달걀노른자, 푸른 채소, 콩
제품도 빈혈이 있는 경우는
물론 빈혈이 생기기 쉬운
체질을 개선하는 데
효과적이다.
음식을 만들 때는 먹기 쉽도록
덩어리를 작게 만들거나
좋아하는 음식에 철분이
풍부한 음식을 섞어서 매일
꾸준히 먹이도록 한다.

음식을 먹이는 것보다 병의 치료가 우선이다

이유식을 주지않으면 영양분이 결핍될 것 같아 걱정하는 엄마들이 많다. 그러나 병이 치료되기까지의 며칠이라면 모유나 분유만 먹는다 해도 아기에게 큰 해가 없다. 우선 병이 빨리 나아야 건강하게 음식도 먹을 수 있으므로 병의 치료에 최선을 다한다.

의사의 지시에 따라 이유식을 중단한다

설사나 구토, 기침이 심할 때는 이유식을 중단하는 것이 일반적이다. 반면 설사와 구토 없이 열이 있더라도 아기가 식욕을 느끼고 있다면 평소와 같이 이유식을 계속해도 상관없다. 그러나 걱정이 될 때는 반드시 의사와 상담 후 이유식을 주도록 한다.

트러블의 종류와 정도에 따라 이유식 메뉴와 상태가 달라진다

이유식 준비기에서 완료기까지 아기는 성장하면서 여러 가지 트러블을 나타내게 된다. 이럴 때는 의사와 상담하여 이유식을 조절하거나 며칠간 아예 이유식을 끊는 경우도 생기게 된다.
아기에게 열이 있거나 감기, 설사, 변비, 아토피성 피부염 등의 트러블이 발생할 때는 어떤 이유식을 주는 것이 좋을까? 식욕도 떨어지고 몸의 상태도 좋지 않기 때문에 아기의 상태를 관찰해가면서 부작용이 없고 먹기 좋은 메뉴로 만들어주는 것이 기본이다. 아기의 트러블에 따라 이유식을 주는 방법과 적당한 메뉴에 대해서도 알아두자.

상태가 좋아지면 음식의 굳기나 크기를 서서히 원상태로 회복한다

아기의 상태가 좋아졌다고 해도 이유식을 단번에 원상태로 돌리는 일은 삼가는 것이 좋다. 아기의 상태를 관찰하면서 음식의 형태나 굳기를 서서히 회복시키는 것이 안전하다.
만약 아기가 음식을 먹기 싫어한다면 세 가지 메뉴 중 한 가지만 골라 음식에 차츰 익숙하게 만드는 것도 좋은 방법이다.

소화되기 쉬운 음식을 주고 메뉴도 한 단계 이전으로 후퇴시킨다

이유식을 끊었다가도 의사의 지시가 있고, 아기도 식욕이 있는 상태라면 다시 이유식을 시작한다. 물론 처음에는 소화되기 쉬운 식품을 선택하고 양도 상태에 따라 적절히 조절해가며 아기가 다시 이유식에 적응하도록 한다.
이때, 조리 형태는 현재의 이유식 시기에서 한단계 후퇴하여 더욱 부드럽게 만들어주는 것이 포인트다. 가령 이유식 중기라면 초기 메뉴를 중심으로 아기가 먹기 좋은 상태로 조리해 준다.

열나는 아기 위한 이유식

… 수분 공급에 신경 쓴다

열이 있을 때는 체내의 수분을 빼앗겨 탈수증이 일어나지 않도록 수분을 충분히 공급해주는 일이 가장 중요하다. 체내에 수분이 충분하면 땀이나 소변이 잘 나오고 그만큼 열도 쉽게 내려간다.

열이 높으면 입맛을 잃고 소화력도 떨어지므로 삼키기 쉬운 재료와 조리법을 선택하여 조금씩 먹이도록 한다.

… 찬 음식을 피하고 비타민 A와 C가 풍부한 음식을 먹인다

열이 있기 때문에 차가운 것을 먹으려고 하지만 오히려 설사를 할 염려가 있으므로 조금씩 주의하면서 먹인다. 또 딱딱한 음식이나 야채, 생선, 고기, 기름기 있는 음식 등은 소화가 잘 안 되고 열을 더 오르게 할 수 있으므로 피한다. 잠에서 깨어날 때마다 30분 또는 1시간 간격으로 물이나 보리차, 과즙 등을 주는 것도 좋다.

감기 때문에 열이 생기는 것이라면 감기를 빨리 낫게 하기 위해서 단백질과 비타민 A와 C가 풍부한 식품으로 먹기 쉬운 이유식을 만들어주자. 하지만 열 기운이 아직 남아 있다면 식욕이 떨어지면서 새로운 음식도 잘 먹으려 하지 않을 것이다. 잘 먹지 않는다면 수분을 보충해주면서 열이 내려가는 것을 기다리자. 열이 심할 때는 빨리 의사의 진찰을 받도록 한다.

초기

녹두죽

● ● 재료
녹두 · 쌀1큰술씩, 물 적당량

● ● 이렇게 만드세요
① 녹두는 불려서 물을 따라내고 주물러서 껍질을 벗긴 상태로 준비한다.
② 물로 여러 번 헹궈 껍질을 흘려보낸 다음 다시 주물러서 껍질이 깨끗이 벗겨질 때까지 여러 번 헹군다.
③ 쌀도 불려 둔다.
④ 믹서기에 녹두와 쌀, 물을 부어 간다.
⑤ 냄비에 ④를 넣고 약한 불에서 죽을 쑨다.

● ● 재료
토마토 1개, 젤라틴 1/2 작은술, 야채 삶은 국물 2큰술

● ● 이렇게 만드세요
① 종지에 젤라틴과 물 1작은술을 넣고 불린다.
② 토마토는 살짝 데쳐 껍질을 벗긴다.
③ 가운데 씨 부분을 잘라내고 믹서기에 곱게 간 40g만 준비한다.
④ 냄비에 야채 삶은 국물 2큰술과 불린 젤라틴을 넣고 은근한 불에 녹인다.
⑤ 여기에 토마토를 넣어 섞은 뒤 불을 끄고 용기에 부어 냉장고에 한 시간 이상 두어 굳힌다.

중기

토마토젤리

● ● 재료
소면 50g, 물 1컵, 배춧잎 1/4장, 당근 · 닭살 각 10g씩

● ● 이렇게 만드세요
① 소면은 삶아서 찬물에 헹군 다음 2~3cm 길이로 자른다.
② 배춧잎과 당근은 채썰거나 다진다.
③ 작은 냄비에 물을 1컵 붓고 닭살을 넣어 끓이다가 다 익으면 닭살을 건져 곱게 찢거나 다진다.
④ ③의 육수에 야채를 넣고 끓으면 불을 끈다.
⑤ 그릇에 소면을 담고 국물과 야채, 닭살을 올린다.

후기

야채국수

토하는 아기 위한 이유식

··· 토한 뒤에는 음식을 먹이지 말고 상태를 지켜본다

아기들은 위와 식도 하부가 잘 성숙되지 않아 먹은 것을 쉽게 토하게 된다. 또 열이 있는 아기들도 소화력이 떨어져 자주 토한다. 열이 있으면서 토하는 아기는 토한 후 음식을 주지 말고 상태를 지켜보는 것이 좋다.

토한 후 1~2시간 정도는 지켜보며, 갈증을 호소하거나 마실 것을 원하면 물을 한 모금 정도씩 먹여 본다. 물을 먹고도 토하지 않으면 조금 더 주어보고, 괜찮으면 과즙 등의 마실 것을 주어도 된다. 단, 이때 감귤즙은 피한다.

··· 부드럽고 미지근한 죽을 먹이는 것이 좋다

토한 후 3~4시간이 지나면 아기는 배가 고프게 되어 고형질의 이유식이나 평소 먹던 음식들을 요구하게 되는데, 이때 미음이나 죽 등을 조금씩 주기 시작하면 된다. 열이 없이 기침과 함께 토하는 경우에는 목구멍을 자극하지 않도록 부드럽고 미지근한 음식을 주는 게 좋다. 기침으로 토할 때는 토한 직후라도 먹고 싶어하면 주어도 된다. 오히려 기침으로 인한 가래를 음식물이 씻어주므로 아기의 기침을 그치게 할 수도 있다. 토할 때는 지방분이 많거나 소화가 잘 안 되는 음식은 주지 않는 것이 좋다.

초기

두부버무림

●● 재료
두부 1큰술, 시금치 2줄기

●● 이렇게 만드세요
① 두부는 체에 담아 끓는 물을 끼얹어 준 다음 포크로 눌러 곱게 으깬다. 도마에 올려놓고 칼등으로 으깨도 된다.
② 시금치는 끓는 물에 데쳐서 잎 부분만 잘라 곱게 다지거나 믹서기에 갈아 준비한다.
③ 두부와 시금치를 잘 섞는다.

●● 재료
토마토 · 감자 각 1/4개씩, 야채 삶은 물 또는 물 5큰술

●● 이렇게 만드세요
① 토마토는 끓는 물에 살짝 데쳐 껍질을 벗기고 씨도 제거한 다음 곱게 갈아준다.
② 감자는 껍질을 벗기고 삶아서 매셔로 으깬다.
③ 토마토와 감자를 섞은 뒤 야채 삶은 물이나 끓인 물을 넣고 골고루 섞어준다.

●● 재료
찹쌀가루 2큰술, 뜨거운 물 1큰술, 단호박 으깬 것 1/2큰술, 육수 1/2컵, 간장 조금

●● 이렇게 만드세요
① 찹쌀가루에 뜨거운 물을 넣어 익반죽한다.
② 여기에 으깬 단호박을 넣어 섞어준다음 동그랗게 완자를 빚는다.
③ 냄비에 물을 부어 끓으면 반죽을 넣어 끓인다.
④ 익어서 떠오르면 건져내고 찬물에 헹궈둔다.
⑤ 냄비에 육수와 간장을 몇 방울 떨어뜨려 끓으면 경단을 넣고 한 번 더 끓인다.

중기

토마토 푼타주

후기

호박찹쌀경단수프

구내염인 아기 위한 이유식

··· 식욕이 있어도 통증이 심해 음식을 먹기 어렵다

구내염이란 입 속에 염증이 생겨 부어오르거나 수포가 생기는 병이다. 통증을 동반하는 경우가 많고 식욕은 있어도 통증 때문에 음식을 잘 먹을 수가 없어 기분까지 침체되는 경우가 많다. 특히 염증이 심할 때는 이유식을 중단한다. 단, 수분섭취는 가능하므로 모유나 분유 외에 과즙이나 수프 등을 조금씩 주는 것은 상관없다. 단, 입안과 목의 통증을 자극하는 토마토나 키위, 감귤류 등은 피한다.

··· 자극성이 없는 식품을 선택하고 조리법에 신경 쓴다

같은 재료라 하더라도 조리법을 바꿔서 삼키기 쉽도록 만들어 주는 것이 좋다. 조리할 때 수분을 많이 넣어 부드럽게 익히거나 젤리에 가까운 상태로 만들거나 푸딩처럼 부드럽게 만들어지도록 조리한다. 이때 너무 뜨겁거나 맛이 진한 것은 피한다. 구내염이 가라앉기 시작하면 부드러운 메뉴로 이유식을 시작한다. 하지만 목이 아파서 한 번에 많이 먹을 수 없으므로 소량이라도 칼로리가 높고 든든한 것이 적합하다. 적은 양이라도 영양가 높은 것을 천천히 먹는 것이 포인트이다.
재료로는 양질의 단백질을 함유한 두부나 흰살생선, 닭가슴살, 달걀, 유제품, 비타민이 풍부한 야채류 등이 좋다.

초기

야채포타주

● ● **재료**
호박 · 양파 · 감자 각 10g씩, 분유 탄 물 조금

● ● **이렇게 만드세요**
① 호박, 양파, 감자를 각각 손질하여 작은 냄비에 넣고 익힌다.
② 익힌 야채들을 가는 체에 곱게 내려준다.
③ 체에 내려 놓은 야채에 분유 탄 물을 적당량 넣고 아기가 먹기 좋은 농도로 조절한다.

● ● **재료**
두부 1/6모, 우유 1/4컵

● ● **이렇게 만드세요**
① 두부는 깍둑썰기하듯이 4각으로 작게 자른다.
② 냄비에 자른 두부와 우유 1/4컵을 넣고 거품이 나지 않게 약한 불에서 뭉근하게 끓인다. 끓일 때 눋지 않도록 주걱으로 천천히 저어준다.

● ● **재료**
두부 1/4모, 야채 삶은 물 1/2컵, 달걀 푼 것 1/2개분, 물녹말 조금

● ● **이렇게 만드세요**
① 두부는 네모난 크기로 작게 자른다.
② 작은 냄비에 야채 삶은 물을 넣고 끓인다.
③ 야채 삶은 물이 끓으면 손질해둔 두부를 넣는다.
④ 여기에 달걀물을 넣어 끓이다가 마지막에 물녹말을 몇 방울 떨어뜨리고 천천히 저어준다.

중기

두부우유찜

후기

두부달걀탕

감기걸린 아기 위한 이유식

… 수분 공급을 충분히 한다

감기에 걸린 아기에게는 따뜻하고 영양이 풍부한 이유식을 먹인다. 감기 때문에 식욕이 떨어진 아기나 설사하는 아기에게는 수분도 함께 공급해준다. 식욕이 없더라도 초조해하지 말고 무리하게 먹이지 않도록 한다.
식욕이 생길 때까지 아기의 상태를 잘 관찰하면서 끓여 식힌 물이나 보리차, 과즙 등으로 수분이 부족하지 않도록 해준다.

… 식욕이 있을 때는 영양을 보충해준다

감기에 걸렸지만 식욕이 떨어지지 않았다면 이유식을 특별한 메뉴로 바꿀 필요는 없다. 단지 주의해야 할 것은 소화가 잘 되고 영양가 있는 메뉴로 건강이 손상되지 않게 하는 것이다.
두부, 생선, 육류, 달걀, 유제품 등 양질의 단백질을 많이 함유한 식품, 또 기관지나 목의 점막을 튼튼하게 하는 비타민 C와 카로틴을 함유한 녹황색 채소가 좋다. 식욕이 떨어지지 않았다고 하더라도 기침을 하거나 열이나 설사 등을 동반할 때는 증상에 따라 이유식을 변화 있게 만들어 주자.
입에서 부드럽게 넘어가도록 조리 방법을 바꾸는 것도 이유식을 변화 있게 만드는 좋은 방법이다.

초기
호박죽

●● 재료
애호박 20g, 단호박 20g, 불린 쌀 1/4컵, 참기름조금, 다시물 적당량

●● 이렇게 만드세요
① 애호박은 다지고 단호박은 쪄서 으깬다.
② 불린 쌀은 분마기에 갈아 둔다.
③ 냄비에 참기름을 두르고 불린 쌀을 넣어 볶다가 다시 물을 넣고 끓인다.
④ 쌀알이 익어 부드러워지면 애호박을 넣어 좀더 끓인다.
⑤ 홀홀한 죽이 되었으면 그릇에 담고 으깬 단호박을 가운데 올리고 섞어 준다.

●● 재료
배 1개, 꿀 2큰술, 대추 2알

●● 이렇게 만드세요
① 배는 꼭지 부분을 잘라낸다.
② 배의 속을 파내어 속살은 강판에 갈아서 꿀을 넣어 섞는다.
③ ②를 속을 파낸 배 속에 다시 부어준 다음 대추를 넣는다.
④ 그릇에 담고 잘라둔 뚜껑을 덮어준다.
⑤ 김 오른 찜통에 그릇째 올려 약한 불에서 1~2시간 정도 푹 쪄낸 다음 물만 따라내어 그릇에 담는다.

중기
배꿀찜

●● 재료
호두 3알, 불린쌀 1/4컵 참기름 조금, 물 1컵반

●● 이렇게 만드세요
① 호두는 이쑤시개로 속껍질까지 벗겨낸 뒤 칼날로 곱게 다져 고운 가루로 만든다.
② 바닥이 두꺼운 냄비에 약간의 참기름을 두르고 쌀을 넣어 볶는다.
③ 분량의 물을 부어 중불 이하에서 서서히 끓인다.
④ 쌀알이 익어 투명하게 되면 호두 가루를 넣고 부드러운 죽이 될 때까지 끓인다.

후기
호두죽

변비인 아기 위한 이유식

··· 생우유 섭취량을 줄인다

변비는 주로 아기가 먹는 음식에 그 원인이 있다. 이유식보다 생우유를 너무 많이 먹는다거나 이유식 조리에 단백질이나 지방분이 너무 많이 첨가되어 있다거나 하면 변비가 생기게 된다.

특히 생우유를 먹는 아기의 20%가 변비를 앓게 되는데, 이런 경우에는 생우유 섭취량을 줄이고 탄수화물 및 수분이 풍부한 야채나 과일, 요구르트 등으로 만든 이유식을 먹이도록 한다.

··· 섬유질이 많은 과일과 야채를 먹인다

변비의 원인으로는 야채 섭취 부족, 소식, 운동부족, 수분의 부족 등을 꼽을 수 있다. 먼저 이유 식단을 체크해본 다음 개선 방법을 생각해 보도록 하자. 변비일 때는 일반적으로 섬유질이 많은 야채를 섭취해야 한다. 섬유질을 많이 함유한 고구마, 호박, 푸른채소, 콩류를 많이 섭취하는 것이 좋다. 그 외에도 배변을 촉진하는 식품에는 해조류나 변을 부드럽게 만드는 과일, 설탕 등이 있다.

변비에 좋은 재료를 사용하여 이유식을 만들고 차차 상태가 나아지는지 시켜보자. 또 꾸준히 아기의 운동량을 늘려가야 한다. 아무리 야채 섭취를 많이 한다고 해도 적절한 운동을 하지 않으면 변비가 잘 낫지 않는다.

초기

미역새우죽

●● 재료

불린 쌀 1/4컵, 마른미역 10g, 새우살 20g, 참기름 조금, 물 2컵

●● 이렇게 만드세요

① 미역은 물에 불린다.
② 새우는 이쑤시개로 등쪽의 내장을 제거하고 곱게 다진다.
③ 냄비에 참기름을 약간 두르고 불린 쌀과 미역, 다진 새우를 넣고 볶는다.
④ ③이 어느정도 뽂아시번 물을 부어 끓인다.
⑤ 쌀알이 부드러워지면 불을 끈다.

●● 재료

고구마 10g, 플레인 요구르트 1~2큰술

●● 이렇게 만드세요

① 고구마는 껍질을 벗기고 물에 담갔다 건진다.
② 고구마를 내열 용기에 담고 물을 1큰술 부어 랩을 씌워 전자레인지에서 약 1분 30초간 가열한다.
④ 고구마가 익으면 곱게 으깬다.
⑤ 플레인 요구르트 1큰술을 작은 그릇에 담거나 접시 위에 담고 그 위에 으깬 고구마를 올린다.

●● 재료

단호박 으깬 것 3큰술, 참치통조림 1큰술, 모짜렐라 치즈 1큰술

●● 이렇게 만드세요

① 단호박은 껍질과 씨를 제거하고 익혀 으깨놓는다.
② 참치는 체에 담아 끓는 물을 끼얹어 기름기를 제거한다.
③ 단호박에 참치를 넣어 섞어준 다음 3등분으로 나눠 둥글게 완자형으로 만들어 놓는다.
④ 완자를 내열용기에 담고 모짜렐라 치즈를 뿌려 오븐 토스터나 전자레인지에 살짝 구워낸다.

중기

요구르트고구마

후기

호박치즈구이

설사하는 아기 위한 이유식

… 설사로 인한 탈수에는 보리차나 요구르트가 좋다

아기가 잘 놀고 잘 먹으며 설사 이외에 다른 증상이 없으면 괜찮지만 설사가 계속되고 열을 동반하거나 아기의 컨디션이 좋아 보이지 않을 때는 이유식을 당분간 중단해야 한다. 설사가 계속되면 탈수 증상이 나타나므로 모유나 설사할 때 먹이는 분유와 미지근한 물, 보리차, 플레인 요구르트 등 수분이 많은 음식을 조금씩 자주 주도록 한다. 냉국이나 맑은 장국, 과즙도 갈증을 해소하고 탈수증을 막는 데 좋다. 야채나 과일, 단 음식은 피한다.

… 쌀로 만든 흰죽을 먹인다

이유를 너무 서두르거나 갑자기 많은 양의 이유식을 먹이면 설사의 원인이 될 수 있다. 만약 설사 증상이 가볍고 식욕도 여전하다면 이유식을 한 단계 전으로 돌려 부드럽게 만들어 주도록 한다.
설사 기미가 있는 아기의 이유식은 쌀로 만든 흰죽 종류를 주는 것이 기본이다. 곡류로 만든 부드러운 죽을 먹인 다음부터 아기의 상태를 살피면서 변을 단단하게 만드는 성분이 들어 있는 사과나 바나나로 이유식을 만들어 준다. 섬유질이 적은 야채, 두부, 흰살생선 등 자극이 적은 식품을 부드럽게 끓여 주는 것도 좋다. 만약 아기가 싫어하면 억지로 주지 않도록 한다.

초기

캐로플죽

●● 재료
사과1/2개, 당근60g, 물 1/2컵, 녹말물1큰술

●● 이렇게 만드세요
① 사과는 껍질을 벗기고 씨 부분을 도려내고 적당한 크기로 썬다.
② 당근도 껍질을 벗기고 조그맣게 썰어둔다.
③ 냄비에 사과와 당근을 넣고 물을 넣어 푹 익힌다.
④ 사과와 당근이 완전히 익으면 꺼내서 체에 내린다.

●● 재료
감자 30g, 양파 20g, 우유 또는 분유 탄 물 5큰술, 토마토 조금

●● 이렇게 만드세요
① 작은 냄비에 잘게 썬 감자, 양파를 담고 물을 자작하게 부어 부드럽게 익을 때까지 끓인다.
② ①을 체에 내린 후 다시 냄비에 넣고 우유를 넣어 다시 한 번 끓인다.
③ 토마토는 껍질과 씨를 제거하고 믹서기에 갈아준다.
④ 그릇에 ②를 담고 ③의 토마토를 조금 올린다.

중기

감자포타주

●● 재료
브로콜리 20g, 당근 10g, 다진 닭고기 20g, 물1컵, 밥 4큰술, 우유 3큰술, 달걀 푼 것 1큰술

●● 이렇게 만드세요
① 야채는 곱게 다진다.
② 작은 냄비에 물 1컵과 다진 야채와 닭고기를 넣고 끓인다.
③ 닭고기가 완전히 익으면 밥을 넣고 다시 한 번 끓인다.
④ 끓기 시작하면 우유를 넣고 더 끓여준다.
⑤ 불을 끄기 직전 달걀 푼 것을 1큰술 넣어 살짝 익힌 후 불을 끈다.

후기

야채우유밥

아토피 아기 위한 이유식

… 아토피 체질이 의심되면 이유식의 시작을 늦춘다

아기 피부에 습진이 생기면 엄마는 아토피성 피부염부터 의심해보게 된다. 그러나 습진이 나타났다고 해서 모두 아토피 체질을 갖고 있는 것은 아니므로 우선 의사의 진단을 받은 후 이유식을 조절해 간다.

아기에게 음식 알레르기가 많은 원인 중의 하나는 소화 작용이 미숙하기 때문이다. 아토피 체질이 의심되는 아기에게는 이미 습진 등의 증상이 나타나는 것이 보통이다. 때문에 의사로부터 이유식을 조절하라는 말을 들은 경우는 이유식을 생후 6개월 경부터 시작해도 좋다.

… 다른 식품에 충분히 익숙해진 후 단백질 식품을 추가한다

식품 중에서 특히 알레르기의 원인이 되는 것은 단백질 식품이다. 이유식을 시작할 때는 처음에서 1개월간은 곡류와 야채, 과일을 중심으로 알레르기와 무관한 식품만을 주고 수프나 다시국물도 단백질 식품을 제외한 것으로 만드는 것이 안전하다. 알레르기와 상관없는 단백질 식품이라도 같은 식품을 계속 주는 것은 피한다. 아토피가 아니더라도 같은 식품을 계속 먹으면 그 식품에 대해 알레르기가 나타날 수 있기 때문이다. 환살생선이라도 가자미, 대구, 동태 등으로 종류를 바꿔 주는 것이 좋다.

초기

서양식우동

●● 재료
우동생면 30g, 환살생선 20g, 당근 10g, 양상추 1/2장, 물 1컵, 물녹말 조금, 간장 조금

●● 이렇게 만드세요
① 환살생선은 살만 준비하여 다진다.
② 당근과 양상추는 채썬다.
③ 우동생면은 끓는 물에 한번 데쳐낸 다음 2~3cm 길이로 자른다.
④ 냄비에 물과 야채, 환살생선을 모두 넣어 끓인다.
⑤ 재료가 완전히 익으면 간장을 몇 빙울 떨어뜨려 살짝 간을 하고 물녹말을 약간 풀어 국물에 농도를 준다.
⑥ 그릇에 우동생면을 담고 국물과 건더기를 넣어준다.

●● 재료
다진 쇠고기 20g, 빵가루 1/2큰술, 우유 1큰술, 야채 삶은 물 1/2컵

●● 이렇게 만드세요
① 볼에 다진 쇠고기, 빵가루, 우유를 넣고 골고루 반죽한다.
② 반죽을 둥글게 빚어 쇠고기 완자를 만든다.
③ 작은 냄비에 야채 삶은 물을 넣고 끓이다가 완자를 넣고 끓인다.
④ 완자가 완전히 익으면 국물과 함께 담는다.

중기

쇠고기완자탕

●● 재료
감자 1/3개, 통조림참치 1큰술, 녹말가루 조금, 피자치즈 조금

●● 이렇게 만드세요
① 감자는 삶아서 껍질을 벗긴 다음 곱게 으깬다.
② 참치는 체에 담아 끓는 물을 부어 기름기를 제거한다.
③ 감자와 참치를 섞어 반죽을 만든다.
④ 반죽을 조금씩 떼어내 납작하게 빚은 다음 녹말가루를 묻혀 놓는다.
⑤ 피자치즈를 약간씩 뿌려 오븐에 굽거나 팬에 노릇하게 굽는다.

후기

감자참치구이

편식 물리치는 선배엄마의 비법!
아기들의 까다로운 입맛 해결하기

아기가 편식을 하는 원인은 대부분 어릴 적 잘못된 이유식 습관에서 비롯된다는 말이 있다. 보통 아기들은 이유식이 입맛에 맞지 않으면
아주 싫은 표정을 짓고 혀로 숟가락을 밀어 낸다. 혹은 음식을 받아먹더라도 뱉어 버리기 마련이다. 이럴 땐 억지로 먹이지 말고,
며칠 쉬었다가 똑같은 이유식을 다시 시도해 보는 인내심이 필요하다. 한꺼번에 많이 먹어서 소화 장애를 일으키지 않도록 하는 것도 신경 써야 할 부분이다.
먹을 때 심하게 꾸중을 하는 것도 그 음식을 싫어하게 만드는 원인이 된다는 점을 기억하자.

편식을 해결한 똑똑한 엄마들의 비법 공개

1 고기만 보면 고개를 돌린다

12개월 된 우리 아기는 음식에 쇠고기, 돼지고기 등만 넣으면 고개를 돌리곤
했습니다. 단백질을 먹지 않으면 성장이 늦어지고 쉽게 피로해진다는 얘기를
듣고 얼마나 놀랐는지 몰라요. 또 근육도 약해진다고 하더군요. 그래서 저는
고기를 먹이는 첫 단계로 육수를 이용했어요. 고기 냄새와 친해질 수 있는 기
회를 주기 위해서죠. 다음엔 끓여 놓은 육수에 삶은 야채와 쌀을 넣고 죽을 쑤
어 줬지요.

이렇게 해 보세요
idea 음식 모양을 다양하게 만들어 호기심을 자극한다
쇠고기나 닭고기, 돼지고기를 곱게 다진 다음 찐 감자와 섞어서 완자
를 만들어 먹여 보자. 음식 모양이 우선 독특해 아기가 관심을 갖기에
충분하다. 아기들이 배가 고파서 먹을 것을 찾을 때 예쁘게 만든 완자
를 내밀면 호기심 때문에라도 한입 먹을 수밖에 없게 된다.

2 두부는 손으로 눌러 보기만 한다

콩으로 만든 두부는 몸에 좋은 음식이죠? 칼로리는 낮고 단백질은 풍부한 건
강식품이라고 해요. 성장에도 도움이 되고 위에도 부담을 주지 않아서 꼭 먹
여야 하는 이유식 가운데 하나가 두부라지요? 그런데 음식을 해주면 두부만
골라서 뱉으니 웬일입니까? 그래서 부담 없는 연두부부터 먹이고 여러 가지
로 조리해서 변화를 줘 봤더니 두부 편식을 싹 고쳤어요.
또 물렁한 음식에 대한 편식이 심할 땐 닭똥집 5개에 물 5~6컵을 넣고 푹 끓
이다가 시금치 반 단을 첨가해서 푹 고세요. 소금으로 약하게 간을 한 다음 식
혀서 먹이면 거짓말처럼 밥도 잘 먹고 편식습관도 없어진답니다.

이렇게 해 보세요
idea 변화무쌍한 두부의 모양에 따라 조리한다
단단한 두부, 연두부, 순두부! 두부는 굳기에 따라 모양도 다양하다. 모
양이 갖가지라는 점을 착안해서 조리법도 여러 가지 형태로 변화시켜
주자. 야채나 치즈, 고기 등으로 색깔을 맞추면 시각적인 효과도 달라
지고 맛도 변한다. 일단, 단단한 두부는 기름에 부친 후 소화도 잘되고
고열량인 치즈를 얹어 준다. 연두부는 생선 또는 야채를 넣고, 우리밀
로 만든 밀가루로 전을 부쳐 준다. 순두부에는 쇠고기를 넣어 국이나
죽을 쑤어 주면 좋다. 조리 방식과 첨가하는 부재료를 골고루 섞으면
칼로리도 한층 보강된다.

3 콩, 팥, 보리 등 곡류라면 질색한다

콩 단백질이 몸에 그렇게 좋다면서요? 그런데 우리 아기는 콩만 보면 골라내
곤 했어요. 콩은 밭에서 나는 쇠고기라고 할 만큼 질 좋은 단백질과 지방이 풍
부한 식품이지요. 또 비타민 B군이 특히 많아 피부를 매끄럽게 해주는 영양 만
점의 음식이라고 해요. 그런데 딱딱한 느낌과 거친 촉감 때문에 아기들은 콩
을 싫어 할 수 있다는군요. 또 비릿한 냄새도 한몫을 하지요. 그래서 저는 다음
같은 조리법을 많이 활용했어요.

이렇게 해 보세요
idea 호박에 콩을 비롯한 잡곡을 함께 넣고 죽을 쑨다
콩이나 녹두와 수수, 보리 등은 단품으로 주지 말고 호박과 함께 고아
서 죽을 만들어 준다. 호박의 달착지근한 맛 때문에 잡곡의 거친 느낌
과 맛이 가려진다. 또 잡곡밥을 만들어 먹여도 좋다. 처음부터 무리해

서 잡곡을 듬뿍 넣은 밥을 짓기보다 끼니마다 조금씩 잡곡의 비율을 늘리는 게 요령. 잡곡밥에 깨소금, 참기름, 소금 밑간을 해서 주먹밥을 만들어 주는 것도 한 방법이다.

idea 껍질을 깨끗이 벗겨 조리한다

콩은 껍질을 벗겨서 매끄러운 상태로 조리하거나 삶아 으깬 뒤 설탕으로 약간 간을 해서 이유식을 만들어 본다. 또 밀가루를 고운체에 내려 버터, 우유, 달걀과 섞어 프라이팬에 얇게 부친 다음 여기에 치즈를 얹고 삶아서 으깬 완두콩 소를 넣고 돌돌 말아 크레이프를 만들어 줘도 좋다.

4 시금치, 양파, 버섯 등 채소만 골라 뱉는다

7개월 된 아들에게 시금치나 버섯, 양배추 같은 채소류를 골라서 뱉는 버릇이 생겼어요. 사실 대변 줄기도 얇아서 고민이었는데 말입니다. 대변 줄기가 시원치 않거나 변비가 있는 아기에게는 섬유질이 풍부하게 든 채소가 좋잖아요. 그래서 더 속상했어요. 그런데 사실, 브로콜리나 시금치, 당근은 비타민이 풍부한 식품이지만 달콤하지도 않을 뿐더러 그냥 먹으면 딱딱하거나 거친 질감이 느껴지기 때문에 아이들이 먹기에는 거북할 수도 있겠더군요.

이렇게 해 보세요

idea 분유와 섞어 먹인다

이유식 초기에는 분유에다 다진 채소 한 가지만을 넣어 '분유 채소 죽'을 끓여 먹인다. 분유의 맛과 냄새는 아이에게는 친밀하므로 채소에 대한 거부감을 없애기 좋은 방법이다. 분유 채소 죽을 곧잘 먹게 되면 분유 대신 쌀가루를 넣어 죽을 끓여주면 좋다.

idea 좋아하는 다른 음식 속에 섞어 조리한다

닭 가슴살에 대파를 넣고 삶는다. 익힌 닭살은 시금치, 당근, 양파 등과 함께 곱게 다져 죽을 끓인다. 아기가 채소 맛에 길들여지면 조리할 때 섞는 다른 재료의 양은 점점 줄여나간다. 대신 그만큼 채소의 양을 늘려 나간다. 잘 씹는 아이라면 야채에 참치를 넣어 전을 부쳐 줘도 좋다.

5 우유, 치즈 등 유제품은 쳐다도 안 본다

치즈가 아주 좋은 영양식품이라고 해서 많이 사다 놨는데 아기가 하나도 안 먹더군요. 사실 생우유나 치즈, 요구르트 등의 가공 유제품은 알레르기 반응을 일으킬 수 있어서 아주 조심스러운 음식이기도 해요. 그래도 비타민, 철분, 지방 등의 영양소가 풍부한 가공 유제품을 그냥 지나치면 뼈 발달과 성장이 늦어진다는 사실 아시죠? 우리 아이가 유제품을 먹게 된 비법을 공개 할 게요.

이렇게 해 보세요

idea 음식 온도에 따라 치즈 모양이 변하는 걸 보여 준다

단순히 치즈 조각을 떼어내 주거나 밥에 톡 얹어 주는 것은 너무 단순하다. 감자를 얇게 썰어 프라이팬에 바싹 구워내고 그 위에 치즈를 한 조각 올린다. 감자 구이가 뜨거울 때와 차게 식었을 때 치즈를 얹어 준다. 음식 온도에 따라 치즈 모양이 바뀌고, 치즈 맛도 음식 맛과 섞이는 농도가 달라지기 때문에 아이에겐 색다른 경험이 될 수 있다.

6 생선 종류는 어느 것이나 싫어한다

12개월 된 우리 아기는 생선종류는 다 싫어했어요. 생선 모양이나 비린맛이 생선을 멀리하는 이유가 되었던 것 같아요. 생선은 건뇌 식품이라고 하지만, 등푸른생선은 알레르기 위험도가 매우 높다고 해요. 그래서 처음엔 멋모르고 곧잘 먹던 아기들도 일정한 기간이 흐른 뒤에 도톨도톨 알레르기 반응이 생겨서 거부할 수 있다죠? 다행히 우리 아기는 알레르기 반응은 없었어요. 그래서 다음 같은 조리법을 활용했어요.

이렇게 해 보세요

idea 생선살을 저며 내 잘게 부숴 요리한다

처음엔 뼈와 잔가시를 저며 내고 생선살을 발라서 죽을 만들어 먹이거나 된장국으로 죽을 쒀 준다. 생선살을 잘게 부수고 소금을 살짝 뿌려 연두부와 혼합해서 찐 것도 좋다. 찜통에서 바로 꺼내 먹이면 안 되고 충분히 식힌 다음 한입씩 숟가락에 떠서 먹인다. 연동식이 끝난 아기라면 생선을 굽거나 튀겨서 살만 떼어 내서 밥과 먹이는 것을 추천한다. 어릴 땐 가능한 한 흰살생선을 먹이는 게 안전하다.

part 6

두뇌·성장발달에 도움 주는
상황별 유아식

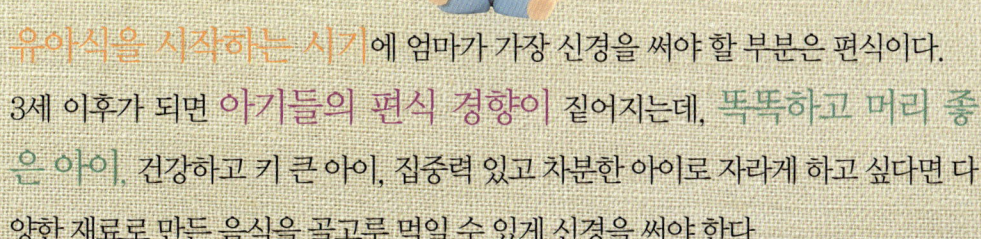

유아식을 시작하는 시기에 엄마가 가장 신경을 써야 할 부분은 편식이다.
3세 이후가 되면 아기들의 편식 경향이 짙어지는데, 똑똑하고 머리 좋
은 아이, 건강하고 키 큰 아이, 집중력 있고 차분한 아이로 자라게 하고 싶다면 다
양한 재료로 만든 음식을 골고루 먹일 수 있게 신경을 써야 한다.

두뇌발달 · 성장발달에 도움주는
유아식 & 간식

이유식 완료기가 지나고 나면 대부분의 엄마들은 이제 귀찮은 일 하나 덜었다는 기분으로 다음 단계인 유아식이나 간식에 신경을 덜 쓰게 된다. 물론 돌이 한참 지난 유아들은 어른들이 먹는 음식을 별 무리 없이 먹을 수 있게 되고 소화를 시키는 데도 무리가 없다. 하지만 60개월 이전의 아이들은 맵고 짜고 단 음식보다는 담백한 음식에 길들여줄 필요가 있다. 또한 36개월 전후의 유아들 중에는 편식을 하거나 잘 먹지 않으려 해서 엄마의 애를 태우는 경우도 많다. 이런 아이들을 위해 엄마가 해줄 수 있는 다양한 유아식과 간식을 제안한다.

간식의 목적은 영양 보충에 있다

아이는 자라면서 모든 영양소의 필요량이 늘어나게 된다. 활동량도 늘어 하루 세 끼만으로는 충분한 열량과 영양소를 공급할 수 없다. 특히 위가 작아서 한꺼번에 많이 먹지는 못하지만 자주 먹으려고 하는 아이에게는 간식이 꼭 필요하다. 이런 의미에서 간식의 목적은 영양보충에 있다고 할 수 있다. 균형 잡힌 영양섭취로 바르게 자랐을 때 비로소 아이들은 몸도 마음도 튼튼해진다. 엄마가 만들어주는 간식은 맛과 영양이 뛰어남은 물론이거니와 아이들의 정서 발달에도 많은 도움을 준다.

간식시간은 오후 3시경이 좋다

아이들에게 주는 간식의 양은 하루 필요 열량의 10~15%가 적합하며 다음 식사의 식욕에 영향을 주지 않을 정도의 양만 주는 것이 바람직하다. 간식은 오후 3시경에 주는 것이 알맞으며 저녁 식사시간까지는 2시간 정도의 간격을 두는 것이 좋다.

아이의 입맛을 고려하되 싱겁게 만드는 것이 좋다

간식으로 너무 단 음식을 먹게 되면 소화액의 분비가 적어지며 식욕이 나지 않으므로 밥을 먹기 싫어할 수 있다. 그러므로 아이의 입맛을 고려하되 맛은 싱겁고, 너무 달지 않고, 강한 자극이 없게 조리하여 이 시기에 발달되는 맛에 대한 기호를 올바르게 형성시킬 수 있도록 하자.

모양이나 담음새가 아이의 입맛을 자극한다

아이들에게 간식을 줄 때는 음식의 모양과 색깔, 그릇의 모양과 담음새에도 세심하게 신경을 써주는 것이 좋다. 음식의 모양이나 색깔, 담음새 등이 아이들의 식욕을 돋워줄 뿐만 아니라 정서발달에 도움을 주기도 하기 때문이다.

✱ 아이의 성장에 도움이 되는 식품들

구분	곡류	채소류	과일류	생선류	기타
두뇌발달을 돕는 식품	현미, 조, 콩, 수수, 검은깨	마늘, 케일, 시금치, 브로콜리, 비트, 양파, 양배추, 상추, 토마토, 셀러리, 오이	건포도, 블루베리, 딸기, 살구, 아보카도, 오렌지, 체리, 키위, 배 멜론, 바나나, 사과, 복숭아, 수박	해산물, 멸치 등 뼈째 먹는 생선	호두, 호박씨, 밤, 땅콩, 잣
집중력을 길러주는 식품				멸치, 뼈째 먹는 생선	미역, 김, 다시마, 톳
편식하는 아이를 위한 식품		파, 당근, 감자, 버섯 호박, 시금치, 우엉		동태 등 흰살생선	
튼튼하게 키워주는 식품	콩	산마, 버섯, 부추		장어	닭고기
키를 쑥쑥 자라게 해주는 식품		시금치, 당근	귤, 오렌지, 딸기, 감, 포도, 키위	정어리, 참치, 고등어 등의 등푸른 생선	

똑똑한 내아이,
두뇌발달 유아식

뇌가 폭발적으로 발달하는 10세 전까지의 아이들은 뇌 발달을 위해 고른 영양 섭취가 필요하다. 사람은 1백60억 개 정도의 뇌세포를 갖고 있는데 성장과정에서 일부만이 활동한다. 성인이 되어서도 25%만이 활동을 하게 되는데 잠자고 있는 나머지 뇌세포를 얼마나 활용하느냐에 따라 두뇌 발달의 성패가 달려 있는 것이다. 잘 먹는다는 것은 신체 건강을 위해서 필수임은 물론이고 두뇌 발달에도 가장 우선되는 조건이다. 끼니를 거르면 머리가 멍해지고 판단력이 흐려지는 것은 뇌가 활동하는 데 필요한 당분이 부족하기 때문에 생기는 증상이다.

내 아이를 똑똑하게 키우고 싶다면 어려서부터 뇌를 보호하고 발달시키는 식품을 많이 먹게 하는 것이 좋다. 만약 아이가 그 식품을 싫어한다면 형태에 변형을 주어서 잘 먹을 수 있게 해주는 것이 현명한 엄마의 역할이다.

달걀밤은행찜

● ● 재료
달걀 3개, 밤(깐 것) 5개, 은행 10알, 다시마물 1/2컵, 우유 2큰술, 참치액젓 1/2큰술, 소금 · 후춧가루 조금씩

● ● 이렇게 만드세요
① 달걀 푼 것에 다시마물, 우유, 소금을 넣고 잘 섞어서 체에 내려준다.
② ①에 참치액젓과 후춧가루를 넣고 간을 맞춘다.
③ 기름을 두르고 달군 팬에 은행을 넣고 굴려가면서 익힌 뒤 껍질을 까서 반으로 잘라준다.
④ 그릇에 밤, 은행, 달걀물을 담고 김이 오른 찜통에서 약 15분간 쪄낸다. 찜 그릇 위에 키친타월을 덮어주면 수증기가 안 떨어져서 매끄럽게 만들 수 있다.

● ● 재료
흰밥 3공기, 완두 100g, 강낭콩 100g, 칵테일새우 100g, 붉은피망 1개, 오이 1/2개, 양파 1/4개, 통조림옥수수 3큰술, 올리브유 2큰술, 버터 2큰술, 소금 · 후춧가루 조금씩, 치즈가루 2큰술

● ● 이렇게 만드세요
① 완두는 데치고 강낭콩은 삶아 물기를 빼둔다.
② 칵테일 새우는 꼬리를 떼고, 옥수수도 물기를 빼둔다.
③ 붉은피망, 오이, 양파는 네모지게 썬다
④ 프라이팬에 올리브유와 버터를 넣고 밥과 준비한 ①, ② ③을 차례로 넣어가며 볶는다.
⑤ 치즈가루를 뿌려 완성한다.

패스트푸드는 뇌 발달을 저해한다

대부분의 아이들이 햄버거나 밀크셰이크, 감자튀김, 치즈가 듬뿍 뿌려진 피자와 같은 음식을 즐긴다. 그래서 엄마, 아빠도 아이와 함께 외식을 할 때면 아이들이 좋아하는 패스트푸드점을 찾게 된다. 하지만 이때 꼭 기억해둘 것이 있다. 이들 음식에 들어 있는 포화지방산이 아이의 뇌세포 성장을 방해한다는 사실이다.

포화지방은 뇌에 누적이 되는데 동물성 고지방 식품을 많이 먹을수록 '멍청해질' 위험이 높아져서 결국에는 학습 능력에 손상을 입히게 된다. 물론 어쩌다 한번씩 먹는 것은 문제가 되지 않지만 이들 식품을 습관적으로 찾게 되면 뇌 세포에 직접적인 영향을 주어 학습 능력이 떨어진다.

모듬콩새우필라프

호두튀김

● ● 재료
호두 반 근, 설탕 2큰술, 소금 2작은술, 튀김기름 적당량

● ● 이렇게 만드세요
① 팔팔 끓는 물에 소금을 조금 넣고 속껍질을 깐 호두를 넣어 2~3분쯤 끓인 후 물기를 뺀다.
② 호두가 식기 전에 설탕을 넣고 저어서 설탕이 호두를 붙어 녹게 한다.
③ 120℃의 튀김기름에 설탕이 묻은 호두를 넣고 튀긴다.
④ 노릇하게 튀겨지면 건져내 하나씩 떼어 완전히 식힌 후에 공기와 닿지 않게 비닐봉지에 담아 꼭 봉해두고 먹는다. 그래야 눅눅해지지 않는다.

달걀야채죽

● ● 재료
쌀 1컵, 달걀 2개, 부추 200g, 표고버섯 2장, 당근 1/5개, 시금치 30g, 물 4컵, 소금 · 후춧가루 · 참기름 조금씩

● ● 이렇게 만드세요
① 쌀은 충분히 불려서 물기를 빼준다.
② 부추는 1cm 길이로 썰고 표고버섯도 얇게 채썬다. 당근은 다지고 시금치는 데쳐서 잘게 썬다.
③ 달걀은 소금을 넣고 곱게 푼다.
④ 냄비에 참기름을 두르고 쌀을 볶다가 준비한 당근, 표고버섯, 시금치, 부추를 차례로 넣고 볶는다.
⑤ 물을 붓고 쌀알이 부드럽게 퍼지도록 죽을 쑨 후 달걀물을 넣고 잠시 끓인다.

● ● 재료
당근 20g, 풋고추 2개, 파래김 1장, 잔멸치 50g, 청주 1큰술, 설탕 1/2작은술, 밥 1공기, 검은깨 조금

● ● 이렇게 만드세요
① 당근과 풋고추는 잘게 다진다.
② 파래김은 잘 구워 비닐봉지에 넣은 다음 잘게 부수고, 잔멸치는 잡티를 없앤다.
③ 팬을 달궈 기름을 두르고 청주, 설탕을 넣어 잔멸치를 볶은 후 당근, 풋고추, 밥을 순서대로 넣어 볶는다.
④ 멸치를 넣어 볶은 밥에 부순 김과 검은깨를 넣어 먹기 좋은 크기로 만든다.

멸치야채주먹밥

● ● 재료
고구마 400g, 옥수수알 4큰술, 완두콩 4큰술, 방울토마토 4개, 파슬리 다진 것 1큰술, 피자치즈 200g, 달걀 1개, 두유 4큰술, 버터 2큰술, 설탕 1큰술, 소금 · 후춧가루 조금씩

● ● 이렇게 만드세요
① 푹 쪄낸 고구마를 으깬 후 버터와 달걀, 설탕, 소금, 후춧가루를 넣어 잘 섞어준다.
② 옥수수와 완두콩은 물기를 빼고 방울토마토는 4등분하고 파슬리는 다진다.
③ ②의 재료들을 조금씩 남겨두고 두유에 잘 섞는다.
④ 그릇에 ③을 담고 피자치즈를 넉넉히 뿌려서 남겨둔 재료를 올린 후 예열된 오븐에서 피자치즈가 노릇노릇해질 때까지 구워준다.

고구마그라탕

산만한 아이,
집중력 높이는 유아식

산성식품만을 편중되게 먹고, 칼슘의 섭취량이 적은 경우 조바심이 생기고 성급해지며 남과 싸우기를 잘한다고 한다. 이런 아이에게는 칼슘을 섭취하게 하는 것이 좋다. 칼슘이 진정 효과와 지구력을 키우는 데 큰 몫을 담당하기 때문이다.

일반적으로 칼슘이 많은 식품이라면 뼈째 먹는 생선인 멸치가 거론되는데 멸치 중에는 칼슘도 많지만 인산의 함량이 더 많아 사람들이 실제 섭취하는 칼슘의 양은 아주 적다. 그 때문에 흔히 칼슘을 가장 손쉽게 섭취할 수 있는 식품으로 우유를 들고 있다. 그런데 우유를 좋아하지 않는 아이의 경우, 칼슘 공급을 위해서 가장 좋은 것이 미역, 다시마, 톳, 김 등의 해조류이다. 마른미역에는 분유만큼의 칼슘이 들어 있고 아르기닌산 등 식이성 섬유가 풍부하여 콜레스테롤 제거 효과도 크고 변비 치료에도 매우 효과적이다. 이런 해조류를 이용해 다양한 간식거리를 만들어 주자. 아이가 어느새 의젓하게 무언가에 집중하고 있는 모습을 볼 수 있게 될 것이다.

라이스멸치크로켓

● ● 재료
밥 1공기, 달걀 1개, 감자 2개, 다진 양파 2큰술, 마요네즈 2큰술, 소금·후춧가루 조금씩, 밀가루 1/2컵, 달걀 2개, 잔멸치 1컵, 식물성 기름 적당량

● ● 이렇게 만드세요
① 감자와 달걀은 삶고 양파는 소금에 살짝 절여 물기를 짠다.
② 껍질 벗긴 달걀과 감자는 으깨어 밥과 함께 섞고 양파, 마요네즈, 소금, 후춧가루를 넣고 버무린다.
③ 동그란 공 모양으로 빚어 밀가루-달걀-잔멸치 순으로 튀김옷을 입혀 170℃의 기름에 튀겨낸다.
④ 키친타월에 늘어놓아 기름을 뺀 후 식혀 박스에 담아 포장한다.

● ● 재료
뱅어포 4장, 설탕 1/2큰술, 깨소금 1작은술, **구이소스** (마요네즈 3큰술, 갈은 양파 1큰술, 다진 마늘 1작은술, 물엿 1큰술, 청주 1큰술)

● ● 이렇게 만드세요
① 뱅어포는 손으로 다듬어 지저분한 것들을 떼어내고 손질한다.
② 마요네즈에 분량의 양념들을 넣어 구이소스를 만든다.
③ 손질한 뱅어포에 구이소스를 고루 바른 다음 30분 정도 재워둔다.
④ 프라이팬이나 그릴에 양념한 뱅어포를 넣어 굽는다. 원하는 크기로 잘라 담는다.

뱅어포소스구이

아침식사가 아이의 집중력을 좌우한다

아침을 거르면 집중력이 떨어지고 학습 능력이 저하된다. 뇌세포는 아침에 눈을 뜨는 순간부터 서서히 활동을 시작하고, 뇌가 활동하는 데에는 많은 에너지가 필요한데, 끼니를 거르면 에너지 부족으로 인해 두뇌가 제 할 일을 다하지 못한다. 그러므로 반드시 아침식사를 해야 한다. 맛있게 아침식사를 하게 되면 에너지가 충전되고 또 씹는 것이 자극이 된다. 아침식사를 한 아이가 하지 않은 아이보다 집중력, 창조력이 뛰어나다는 보고서도 있다.

미역오이무침

●● 재료
미역 불린 것 100g, 오이 1개, 홍고추 1개, 양파 1/4개, 청주 1작은술, **무침장**(고추장 1큰술, 고춧가루 1작은술, 다진 파·마늘 1큰술씩, 설탕 1작은술, 식초 1큰술, 소금·후춧가루·통깨 조금씩)

●● 이렇게 만드세요
① 미역은 물에 불린 다음 씻어서 먹기 좋은 크기로 썰어 끓는 물에 청주를 넣고 데쳐내 찬물에 헹군 뒤 물기를 빼준다.
② 오이는 동그랗게 편썰기를 하고, 홍고추와 양파는 얇게 채썬다.
③ 분량대로 섞어 무침장을 만든다.
④ 그릇에 미역과 오이를 담고 ③의 무침장에 조물조물 무친다. 미리 무치면 물이 나오므로 먹기 직전에 무친다.

마른파래볶음밥

●● 재료
밥 2공기, 마른파래 한웅큼, 참기름 2큰술, 비트 30g, 통깨 1큰술, 소금 조금, 파프리카 1/4개

●● 이렇게 만드세요
① 마른파래는 곱게 갈아 준비한다.
② 비트는 껍질을 벗겨서 잘게 다지고 파프리카는 속과 씨를 털어 네모지게 썬다.
③ 달군 팬에 참기름을 두르고 파래를 넣어 볶아 파래에 참기름 향이 듬뿍 배게 한 후 밥을 넣어 달달 볶는다.
④ ③에 비트와 통깨, 소금을 넣어 고루 섞는다.
⑤ 접시에 파프리카 썬 것을 적당히 담고 틀에 찍은 파래볶음밥을 담는다.

●● 재료
다시마 20cm 2장, 튀김기름 적당량, 설탕 1큰술, 맛소금 1/2작은술, 통깨 조금

●● 이렇게 만드세요
① 다시마는 젖은 행주로 흰 가루부분을 깨끗이 닦아내고 사방 5cm 크기로 잘라준다.
② 튀김온도 180℃에서 다시마를 튀겨낸 뒤에 키친타월 위에 올려놓고 기름을 뺀다.
③ 기름을 뺀 다시마에 설탕, 맛소금, 통깨를 뿌려 밀폐용기에 보관했다가 상에 낸다.

●● 재료
박력분 280g, 베이킹파우더 1/2큰술, 김 2장, 땅콩 100g, 버터·설탕 120g씩, 달걀 2개

●● 이렇게 만드세요
① 박력분과 베이킹파우더는 체에 두 세 번 내린다.
② 김은 가위로 가늘게 자르고, 땅콩은 곱게 다진다.
③ 버터를 녹여 설탕과 잘 섞은 후 달걀을 넣고 거품기로 충분히 젓는다.
④ 버터, 달걀, 설탕이 섞인 반죽에 ①의 가루를 넣어 가볍게 섞은 후 땅콩과 김을 넣는다.
⑤ 오븐팬에 기름종이를 깔고 쿠키 반죽을 한 수저씩 떠서 180℃로 예열된 오븐에 넣어 15분 정도 굽는다.

다시마튀각

김너트쿠키

밥 잘 안 먹는 아이,
식사 대용 간식

한창 살이 찌고 키가 커야 할 시기에 식욕이 없고 입이 짧아 밥을 잘 먹지 않는 아이들이 있다. 특히 여름이면 평소에 잘 먹던 아이도 입맛을 잃고 식사를 거부하는 경우가 있는데, 이럴 때 엄마들의 속은 새까맣게 탄다. 이런 아이들에게는 억지로 밥을 먹이려 하기보다는 식사 대용이 되는 간식을 만들어 아이의 부족한 영양을 보충해주도록 한다.

일단 식사 대용이 될 만한 칼로리와 영양이 있는 식품을 골라 재료와 조리 방법에 변화를 주면서 매일 다른 간식거리를 만들어보자. 일단 입맛을 찾게 되면 하루 세 끼 식사도 자연스럽게 찾게 될 것이다.

재료 선택 시에는 제철 식품을 이용하는 것이 좋다. 제철 식품은 신선함은 물론 맛도 영양도 최고이므로 이런 식품들을 놓치지 말자. 오늘 오후, 아이의 입에 군침이 돌게 하는 간식으로 아이의 입맛을 유혹해 보자.

새우마요네즈튀김

●● **재료**
칵테일 새우 12마리, 녹말 1컵, 물 2컵, 달걀 흰자 1개, 청주 1작은술, 흰후춧가루 조금, 완두콩 100g, 파인애플통조림1쪽, 체리 7개, 소스(마요네즈 1컵, 우유 1/2컵, 설탕 2큰술, 식초 1작은술, 소금 조금)

●● **이렇게 만드세요**
① 전분에 물을 부어 앙금을 가라앉힌다.
② 새우는 청주, 흰후춧가루로 밑간한다.
③ 완두콩은 물기를 빼고 파인애플은 작게 썬다. 체리는 반으로 갈라놓는다.
④ ①의 앙금과 흰자를 섞어 새우에 튀김옷을 입힌 후 180℃에서 튀겨낸다.
⑤ 분량의 재료를 넣어 소스를 만든다
⑥ 소스에 ④를 섞은 뒤 새우를 한 번 더 튀겨 같이 버무려 준다.

●● **재료**
알감자 150g, 소금 조금, 마요네즈 2큰술, 생크림 1큰술, 파슬리 가루 조금, 아몬드나 땅콩 10알, 야채 조금

●● **이렇게 만드세요**
① 물을 담은 냄비에 손질한 알감자와 소금을 조금 넣어 삶은 다음 체에 밭쳐 물기를 뺀다.
② 마요네즈에 생크림과 파슬리 가루를 넣어 고루 섞는다.
③ 아몬드나 땅콩은 껍질을 벗겨 칼끝으로 잘게 다지고 야채는 씻어 물기를 거둔다.
④ 삶은 감자에 ②를 넣어 고루 버무린 후 야채를 깐 접시에 담고 잘게 다진 아몬드나 땅콩가루를 얹어 고소한 맛을 더한다.

알감자샐러드

시판 이유식과 엄마표 이유식

엄마가 직장에 다니거나 직접 아기를 돌볼 수 없을 때는 시판되는 아기 음식들을 구입해 사용한다. 이들 이유식도 이유기의 여러 단계에 있는 아기들에게 균형 잡힌 영양소를 제공할 수 있도록 만들어져 있다.

하지만 엄마가 직접 만들어주는 이유식과는 비교할 수가 없으므로 아무리 바쁘더라도 일주일에 3~4번 정도는 직접 만들어주도록 하자. 인스턴트 이유식에 맛을 들이면 미각의 발달이 더딜 수 있고, 편식 습관도 생길 수 있다.

오렌지치킨스테이크

●●재료
닭가슴살 200g, 오렌지 1개, 오렌지주스 1/4컵, 밥 2공기, 머스터드 1큰술, 꿀 1작은술, 소금 · 후춧가루 조금씩, 버터 1큰술

●●이렇게 만드세요
① 닭가슴살은 깨끗이 씻어 칼집을 넣는다.
② 오렌지는 2등분하여 0.5cm 두께로 슬라이스한다.
③ 팬에 버터를 두르고 밥을 볶은 후 소금으로 간한다.
④ 오렌지주스에 머스터드와 꿀을 넣고 섞은 뒤 ①의 닭가슴살을 담가 재운다.
⑤ 팬에 재워 둔 닭가슴살을 앞뒤로 노릇하게 굽는다.
⑥ 접시에 볶은 밥을 담고 둘레에 오렌지 썬 것을 담은 뒤 닭가슴살을 올린다.

과일크림치즈 샌드위치

●●재료
핫도그빵 4개, 사과 1개, 키위 2개, 오렌지 1개, 바나나 1개, 양상추 2잎, 딸기크림치즈 적당량

●●이렇게 만드세요
① 핫도그빵은 끝을 남기고 길게 반으로 갈라 크림치즈를 밑면에 고루 발라준다.
② 껍질을 벗긴 사과, 키위, 바나나는 3mm 정도 두께로 썰어놓고, 오렌지는 과육을 잘라 준비한다.
③ 양상추는 씻은 후 물기를 제거하고 빵의 크기에 맞게 손으로 뜯어 준비한다.
④ 핫도그빵을 벌려 양상추를 깔고 바나나를 얹고 사과, 키위, 오렌지를 얹어 빵의 윗부분을 덮어 완성한다.

●●재료
옥수수통조림 1캔, 달걀 1개, 우유 2컵, 소금 · 후춧가루 조금씩, 녹말가루 또는 찹쌀가루 1큰술, 물 1컵

●●이렇게 만드세요
① 옥수수는 캔으로 준비하여 믹서에 갈아둔다.
② 녹말은 물 1큰술에 잘 풀어둔다.
③ 냄비에 갈아둔 옥수수와 물을 부어 끓이다가 우유와 달걀노른자를 넣고 잘 섞어 부드럽게 끓으면 물녹말을 풀고 걸쭉하게 되면 소금 · 후춧가루로 간한다.
④ 내열용기에 준비한 ③을 붓고 달걀 흰자를 거품 내어 수저로 떠서 올린 후 230℃로 예열된 오븐에서 5분 정도 굽는다.

에그콘수프

●●재료
연두부 1모, 명란 80g, 실파 송송 썬것 2큰술, 다진마늘 1작은술, 표고버섯 2장, **양념장**(간장 1큰술, 고춧가루 1작은술, 맛술 1큰술, 청주 1/2작은술, 참기름 · 후춧가루 · 통깨 조금씩)

●●이렇게 만드세요
① 연두부는 한 수저씩 떠서 그릇에 담는다.
② 명란은 속을 터뜨려 ①에 넣어준다.
③ ②에 실파와 마늘, 표고버섯 채썬 것을 넣고 버무린다.
④ 양념장을 만들어 ③에 넣고 버무린다.
⑤ 자그마한 찜기에 연두부와 명란을 담고 김이 오른 찜통에 약 10분 정도 찐다.
⑥ 찜이 완성되면 통깨를 얹는다.

연두부명란찜

편식하는 아이,
깜짝변신 간식

버섯, 시금치, 콩, 당근, 호박, 파 등의 건강야채는 몸에 좋은 식품들로 아이들의 성장을 도와주는 필수 영양분이다. 하지만 아이들은 대개 이런 식품들을 싫어한다. 아이들이 싫어한다고 해서 안 먹일 수는 없는 일. 그렇다고 억지로 먹이면 오히려 역효과를 낼 수 있다.

어떻게 하면 아이에게 건강 야채를 먹일 수 있을까? 대개 아이들은 싫어하는 식품이라도 그것을 잘게 썰거나, 무르게 삶아서 으깬 다음 좋아하는 식품에 섞어 먹이면 잘 모르고 맛있게 먹게 된다. 물론 예민한 아이는 입 속에서 그 식품만 골라내거나 그 맛이 느껴지면 토해버리는 경우도 있지만 엄마의 요리 솜씨에 따라 얼마든지 변화시킬수 있다.

아이들이 즐겨 먹는 돈까스나, 카레라이스, 미트볼 등에 싫어하는 식품을 잘게 다져 넣어 맛있는 간식을 만들어 보자.

유아비만은 성인비만으로 이어지기 쉽다

아이의 뒤를 따라다니면서 밥을 먹이는 엄마들은 대개 '우리 아이는 너무 안 먹어서 영양이 부족할 거야'라고 생각하지만 사실 아이의 하루 필요 열량은 그리 많지 않다. 오히려 어렸을 때 많이 먹으면 비만이 되기 쉽고, 성인이 됐을 때 비만이 될 가능성이 커진다. 지방세포 수는 일단 한번 늘어나면 줄어들지 않기 때문이다. 사람의 지방세포 수가 결정되는 시기는 아주 어릴 때이므로 어려서부터 지나치게 많이 먹는 것은 좋지 않다. 어렸을 때 많이 먹어 지방세포 수를 늘려 놓은 사람은 성인이 되어 다이어트를 하더라도 지방세포 수는 그대로 있고 지방세포의 크기만 작아지기 때문에 다시 비만이 될 확률이 크다.

감자양송이크림수프

●●●**재료**
감자 1개, 양송이 3개, 브로콜리 50g, 굵은소금 조금, **크림수프**(버터 1큰술, 밀가루 1작은술, 우유 2컵, 생크림 1/2컵, 파슬리가루 2작은술, 소금·후춧가루 조금씩)

●●●**이렇게 만드세요**
① 감자는 사방 2cm 크기로 썰어 소금을 조금 넣어 살캉거릴 정도로 삶고, 양송이는 4~6등분으로 가른다. 브로콜리는 송이로 떼어 데친다.
② 달구어진 냄비에 버터를 녹인 후 밀가루를 넣어 노르스름하게 볶아지면 우유를 넣어 걸쭉해질 때까지 젓다가 불을 낮춘 후 생크림을 넣는다.
③ ②에 삶은 감자와 양송이 버섯을 넣어 저어가면서 약한 불에서 끓이다가 파슬리 가루와 소금, 후춧가루를 뿌린 후 브로콜리를 얹어 낸다.

●●●**재료**
애호박 80g, 바지락살 50g, 불린쌀 1컵, 참기름 1큰술, 물 7컵, 소금 조금

●●●**이렇게 만드세요**
① 애호박은 잘게 다지고, 바지락살은 소금에 문질러 씻은 다음 물기를 빼고 잘게 다진다.
③ 쌀은 1시간 전에 미리 씻어서 체에 담아 물기를 빼둔다.
④ 냄비에 참기름을 두르고 불린 쌀과 바지락살을 넣고서 중불에서 은근히 볶는다.
⑤ 어느 정도 볶아지면 물을 넣고 잘 섞어준 다음 애호박을 넣어 중불에서 은근히 끓인다.
⑥ 쌀이 퍼지고 애호박과 바지락살이 잘 어우러지면 소금으로 간을 한다.

애호박조갯살죽

흰살생선야채탕수

●●재료

흰살생선 300g, 소금 · 후춧가루 · 생강즙 1작은 술씩, 달걀 1개, 녹말가루 1/2컵, 튀김기름 적당량, 각종 야채 조금씩, 불린 목이버섯 20g, 들깨가루 조금

●●이렇게 만드세요

① 생선살에 소금, 후춧가루, 생강즙으로 밑간한 다음 달걀흰자, 녹말가루를 넣고 버무려 두 번 튀겨낸다.
② 준비한 야채와 목이버섯은 식용유로 볶아 소금, 후춧가루를 조금씩 뿌려준다.
③ 분량의 재료를 섞어 탕수소스를 만든다.
④ ③익 탕수소스에 들깨가루를 뿌려 버무린다.
★ 탕수소스 : 물 1컵, 간장 1큰술, 설탕 4큰술, 식초 2큰술, 녹말물 조금

감자모듬야채튀김

●●재료

감자 1개, 당근 1/2개, 파프리카 1/3개, 팽이버섯 1/2봉지, 아스파라거스 2줄기, 소금 조금, 밀가루 1컵, 달걀 1개, 물 적당량, 식물성 기름 2컵

●●이렇게 만드세요

① 준비한 야채는 모두 굵직하게 채썰어 두고 팽이버섯은 밑동을 자르고 씻어둔다.
② 손질한 야채를 그릇에 담고 소금을 넣어 고루 뒤섞은 다음 밀가루를 조금 넣어 애벌로 가루 옷을 입힌다. 남은 밀가루를 그릇에 담고 물을 조금씩 넣어 걸쭉하게 반죽한 다음 가루 옷을 입힌 야채를 넣어 고루 섞는다.
③ ②의 야채를 튀긴 후 건져 기름기를 뺀다.
④ 바구니나 오목한 그릇에 종이 냅킨을 깔고 튀긴 야채를 담는다. 식초를 넣은 간장을 곁들이면 더욱 맛있다.

●●재료

당면 150g, 청피망 1개, 홍피망 1/2개, 양파 1/4개, 쪽파 3대, 표고버섯 3장, 당근 1/4개, 쇠고기(등심) 100g, 다진마늘 · 청주 · 깨소금 1작은술씩, 설탕 조금

●●이렇게 만드세요

① 당면은 끓는 물에 삶아서 식힌다.
② 청 · 홍피망, 당근, 양파, 표고버섯은 곱게 채썰고 쇠고기는 5cm, 쪽파는 3cm 길이로 채썬다.
③ 재료를 양파, 당근, 피망, 쪽파 순으로 넣어 볶는다.
④ ③에 쇠고기와 표고버섯을 넣고 볶다가 청 · 홍피망을 넣고 볶는다.
⑤ 마지막으로 당면 삶은 것을 넣고 간장, 설탕, 청주, 참기름, 깨소금, 후춧가루를 넣고 버무린다.

●●재료

두부 1모, 표고버섯 4장, 다진 쇠고기 100g, 양파 1/2개, 당근 1/3개, 달걀 1개, 다진 마늘 · 잣 · 참기름 · 깨소금 1큰술씩, 소금 · 후춧가루 조금씩, 고기양념장(간장 1/2작은술, 참기름 조금씩)

●●이렇게 만드세요

① 쇠고기 다진 것은 양념장에 재우고 나머지 재료는 손질하여 곱게 다진다.
② 다진 재료를 모두 섞어 달걀을 넣고 마늘, 참기름, 깨소금, 소금, 후춧가루로 간하여 지름이 4cm 정도 되게끔 둥글게 빚어서 기름 두른 팬에서 노릇하게 지진다.
③ 분량의 재료를 섞어 양념장을 만들어 잠시 끓인후 ②의 완자를 넣고 찐다.
★ 두부양념장 : 국간장 1작은술, 설탕 1큰술, 녹말가루 1작은술, 다시마 우린 물 1/2컵

영양잡채

두부선

우리 아이 튼튼하게,
영양 듬뿍 보양식

겨울 내내 감기를 달고 사는 아이, 잔병치레 많은 아이, 환절기 때면 유행하는 전염병에 쉽게 노출되는 아이, 유난히 마른 아이를 위해 보양 간식을 만들어보자. 아이의 기운을 쑥쑥 돋워주는 엄마표 영양 간식은 아이에게 큰 힘이 되어줄 것이다.

만 3세까지 충분한 영양을 공급받은 아이는 이후에도 건강을 유지할 수 있지만 이 시기에 제대로 영양 섭취를 하지 못한 아이는 항상 골골하는 허약 체질이 되기 쉽다. 또한 유치원에 다니기 시작할 무렵이면 아이의 체력이 많이 떨어져 건강하던 아이도 병치레를 하기 쉬운데 아이의 체력을 보강해주기 위해서라도 보양 간식은 필요하다.

만 3세 무렵이나 유치원 입학 무렵, 그리고 초등학교에 입학하기 전에 아이에게 보약을 지어 먹이는 엄마들이 많은 것도 이 때문이다. 물론 보약도 좋지만 엄마 정성이 담긴 음식으로 아이의 건강과 입맛을 되찾아 주자.

성장을 저해하는 음식을 피한다

● 패스트푸드 & 인스턴트 식품 패스트푸드는 열량에 비해 영양은 대단히 부족하다. 포화지방산과 소금, 인공감미료의 함량은 높지만 비타민과 무기질은 거의 들어 있지 않다.

● 콜라 등 탄산음료 탄산음료의 톡 쏘는 맛인 인산은 뼈의 성분이 되는 칼슘을 녹여 소변으로 배출시키므로 성장을 방해한다.

● 자극적인 음식 짜고 매운 음식은 성인병의 원인이다.

● 급하게 먹는 음식 음식을 꼭꼭 씹어먹으면 소화효소와 함께 파로틴이라는 성장 호르몬도 함께 나오게 되므로 음식을 천천히 꼭꼭 씹어서 먹도록 가르쳐야 한다.

잣크림수프

●● 재료
잣 1컵, 버터 2큰술, 밀가루 2큰술, 육수 1컵, 고형수프 1개, 우유 1컵, 소금 조금

●● 이렇게 만드세요
① 잣은 고깔을 떼고 접시에 담아 랩을 덮지 않은 상태에서 전자레인지에 1분 정도 가열한다.
② 냄비에 버터를 두르고 밀가루를 넣어 노릇하게 볶는다.
③ ②에 육수를 붓고 푼 다음 고형수프를 넣어 끓인다.
④ ③에 손질한 잣을 넣고 중불에서 함께 끓인다.
⑤ ④는 한김 식힌 다음 블렌더로 곱게 갈아준다.
⑥ 냄비에 ⑤를 담고 우유를 넣어 농도를 맞추고 소금으로 간한다.

●● 재료
깐 밤 300g, 고구마 300g, 녹말가루 · 튀김 기름 · 통깨 조금씩, 맛탕시럽(설탕 1/2컵, 물엿 1/2컵, 물 1/2컵, 소금 조금)

●● 이렇게 만드세요
① 밤은 소금을 넣은 끓는 물에 가볍게 익혀 건진 후 녹말가루를 묻힌다.
② 고구마는 밤알 굵기로 썰어 밤과 함께 160℃의 기름에 튀겨낸다.
③ 분량의 재료를 넣고 조려 시럽을 완성한다.
④ 맛탕시럽에 튀긴 고구마와 밤을 넣고 골고루 버무려 담고 통깨를 뿌린다.
⑤ 맛탕을 들러붙지 않게 놓아 식힌 후 접시에 담는다.

밤탕

장어마찜

● ● 재료
장어 3마리, 마 100g, 통마늘 5쪽, 깻잎 15장, 양파 1/2개, 풋고추 2개, 쪽파 2뿌리, 양념(진간장 5큰술, 참지엑스긴징·청주 1큰술씩, 생강즙 1/2큰술, 설탕 2작은술, 소금·후춧가루 조금씩)

● ● 이렇게 만드세요
① 손질한 장어는 2~3cm 폭으로 썰어 한김 오른 찜통에 넣어 살짝 찐다.
② 통마늘은 저며 썰고 깻잎은 채썬다. 양파는 네모지게 자르고 풋고추, 쪽파는 송송 썬다.
③ 팬에 분량외 양념장을 넣어 끓이다가 ①의 장어를 넣어 조린다.
④ 마를 강판에 갈아 ③에 듬뿍 얹은 후 김 오른 찜통에 넣어 살짝 찐 후 송송 썬 실파를 얹는다.

양송이장조림

● ● 재료
양송이 20개, 다진 쇠고기 100g, 꽈리고추 10개, 쇠고기 밑간(다진 마늘 1/2작은술, 깨소금·후춧가루 조금씩), 조림장(간상 1/2컵, 물 2컵, 마늘 5쪽, 대파 1대, 맛술 3큰술, 설탕 3큰술)

● ● 이렇게 만드세요
① 양송이는 큰 것은 반으로 가르고 작은 것은 그대로 쓴다.
② 쇠고기는 밑간을 해서 치댄 다음 1.5cm 크기로 완자를 빚어 팬에 굴리면서 익힌다.
③ 분량의 재료를 끓여 조림장을 만든 후 ①과 ②를 넣어 약불에서 조린다.
④ 국물이 반으로 좀아들면 꽈리고추를 넣고 윤기나게 조린다.

● ● 재료
닭가슴살 100g, 불린 쌀 1컵 반, 물 3컵, 대파잎 1대, 청주 1큰술

● ● 이렇게 만드세요
① 닭가슴살은 대파와 청주를 넣고 물을 넣어 푹 익혀 닭살은 건지고 육수는 망에 걸러 맑은 물만 받는다.
② 믹서기에 물 1컵을 붓고 불린 쌀을 곱게 갈아준다.
③ 냄비에 갈아놓은 쌀을 담고 약한 불에서 서서히 끓인다.
④ 익힌 닭살은 잘게 찢어둔다.
⑤ 죽이 끓으면 닭살, 육수를 붓고 처음 3분 정도는 중불에서, 그 다음엔 약한 불에서 저어가면서 죽을 끓인다.
⑥ 죽이 푹 퍼지면 그릇에 죽과 닭살을 함께 남는다.

● ● 재료
오징어(몸통) 1마리, 홍합 5개, 칵테일 새우 6마리, 양파 1/4개, 피망 1/2개, 밥 3공기, 굴소스·간장 1큰술씩 소금·설탕 1작은술씩, 다진마늘·1큰술씩, 청주 1작은술, 후춧가루·참기름·톤깨 조금씩

● ● 이렇게 만드세요
① 오징어는 칼집을 넣어 사방 3cm 크기로 자른다.
② 칵테일 새우와 홍합은 옅은 소금물에 씻어서 물기를 빼고, 양파와 피망은 사방 1cm 크기로 썬다.
③ 우묵한 팬에 양파를 볶다가 해물을 넣고 볶은 뒤 마늘, 파, 청주, 후춧가루, 간장을 넣고 익힌 다음 밥과 피망을 넣고 볶는다.
④ 마지막으로 굴소스와 설탕, 참기름, 통깨를 넣고 볶아 그릇에 담아 낸다.

닭죽

해물굴소스볶음밥

키가 쑥쑥 자라는, 올리브 영양식

대개 키가 작은 아이는 컴플렉스를 갖고 매사에 자신 없어 하기 쉽다. 그 때문에 엄마들은 성장 호르몬 주사를 맞히기도 하고, 뼈를 잡아당기는 수술을 받게 하기도 하며, 성장발육을 돕는 영양제를 정기적으로 먹이는 등 그야말로 할 수 있는 방법은 최대한 동원해서 아이의 키를 키우기 위해 노력한다.

놀랍게도 식품에는 아이들의 키를 키우는 것이 있는가 하면 성장을 방해하는 것들도 있다. 이것을 잘 가려서 어릴 때부터 키가 크는 식품으로 유아식이나 간식을 만들어 먹인다면 아이의 키를 키우는 것은 시간 문제일 것이다.

요즘엔 선천적인 이유로 키가 작은 아이들도 여러 가지 방법을 통해 키를 키울 수 있는 길이 많으므로 정상적인 아이들의 경우 키를 키우는 것은 훨씬 쉽다고 할 것이다.

영양가 높은 영양 완제품 우유와 성장촉진 비타민이라 불리는 비타민B, 여러 가지 채소와 과일, 등푸른 생선 등을 다양하게 활용한 영양식으로 우리 아이의 키를 쑥 키워보자.

콩샐러드

●● 재료
단호박 200g, 강낭콩 1/3컵, 완두콩 1/3컵, 검은콩1/3컵, 소금 조금, 드레싱 (플레인 요구르트 3큰술, 식초 2큰술, 레몬즙·설탕 1큰술씩, 다진양파 1/2큰술, 다진파슬리 1/2작은술, 소금 조금)

●● 이렇게 만드세요
① 껍질과 씨를 없앤 단호박을 쪄낸 다음 으깬다.
② 각종 콩은 각각 소금을 조금씩 넣어 물러지도록 푹 삶아 굵직하게 다져 놓는다.
③ 그릇에 플레인 요구르트를 담고 분량의 재료를 섞어 드레싱을 만든다.
④ 으깬 단호박에 다진 콩을 섞는다. 그릇에 보기 좋게 담고 드레싱을 곁들인다.

●● 재료
미니귤 20개, 물 2컵, 설탕 1컵, 계피 30g, 생강 20g, 와인 1/2컵

●● 이렇게 만드세요
① 미니귤은 깨끗이 씻은 다음 표면에 칼집을 많이 넣어 둔다.
② 냄비에 물, 계피, 생강을 넣고 끓인다.
③ ②의 국물이 반으로 졸아들면 칼집 넣어 둔 미니귤과 분량의 설탕, 와인을 넣고 5분 정도 더 끓인다.

미니귤찜

키를 크게 하는 스트레칭 체조

뼈의 양끝에는 성장선이 있는데 운동을 통해 이곳을 적당히 자극하면 뼈의 성장이 촉진된다.

● 몸 펴기 누워서 숨을 내쉬면서 다리는 아래쪽으로 뻗고 손은 위로 쭉 편다. 잠자기 전과 일어나자마자 다섯 번씩 반복한다.

● 누워서 자전거 페달 밟기 숨을 내쉬면서 발을 쭉 뻗고 오른쪽, 왼쪽을 번갈아 가며 발끝을 당겨준다. 발을 펼 때는 세게, 오므릴 때는 부드럽게 하고 발가락은 반드시 가지런히 모은다.

● 의자에 앉아 다리 들기 의자에 바르게 앉아 다리를 들어올린 다음 자전거 페달을 밟는 동작을 하면 다리 성장에 도움이 된다.

● 점프하기 발가락을 가지런히 모은 후 몸을 움츠리고 앉았다가 숨을 내쉬면서 팔을 뻗고 위로 도약하듯이 일어난다.

시금치당근달걀지짐

●●재료
시금치 150g, 데친 당근 20g, 식물성 기름 적당량, 통깨 1큰술, 반죽(달걀 2개, 다시마물 1/2컵, 박력분 1/2컵, 소금 1/3작은술, 후춧가루 조금), 초간장(간장 2큰술, 다시마물 1큰술, 식초 1작은술)

●●이렇게 만드세요
① 분량대로 반죽을 만들어 둔다.
② 시금치는 다듬어 씻어 3cm 길이로 자른다. 데친 당근은 얇게 채썬다.
③ 팬에 식물성 기름을 두르고 지짐반죽을 1/2국자 정도 얇게 붓는다.
④ ③의 지짐반죽 위에 시금치와 당근채를 약간 도톰하게 뿌려 펴준다.
⑤ 시금치 위에 지짐반죽을 부어 뒤집어가면서 노릇하게 지진다. 초간장을 곁들여 낸다.

소간딸기으깸

●●재료
쇠간 100g, 딸기 5개, 소금 조금

●●이렇게 만드세요
① 쇠간은 신선한 것으로 준비해 막을 벗기고 저며 썰어 체에 담는다. 소금을 뿌리고 흔들어 씻어 건진다. 혹은 우유에 담가두면 간 특유의 냄새를 없앨 수 있다.
② 끓는 물에 손질한 간을 넣고 완전히 삶는다.
③ 딸기는 깨끗이 씻어 고운 체에 걸러둔다.
④ 쇠간을 곱게 으깬 다음 으깨 둔 딸기와 섞는다.

●●재료
돼지고기 안심 300g, 양파 1/4개, 피망 1/2개, 대파 1대, 다진마늘 1작은술, 홍고추 다진것 1큰술, 튀김옷(밀가루 1/2컵, 녹말가루 1큰술, 달걀 1개, 물 1/4컵)

●●이렇게 만드세요
① 돼지고기는 소금, 후춧가루, 청주 1큰술로 밑간한다.
② 양파, 피망은 0.5cm로 썰고 대파는 송송 썬다.
③ ①을 튀김옷에 버무려 튀겨낸다.
④ 대파, 양파, 다진마늘, 홍고추를 넣고 볶다가 강정양념을 넣고 잠시 끓이다가 피망을 넣고 볶는다.
⑤ ④에 ③을 넣고 버무려 통깨를 뿌린다.
★ 간장양념 : 간장 1큰술, 고추장 1큰술, 설탕 1작은술, 물엿 1작은술, 맛술 1작은술, 참기름 1큰술, 소금 · 후춧가루 · 통깨 조금씩, 물 2큰술

●●재료
고등어 1마리, 생강즙 · 청주 1큰술씩, 후춧가루 조금, 오이 피클 2개, 밀가루 1/2컵, 달걀 1개, 튀김기름 적당량, 튀김옷(부순 크래커 1봉, 참깨 2큰술, 검은깨 1큰술)

●●이렇게 만드세요
① 고등어는 살만 2장 포를 떠서 생강즙과 청주, 후춧가루로 밑간을 한다. 오이피클은 길이로 얇게 썰어 놓고, 분량의 재료로 튀김옷을 만든다.
② 밑간한 고등어 사이에 밀가루를 바르고 오이 피클을 넣고 샌드한 후 밀가루와 달걀물, 튀김옷을 입힌다.
③ 170℃의 튀김기름에 고등어를 튀긴 후 분량의 머스터드 소스를 끼얹는다.
★ 머스터드 소스 : 머스터드 3큰술, 마요네즈 · 레먼즙 · 물 2큰술씩, 설탕 1큰술, 소금 · 흰후춧가루 소금씩

돼지고기강정

피클샌드커틀릿

159

뼈가 튼튼해 지는,
뽀빠이 유아식

요즘 아이들은 걸핏하면 골절을 당해 부모들을 당황하게 한다. 이것은 칼슘 부족과 당질이 많은 간식을 너무 많이 먹기 때문에 나타나는 현상이다.

뼈를 강하게 하고 정상적인 발육을 위해서는 무엇보다 칼슘을 적극적으로 섭취해야 한다.

칼슘이 부족하면 성장발육이 더딘 것은 물론 신경 안정에도 영향을 주어 성격적으로 안절부절못하고 신경안정이 되지 않아 화를 잘 내게 된다.

또한 때로 잇몸에서 피가 나기도 하고 머리카락이나 피부가 탄력을 잃어 건강한 아이로 성장하기가 어렵다. 칼슘은 식품을 통해 섭취하는 것이 가장 이상적이다.

자라나는 아이들에게는 매일 2컵의 우유를 마시게 하고 요구르트, 치즈 같은 유제품도 간식으로 충분히 먹이도록 하자.

칼슘의 보급원으로 멸치나 말린 새우 등의 뼈째먹는 생선이나 달걀, 콩, 두부·순두부 등의 콩가공품, 해조류나 채소도 권할 만하다. 단, 칼슘은 흡수가 그다지 잘 되지 않는 결점을 갖고 있으므로 칼슘의 흡수율을 높여주는 양질의 단백질이나 비타민 C·D를 풍부하게 함유하고 있는 식품과 같이 먹을 필요가 있다. 양질의 단백질은 칼슘의 흡수율을 높여줄 뿐만 아니라 일단 흡수된 칼슘과 결합해서 한층 영양가를 높여준다. 비타민 C, D도 칼슘의 흡수를 촉진시켜 주는데 특히 비타민 C는 칼슘을 뼈에 정착시키는 작용을 한다.

칼슘이 풍부한 음식으로는 말린 새우, 멸치, 김, 미역 등이 있다. 이유식 전의 아기일 경우에는 탈지분유, 흑설탕 같은 것들이 도움이 된다. 흰설탕을 사용한 과자 종류는 칼슘의 침착을 방해하고 뼈를 약하게 만들므로 평소에 되도록 먹지 않도록 하는 것이 좋다.

포도셰이크

● ● **재료**
머루포도 200g, 플레인 요구르트 100cc, 야콘 100g, 얼음 100g, 설탕 1큰술

● ● **이렇게 만드세요**
① 포도는 흐르는 물에 씻어 건져둔다.
② 야콘도 씻어 껍질을 벗긴다.
③ 믹서에 준비한 얼음과 과일, 야콘, 플레인 요구르트를 넣고 잘 갈아 차가운 컵에 담아 낸다.

● ● **재료**
불린 미역 100g, 오이 2개, 홍고추 1개, 마른고추 2개, 생강 1톨, 마늘 5개, **냉국물**(국간장 1큰술, 설탕 1/2작은술, 식초 2큰술, 마늘즙 1/2작은술, 통깨 1/2작은술)

● ● **이렇게 만드세요**
① 마른 미역은 끓는 물에 살짝 데친 다음 찬물에 씻어 잘게 썰어 놓는다.
② 오이는 싱싱한 것으로 골라 채썬다.
③ 냉국물은 물에 마른 고추, 생강, 마늘을 넣고 끓여서 식힌 후 나머지 양념을 해서 아주 차게 준비한다.
④ 미역, 오이를 넣고 섞은 후 통깨와 홍고추를 썰어 올린다.

오이미역냉국

땅콩치즈빵

●● 재료
강력분 300g, 드라이이스트 1큰술, 설탕 1.5큰술, 소금 1작은술, 버터 20g, 우유·물·땅콩과 호두 1/2컵씩, 크림치즈 100g

●● 이렇게 만드세요
① 땅콩과 호두는 부수고, 크림치즈는 5cm로 썬다.
② 그릇에 강력분, 드라이이스트, 설탕, 소금을 넣고 버터를 으깨면서 섞는다.
③ ②에 우유와 물을 섞어가며 손으로 치댄 다음 랩을 씌워 따뜻한 곳에서 2배 정도 부풀 때까지 발효시킨다.
④ ③에 땅콩과 호두를 넣은 후 18×30cm 크기로 빈나.
⑤ ④에 크림치즈를 넣고 돌돌 만 후 180℃로 예열된 오븐에 넣고 20분간 구워낸다.

연두부버섯볶음

●● 재료
연두부 1모, 양파 1/3개, 새우 5마리, 만가닥버섯 1팩, 실파 30g, 홍고추 1개, 두반장 1큰술, 간장 1작은술, 참기름 조금

●● 이렇게 만드세요
① 연두부는 적당한 크기로 썬다. 양파는 채썰고 새우는 씻어 그대로 또는 껍질을 벗긴다.
② 만가닥버섯은 씻어두고 고추와 실파는 3cm 길이 또는 잘게 썬다.
③ 달궈진 팬에 기름을 두르고 다진마늘을 볶다가 양파와 새우, 버섯을 넣고 두반장을 넣어 볶는다.
④ 참기름과 간장 등으로 부족한 간을 한다.

●● 재료
두부 1모, 잔멸치 50g, 소금 조금, **조림장** (간장 2큰술, 다진 홍고추 2큰술, 고춧가루·청주·설탕·참기름 1작은술씩, 다진마늘·다진파·다진양파 1큰술씩, 소금·후춧가루·통깨 조금씩)

●● 이렇게 만드세요
① 두부는 사방 4cm, 두께 0.8cm 크기로 썰어 채반에 펼쳐 담아 소금을 솔솔 뿌려 물기를 빼준다.
② 잔멸치는 깨끗한 거즈로 닦아준다.
③ 조림장을 분량대로 만든 뒤 ②의 잔멸치를 넣어 섞어준다.
④ 냄비에 두부와 조림장을 켜켜로 담고 물 5큰술을 넣고 약불에서 서서히 조린다.
⑤ 국물을 끼얹어 가면서 두부를 조려서 접시에 담아 낸다.

●● 재료
달걀 4개, 튀김용 기름 적당량, 밀가루 1컵, 달걀 2개, 빵가루 1컵, 다진쇠고기 160g, 다진양파 1/4개분, 달걀물 1/2개분, 소금·후춧가루 조금씩, 다진마늘 1작은술

●● 이렇게 만드세요
① 달걀은 찬물에 넣어 국자로 저어가며 15분 정도 삶아 완숙해 껍질을 벗겨둔다.
② 그릇에 다진 쇠고기, 다진 양파, 달걀물, 다진 마늘을 넣고 손으로 잘 치대고 소금과 후춧가루로 간한다.
③ 달걀은 그릇에 잘 풀어둔다.
④ 삶아둔 달걀에 밀가루를 묻히고 ②의 반죽해 둔 고기로 싸서 동그랗게 빚는다.
⑤ 고기 옷 입힌 달걀을 다시 밀가루, 달걀물, 빵가루 순으로 옷을 입혀 180℃의 기름에서 튀겨낸다.

두부멸치조림

달걀크로켓

충치를 예방하는,
치아건강 유아식

젖니는 '어차피 빠질 이'로 생각하여 관리에 소홀하기 쉽다. 하지만 사실 건강한 영구치를 만들기 위해 젖니는 아주 중요한 단계가 된다. 우선 젖니는 영구치가 생길 장소를 확보하는 기초 자리가 되기 때문에 너무 빨리 빠질 경우 치열에 나쁜 영향을 주게 된다.

또 젖니가 충치가 되면 음식을 씹는 데에 문제가 생겨 딱딱한 것, 씹기 어려운 것을 싫어하게 되어 편식을 하거나 입맛이 없어진다. 따라서 영양 있는 식생활을 할 수 없게 되어 영구치도 결국 약해지고 만다. 젖니 시기에 음식을 잘 씹어야 턱의 근육이나 뼈를 튼튼히 할 수 있다는 점을 잊지 말자.

아이들에게는 앞으로 나게 될 영구치를 위해 필요한 영양소를 균형 있게 먹는 것이 중요하다. 비타민 A는 이의 에나멜질, 비타민 C는 상아질을 만든다. 비타민 C가 부족하면 잇몸이 약해져서 출혈이 되기 쉽다. 이의 석회질에는 비타민 D, 칼슘, 인이 필요하다. 아이 간식거리로 꼭 공급해 주어야 할 것은 칼슘, 단백질, 미네랄이 풍부한 식품인데, 우유와 달걀도 권할 만하다. 또 우유에 칼슘, 철, 인, 미네랄이 풍부한 셀러리를 곁들여 수프로 만들어 주어도 좋다.

충치 예방에 좋은 사과

사과는 충치 예방에 도움이 되는 건강 간식이다. 식물성 섬유인 펙틴이 많은 데다가 잘 씹지 않으면 삼키기 어렵기 때문에 자연히 이와 턱을 강하게 한다. 아울러 충치를 예방하려면 식물성 섬유가 풍부한 과일이나 채소류를 듬뿍 섭취하는 것이 좋다. 식물성 섬유는 침을 많이 나오게 하고 입이나 이에 붙어 있는 음식 찌꺼기를 청소해 주는 작용을 한다.

개과자

● ● 재료
무염버터 1큰술, 박력분 80g, 베이킹파우더 1/4 작은술, 물 2큰술, 검은깨 20g, 소금 조금

● ● 이렇게 만드세요
① 박력분과 베이킹파우더, 소금을 섞어 체에 내린 후 물을 붓고 나무주걱으로 섞는다.
② ①에 다진버터를 넣으며 나무주걱으로 섞는다.
③ ②에 검은깨를 넣고 손으로 치대어 반죽한다.
④ ③을 1.5mm 폭으로 얇게 민 후 꽃 모양 또는 동그란 모양의 틀로 찍어낸다.
⑤ 기름기 없이 달군 팬에 ④를 얹고 약한 불에서 앞뒤로 노릇하게 굽는다.

● ● 재료
밤 15알, 우유 2컵, 꿀 1큰술, 소금 조금

● ● 이렇게 만드세요
① 밤은 껍질째 씻어 푹 무르도록 삶아 속만 파서 냄비에 담는다. 밤 껍질을 먼저 벗긴 후 삶아서 사용해도 된다.
② 삶은 밤에 우유를 부어 약한 불에서 끓이다가 입자가 굵은 것은 체에 밭쳐 숟가락으로 꾹꾹 눌러가며 내려 곱게 만든다.
③ ②에 꿀과 소금을 넣어 맛을 더한다. 꿀 대신 설탕을 넣어도 된다. 소금을 넣으면 간이 배면서 자칫 우유와 밤에서 느낄 수 있는 비릿한 맛을 덜 수 있다.

밤우유탕

완두콩수프

재료
완 두 콩 300g, 양 파 60g, 대파 40g, 마늘 10g, 시금치 20g, 루 50g, 생크림 300ml, 치 킨스톡 700ml, 소금 · 후춧가루 조금씩, 베이컨 20g

이렇게 만드세요
① 팬에 버터를 두르고 베이컨을 넣고 볶다가 다진마늘, 채 썬 양파 · 파를 넣어 볶는다.
② ①에 완두콩을 넣고 볶다가 시금치와 루, 치킨스톡을 넣고 끓인다.
③ ②를 끓이면서 생크림을 넣어 간을 맞춘다. 약 25분 정도 지나면 믹서기로 갈아 고운 체에 걸러준다.
④ 팬에 다시 수프를 담고 끓이다가 소금, 후춧가루로 양 념한 뒤 그릇에 수프를 담아낸다.

셀러리토마토주스

재료
셀러리 4줄기, 토마토 2 개, 메이플 시럽이나 꿀 조금

이렇게 만드세요
① 셀러리는 흐르는 물에 씻어 적당한 크기로 썬다. 주서 기에 넣어 가는 것이므로 겉껍질을 벗기지않아도 된다.
② 토마토는 빨갛게 잘 익은 것으로 준비해 흐르는 물에 씻은 후 꼭지를 자르고 적당한 크기로 자른다.
③ 주서기에 셀러리와 토마토를 넣어 곱게 간다.
④ 주스를 컵에 따라 붓고 시럽을 약가 넣어 맛을 돋운다.

재료
새우살(중) 400g, 식용 유 적당량, 굵은파 흰 부 분 1대, 다진마늘 · 설 탕 · 두반장 1큰술씩, 다 진생강 1작은술, 토마토 케첩 3큰술, 육수 1/2컵, 참기름 · 물녹말 조금씩

이렇게 만드세요
① 새우는 새우양념을 한 뒤 튀김옷을 입혀 튀긴다.
② 팬에 식용유를 둘러 다진파 · 마늘 · 생강을 볶다가 매콤한 향이 우러나면 설탕, 두반장, 토마토케첩, 육 수를 넣어 소스를 만든다.
③ 소스가 끓으면 불을 줄이고 녹말물을 넣어 저어가며 걸쭉하게 농도를 맞춘 후 튀긴 새우를 넣어 버무린다.
★ 새우양념: 청주 1큰술, 생강즙 1작은술, 녹말가루 2큰술
★ 튀김옷: 달걀 1/2개, 불린녹말 150g, 녹말가루 4큰술

케첩새우

재료
두부 1/2모, 앤다이브(혹 은 양상추) 5잎, 토마토 1 개, 알팔파 · 무순 2큰술 씩, 드레싱 (간장소스 · 레 몬즙 · 식초 2큰술씩, 올 리브유 3큰술, 깨소금 · 설탕 1큰술씩)

이렇게 만드세요
① 두부는 부드러운 것으로 준비하여 1~2cm 크기로 네 모지게 썰어 끓는 물에 소금을 넣고 살짝 데친다.
② 양상추는 큼직하게 뜯어 찬물에 담가 싱싱하게 준비 하고, 알팔파와 무순은 찬물에 흔들어 씻는다. 토마토 는 꼭지를 떼고 8~10쪽으로 썬다.
③ 간장소스와 올리브유, 레몬즙, 식초, 깨소금, 설탕을 섞어 드레싱을 만든다.
④ 접시에 양상추와 토마토, 알팔파, 두부를 담고 드레싱 을 끼얹는다.

두부샐러드

part **7**

아토피 있는 아이 위한
오가닉 간식&음료

원인도 분명치 않고 특별한 완치법도 없는 아토피성피부염은 식품 알레르기와 밀접한 관계가 있는 것으로 밝혀져 이유식을 시작하는 엄마들을 불안하게 한다. 하지만 이유식을 시작하는 아기들에게 가장 중요한 것은 고른 영양을 섭취하는 것이다. 아기의 식품건강, 어떻게 지켜주어야 할 지 차근차근 살펴보자.

01 식품과 알레르기

알레르기는 식품과 연관성이 깊다

체내에 이물질(항원)이 들어왔을 때 몸은 이에 대항하여 인체를 보호하는 항체를 스스로 만들어낸다. 하지만 이물질에 대항하는 항체를 만들어 내지 못했을 때 몸에서는 다양한 형태로 거부반응을 나타내게 되는데 이런 반응을 '알레르기'라고 한다.

알레르기 증상은 매우 다양하다. 가려움증을 동반한 부어오름, 눈물이나 콧물, 코막힘, 재채기, 발진과 두드러기가 생기고 체한 것처럼 구토를 하거나 설사를 하기도 한다.

알레르기는 유전적인 원인도 있지만 대체로 식품과 연관성이 깊다. 아기에게 음식 알레르기가 많은 원인 중 하나는 아직 소화기의 작용이 원활하지 못하고 장이 미숙한 까닭에 분해가 덜 된 단백질이 그대로 흡수되어 알레르기 증상을 유발시키기 때문이다. 그러므로 알레르기 체질인 아기의 경우 식품에 좀 더 주의를 기울여야 하며 만 6개월 이전에는 이유식을 시작하지 않는 것이 좋다.

이유식을 일찍 시작하면 알레르기 반응이 더 많이 나타난다

소화기가 충분히 발달하지 못한 아기는 음식에 민감한 반응을 보이며 이 때문에 알레르기가 생기기 쉽다. 이런 이유로 일찍 이유식을 시작할수록 알레르기 반응이 더 많이 나타나며, 어린 아기들에게 너무 다양한 종류의 음식을 먹이다 보면 음식물에 대한 알레르기가 더 증가하게 된다. 때문에 어느 식품에 알레르기 반응을 보였다면 6개월 이후로 이유식 시작시기를 늦추는 것이 좋으며 알레르기를 잘 일으키는 식품은 돌이 지난 다음, 다른 아기들에 비해 늦게 시작한다는 생각으로 천천히 음식물에 적응시키는 것이 좋다.

성장하면서 알레르기 반응이 호전될 수 있다

한 가지 식품에 알레르기 반응을 보였다고 해서 그 음식을 무조건 제한하는 것은 위험한 생각이다. 돌이 지나고 시간이 흐름에 따라서 아기의 장은 튼튼해지기 때문에 이전에 문제가 있었던 음식이라 하더라도 별 문제 없이 받아들여질 수 있다. 예를 들어 우유 알레르기가 있었던 아이의 경우 3세까지는 95% 정도 호전된다. 하지만 땅콩이나 조개 종류의 알레르기가 있는 경우는 그 증상이 오래 지속될 수 있으므로 철저하게 차단시켜야 한다.

알레르기 증상에 대한 가족력이 있다면 조심한다

건강한 몸은 웬만한 외부 자극은 그냥 넘겨 버리거나 일시적으로 과민반응이 나타나더라도 그 물질을 쫓아내고 나면 다시 평소 상태로 돌아간다. 유해 물질이 우리 몸 안에 들어와도 몸이 이를 알아채고는 화학물질을 분해하여 몸 밖으로 배설해 버리는 일이 자연스럽게 이뤄지기 때문이다. 알레르기는 유전적으로 특정한 물질을 분해하지 못해서 여러 가지 거부 반응을 나타내는 증상이다. 때문에 알레르기 체질이 반드시 유전되는 것은 아니지만 부모에게 알레르기 반응이 있다면 아기도 그런 체질을 가지고 태어날 확률이 높다. 그러므로 알레르기 증상에 대한 가족력이 있다면 전문의와 상의한 뒤 이유식의 시기를 늦추고, 식품에 대한 아기의 반응을 주의 깊게 살피도록 한다.

알레르기를 일으키기 쉬운 식품이 있다

알레르기를 가장 많이 일으키는 음식으로 전문가들은 우유, 달걀, 콩을 꼽았다. 일단 알레르기를 일으키는 식품을 알게 되었다면 그 식품은 물론 그 가공품도 피하는 것이 좋다. 알레르기 유발 식품이나 그 가공품을 섭취하지 않았음에도 불구하고 알레르기 증상을 보인다면 그 원인을 다른 곳에서 찾아보도록 한다. 우유, 달걀, 콩류 그리고 그 가공품 외에 땅콩, 초콜릿, 치즈, 키위, 감귤류, 참치, 청어, 호두, 쇠고기, 닭고기, 새우, 게 등도 알레르기를 유발할 수 있는 가능성을 가진 식품들이다.

알레르기 줄이는 환경 만들기

1 모유를 먹인다
모유수유를 하고 있는 아기는 분유를 먹는 아기보다 알레르기 증세가 덜 나타난다. 모유 속에 들어 있는 면역 글로불린이라는 성분이 아기의 장에 막을 만들어 알레르기 유발 물질의 흡수를 막아주기 때문이다.

2 햇볕이 잘 드는 방이 좋다
햇볕이 들지 않고 통풍이 좋지 않은 방은 벌레가 번식하기 쉽다. 햇볕이 잘 드는 방을 아기방으로 정하고 되도록 목재나 천연 소재의 장판, 유해물질을 차단해 주는 벽지 등 친환경 소재로 꾸며준다.

3 아기 이불은 깨끗이 빨아 바짝 말린다
아직 걷지 못하는 아기의 경우 생활의 반 이상을 이불 위에서 보낸다. 이 시기는 땀을 많이 흘리고 대소변을 가리지 못하여 이불이 쉽게 더러워져 잡균이 번식하기 쉽다. 이는 곧 알레르기의 원인이 되므로 이불을 깨끗이 빨아 주는 것은 물론 햇볕이 좋은 날을 택하여 바짝 말리는 것도 잊지 말자.

4 아기 방은 구석구석 깨끗이 청소한다
아기는 아직 먼지와 벌레 잡균에 대한 저항력이 약해 알레르기를 일으키기 쉽다. 그러므로 아기 방은 특히 청결에 신경을 써야

한다. 보이지 않는 구석과 손이 닿지 않는 곳까지도 틈틈이 청소해 주어야 한다.

5 에어컨 필터는 깨끗이 씻어 사용한다
에어컨 필터에 생긴 곰팡이가 방 안에 흩어지면 알레르기의 원인이 된다. 에어컨을 사용하기 전에 필터를 씻거나 청소기로 빨아들여 곰팡이를 없애고 1시간 정도 창문을 열어둔 채 가동해서 오염된 공기를 밖으로 내보내도록 한다. 선풍기를 사용할 경우에도 마찬가지. 선풍기 사이사이에 낀 먼지와 날개를 세제를 푼 미지근한 물에 깨끗이 씻은 다음 말끔히 헹구어 사용한다.

02 알레르기 있는 아기 먹이기

만 6개월 이후부터 이유식을 시작한다

알레르기 반응은 너무 이르게 이유식을 시작한 아기에게서 쉽게 나타난다. 이는 아기가 그 음식을 받아들이는 항체 형성이 아직 완전하기 못하기 때문이다. 때문에 아토피성 피부염이나 알레르기가 있는 아기는 일반적으로 6개월 이후부터 이유식을 시작하는 것이 좋다. 하지만 늦게 시작한 만큼 이유식의 진도를 빨리 맞춰주도록 한다.

처음 미음으로 시작해서 밥 형태의 이유식을 주기까지 조리형태, 묽기, 횟수, 섭취해야 하는 식품의 단계가 있다. 6개월 이후부터 이유식을 시작할 경우에는 그 진행 간격을 짧게 두고 다른 아기들의 이유식 단계까지 따라 맞춰 가면 된다. 즉, 일반적으로 4개월에 미음형태의 이유식을 시작해 9개월에 된죽으로 조리된 이유식을 한다면, 알레르기가 있는 아기는 6개월에 미음형태의 이유식을 시작해 9개월에는 된죽 형태로 조리된 이유식으로 진행해 나가면 된다.

예민한 아기는 음식 냄새에도 반응한다

알레르기 반응이 아주 예민하게 나타나는 아기들은 알레르기 원인이 되는 음식물을 만지거나 냄새만 맡고도 반응이 나타나기도 한다. 음식물 알레르기 반응은 원인 물질에 노출된 후 보통 몇 시간 내에 나타난다. 아주 민감한 아기들은 아주 적은 양에도 피부에 발진이 돋거나 아토피성 피부염으로 나타날 수 있다. 수유기의 아기들은 모유나 분유 외에 다른 음식을 먹는 일이 별로 없지만 평소에 아기가 알레르기 반응을 보였던 음식물이 있다면 기억해 두었다가 피부에 스치거나 냄새에 많이 노출되지 않도록 조심한다.

사소한 증상에도 주의를 기울인다

알레르기의 대부분은 식품 때문에 일어나는 경우가 많다. 음식물에서 영양을 충분히 섭취해야 할 아기들이 식품의 제약을 받는다는 것만으로 엄마들은 불안할 수 있다. 하지만 가능한 음식을 조심하기만 하면 아기를 식품 알레르기로부터 지킬 수 있다.

음식물 알레르기는 먹은 뒤 짧은 시간 안에 증세가 나타나기보다 몇 시간에서 1~2일 이후에 나타나는 경우가 많다. 때문에 음식을 먹인 다음 며칠 아기의 상태를 잘 관찰하여 이상 유무를 확인해 보는 것이 좋다.

이유식 일지를 꼼꼼히 기록한다

이유식 일지는 알레르기가 있기 때문에 기록한다기보다는 아기의 영양 균형을 위해서 기록한다고 보는 것이 좋다. 특히 알레르기 증상을 보인다면 그 원인이 되는 음식을 먼저 찾아내는 것이 우선이기 때문에 일주일 분의 이유식 일지를 기록해서 그날 먹은 것을 매일 적어두는 것이 좋다. 요리에 쓰인 재료, 시간, 나타난 증세와 그 시간, 시간의 흐름에 따른 증세의 변화를 세세하게 기록해 둔다. 꾸준히 이유식 일지를 기록하다보면 식품 알레르기를 어느 정도 찾아낼 수 있으며 알레르기 식품을 찾아 낸 다음에는 원인 식품을 당분간 차단하고 조리한다. 또한 이런 기록을 담당 전문의에게 보이며 함께 상의해 보는 것이 좋다.

알레르기 항체가 만들어진 다음 재시도 한다

고기 등 동물성 단백질은 첫 돌이 지난 후 알레르기 억제 항체가 충분히 만들어진 다음부터 먹이는 것이 좋다. 앞서 설명했듯이 한 가지 식품에 알레르기 반응을 보였다고 해서 그 음식을 무조건 제한하는 것은 영양의 불균형을 초래하기 쉽다. 시간의 흐름에 따라서 아기의 장은 튼튼해지기 때문에 이전에 문제가 있었던 음식이라 하더라도 별 문제 없이 받아들여질 수 있다. 또한 사람의 몸에는 조금씩 먹는 동안에 그 성분에 익숙해지는 성질이 있나.

그러므로 돌이 지난 후 아기의 면역체계가 건강하게 형성이 되면 젓가락 끝에 조금 잡힐 정도의 분량을 3일 정도 주어본다. 이 때 반응이 나타나면 중지, 괜찮으면 2배 분량으로 늘려 다시 주어 본다. 이처럼 끈기 있게 길들여 가면 차차 보통 식품과 같이 먹일 수 있다.

이유식은 엄마가 직접 만들어 주는 것이 안전하다

단백질은 날 것일 때와 익혔을 때 알레르기가 나타나는 정도가 다르다. 그러므로 식품은 어떤 것이라도 한 번 불에 익혀서 주는 편이 알레르기 예방에 안전하다. 또한 알레르기가 있는 아기들에게는 시판 이유식보다는 만들어 먹이는 것이 좋다. 시판 이유식은 여러 가지 음식이 한꺼번에 들어가 있는 경우가 많기 때문에 조금 번거롭더라도 엄마가 직접 조리해 주는 것이 좋다.

03 식습관과 아토피

아토피는 식습관과 연관성이 깊다

아토피는 알레르기 증상 중 하나이다. 이는 단순한 피부질환이 아니라 몸속 면역체계가 불안정해서 생기는 현상이며 식품, 식습관과 매우 밀접한 관련이 있다. 특별히 환경이 바뀌지 않았음에도 불구하고 아토피성 피부염 증상이 나타났다면 대개는 음식물 때문인 경우가 많다. 하지만 이러한 증상이 나타났다고 해서 무조건 그 음식을 제한한다면 오히려 몸의 면역력을 떨어뜨리기 때문에 그 증상이 더 심해질 수도 있다.

본격적인 아토피는 아기가 이유식을 먹으면서부터 시작되는 경우가 많다. 소화기가 충분히 발달하지 못한 아기는 음식에 민감한 반응을 보이기 쉬운데 이 때문에 알레르기가 생기거나 더 악화되기도 한다. 아기에게 아토피의 증상이 보인다면 모유를 먹을 때부터 이유식 완료기에 들어갈 때까지 아토피를 멀리하는 식이요법이 필요하다.

모유 먹이는 엄마는 먹는 음식에 주의를 기울인다

모유에는 알레르기로부터 지켜주는 성분이 함유되어 있다. 이 성분이 아기의 장 점막에 붙어서 아미노산으로 분해되지 않은 특이한 단백질의 흡수를 막아주기 때문이다. 전문가들은 최소 4개월 간 모유를 먹이면 천식이나 아토피성 체질을 예방할 수 있으며 알레르기 질환이 적게 나타난다고 한다. 때문에 알레르기 아토피로부터 우리 아기를 보호할 수 있는 가장 좋은 방법을 모유 수유이다. 이렇듯 모유 속의 면역성분은 아기를 건강한 체질로 만들고 질병에도 강한 면역력을 지니게 한다.

하지만 모유를 먹이는 아기라도 아토피의 위험으로부터 벗어나 있는 것은 아니다. 모유 속에 알레르기 성분이 흘러들어 갔을 경우 아기에게 아토피 증상이 보일 수 있기 때문이다. 때문에 모유를 먹이는 동안 엄마는 먹는 음식에 주의를 기울여야 하며, 달걀이나 우유와 같이 알레르기를 일으키기 쉬운 음식을 너무 많이 먹지 않도록 한다. 또한 고단백 식품은 알레르기의 원인이 될 수 있으므로 과잉 섭

취를 하지 않도록 조심한다. 우유에서 얻는 칼슘은 멸치나 무말랭이 등의 식품에
도 많다. 때문에 알레르기를 일으킬 수 있는 식품을 과잉 섭취하는 것보다는 대체
음식을 찾아 섭취하는 것이 더욱 좋다.

이유식은 가능한 늦게 시작한다

아토피 증상을 보이는 아기는 이유식을 늦게 시작하는 것이 좋다. 세계보건기구(WHO)나 한국소아과
학회 등의 전문기관에서는 평균 6개월 이후에 이유식을 시작할 것을 권장하고 있다. 만약 4~5개월부터 이
유식을 시작하게 될 때는 아기의 상태를 항상 주시하면서 먹여야 한다. 또한 건강하게 키우려는 욕심에 고
기, 달걀과 같은 단백질 중심의 이유식을 먹이기 쉬운데 이러한 음식들은 고단백질 식품으로 소화기능이 약
한 아기들은 이를 소화시키지 못해서 열, 땀, 설사, 두드러기, 구토 등의 알레르기 증상을 보이기 쉽다.
달걀이나 고기 등 동물성 단백질은 첫 돌이 지난 후 알레르기 억제 항체가 충분히 만들어진 다음부터 먹이는
것이 좋다. 모유만으로 아기들의 영양이 부족하지는 않을까 걱정하겠지만 생후 6개월까지는 물도 안 먹여
도 될 정도로 모유만으로 영양공급이 완벽하게 된다.

안전한 먹거리를 선택한다

초보 엄마들일수록 아기 전용이라는 이름을 달고 나오는 시판 이유식에 쉽게
의존하는 경향이 있다. 하지만 시판 이유식은 대부분 단맛이 강하기 때문에
아기들이 다양한 맛을 즐기지 못하고 단것만 찾도록 만들기 쉽다. 또 이유식
의 질감이 고와 씹을 필요 없이 만들어져 있어 두뇌와 치아발달에 도움이 되
지 않는다.

유기농, 식품첨가물이 들어 있지 않은 안전한 우리 먹거리로 만든 이유식, 우리가
먹는 맛에 가깝게 또 소화가 잘 되게 만들어서 주는 이유 식이 가장 이상적인 이유식이라 할수 있다. 아기 이
유식 재료를 고를 때는 최대한 자연 상태에서 자란 계절 야채를 골라 주는 것이 좋으며 곡류, 감자류, 해조류
등 가능한 다양한 종류의 음식을 맛보게 한다.
또 최근 가장 중요한 문제로 떠오르는 것이 유전자 변형식품이다. 이유식 재료를 고를 때 반드시 유전자 변
형 식품(GMO, Genetically Modified Organism)을 피하도록 한다.

우유와 달걀 섭취를 조심한다

대표적인 완전식품이라고 알려진 것과 달리, 아토피의 주범으로 몰리고 있는 우유와 달걀. 하지만 아토피
증상이 있다고 해서 그런 음식들을 완전히 차단하지 않아도 된다. 아기가 이 단백질을 완전하게 소화흡수할
수 있을 때까지 기다렸다가 천천히 이유식으로 먹이면 된다.
생우유의 경우 반드시 돌 이후부터 먹이고 위나 장에 무리가 가지 않게 데워서 먹이다가 익숙해지면 차가운
우유로 먹이도록 한다. 아기들 중에는 우유 속의 유당을 분해하는 효소가 없어 먹으면 바로 배탈이 나는 경
우가 있는데 이럴 때는 우유 말고 두유를 먹인다.

우유 알레르기가 아주 심한 아기들은 치즈, 요구르트 같은 유제품 전체를 먹이지 않도록 한다. 달걀은 흰자와 노른자의 성질이 달라 먹이는 기간이 조금씩 다르다. 달걀흰자가 알레르기를 더 잘 일으키기 때문에 달걀 노른자는 이유식 후기에, 달걀흰자는 돌 이후에 먹이도록 한다.

채소는 많이, 육류는 조심스럽게 시도한다

엽록소, 비타민, 섬유질이 많은 채소는 몸속에 있는 독소를 흡수해 밖으로 배출시킨다. 아기에게 처음 먹이는 이유식으로 적합한 것은 곡류와 녹황색 채소 같은 음식이다. 반면, 육류는 소화과정에서 질소화합물이 생기게 되는데 이것이 독소가 된다. 따라서 육류로 이유식을 할 때는 아기의 상태를 잘 살핀 다음 문제가 없으면 먹이도록 하고, 먹이면서도 아기의 상태를 주의 깊게 살펴보아야 한다. 육류는 아기의 단백질 공급에 중요한 역할을 한다. 육류를 먹일 때는 지방이 적은 살코기 부분을 먹이고, 고기 국물을 먹일 때는 거품 없이 맑은 국물을 먹인다.

단백질 식품은 천천히 먹인다

동물성 식품이든 식물성 식품이든 식품 내의 단백질 성분은 알레르기의 주 원인으로 알려져 있다. 돼지고기, 닭고기 같은 육류는 물론, 땅콩이나 밀가루, 옥수수 등에 들어 있는 단백질 성분도 아토피를 일으키는 요인이 된다. 때문에 돼지고기, 닭고기, 밀가루는 모두 생후 9개월 이후부터 먹이는 것이 안전하다.

땅콩으로 인한 알레르기는 어른이 되어서도 지속되는 경우가 많기 때문에 주의해야 하며 생후 12개월 이후에 먹이기를 시도해야 한다. 땅콩과 성질이 비슷한 호두, 밤 같은 견과류도 발진, 저혈압 같은 증상을 일으킬 수 있다.

과일도 익히거나 희석시켜 시작한다

드물게 오렌지, 토마토, 복숭아, 딸기 등이 알레르기를 일으키기도 한다. 오렌지나 토마토 주스는 물에 희석시켜서 먹이기를 시도하는 것이 좋으며 생후 9개월부터는 익혀서 으깬 상태의 토마토를 먹여 아기의 반응을 본다.

집에서 먹는 음식도 안전하지 않을 수 있다

집에서 먹는 음식은 무조건 안전하다고 믿기 쉽지만 엄마가 화학조미료, 반조리식품 등을 자주 사용한다면 민감한 아기의 장을 자극하는 것은 시간문제다. 아기의 입맛은 어렸을 때 먹었던 음식에 크게 좌우되기 때문에 가급적 강한 맛, 자극적인 맛은 줄여서 음식을 만들어야 하며 특히나 아토피가 있다면 화학조미료나 반조리식품, 가공식품 등은 피하는 것이 좋다.

화학조미료와 식품첨가물은 금지한다

식품첨가물은 대부분 화학물질이다. 이 화학물질은 몸속에서 이물질로 인식되어 알레르기의 원인이 되기도 하고 또 이를 대사시키는 과정에서 많은 비타민과 미네랄이 소모된다. 화학조미료, 방부제, 감미료, 착색제를 비롯해 발색제, 방부제, 탈색제 등이 모두 식품첨가물이다. 식품첨가물은 체내에 들어가면 호흡기나 배설기관을 통해 배출되기도 하지만 20~50%는 몸속에 축적된다. 먹는 대로 조금씩 체내에 쌓이기 때문에 유해성은 계속 늘어나게 된다.

화학조미료는 아기에게 대사이상을 일으킬 수 있으므로 사용하지 말고, 가공식품을 먹이는 것도 가급적 줄인다. 가공식품에는 각종 식품 첨가물이 들어 있어서 아기가 먹으면 알레르기를 일으킬 우려가 있으며 면역력이 약한 아이로 자랄 위험이 있다. 때문에 엄마가 조금 번거롭더라도 이런 화학 조미료를 사용하지 말고 집에서 천연 조미료를 만들어 사용해 보도록 한다.

두부는 안전한 단백질 식품이다

식물성 단백질이 풍부한 두부는 알레르기를 적게 일으키는 식품 중 하나. 동물성 단백질보다 소화흡수가 잘 되기 때문에 초기 이유식으로 그만이다.

단백질은 육류나 치즈 같은 유제품에만 들어 있다고 생각하기 쉽지만 감자나 버섯 등에도 적지 않다. 때문에 육류나 치즈에 과민 반응을 보이거나 아토피, 알레르기 증상을 보이면 감자에 알레르기를 보이지 않는지 아주 조금 먹어보고 별다른 이상 반응을 보이지 않으면 쪄서 으깬 상태로 자주 먹이는 것도 한 방법이다.

이유식 중·후기로 가면 약간 되직한 상태의 죽을 많이 먹이게 되는데 이때 감칠맛을 더하기 위해 참기름이나 들기름을 넣는 경우가 있다. 하지만 정제 기름에 알레르기 반응을 보이는 경우도 종종 있다. 이럴 때는 기름보다 녹말가루를 넣어 조리하면 음식의 질감이 부드러워지고 맛은 풍부해진다.

대체 요리법을 개발하고 조리법을 단순화한다

육류나 유제품도 안 되고, 야채나 과일을 먹이는 것조차 조심스레 시도해 보아야 한다니, 대체 어떤 음식을 먹여야 하는지 엄마들의 걱정은 늘어만 갈 것이다. 아토피에 조심해야 할 음식이 한두 가지가 아니다 보니 이것저것 식재료를 피하다 보면 영양불균형이 올 수도 있고 아기에게 편식의 습관이 생기게 할 수 있다. 때문에 대체 요리법을 개발하는 것은 중요한 엄마들의 과제가 된다. 육류의 단백질이 위험하다고는 하지만 두부 같은 식물성 단백질은 그나마 소화 흡수율이 높고 알레르기 반응이 덜한 편이다.

아기의 소화력과 영양성분을 고려해서 조리과정 또한 단순하게 하는 것이 좋다. 원 재료의 맛과 질감을 되도록 그대로 살릴 수 있게 날것으로 먹일 수 있는 것은 잘게 다지거나 으깨서 먹인다. 소화가 잘 되도록 삶기, 데치기, 찌기 등의 조리법으로 음식을 조리하여 먹이면 소화 흡수가 쉽다. 돌 이전의 아기가 먹는 음식엔 기름을 적게 쓰고 되도록 삶는 조리법으로 요리한다.

새우미역죽

콩호두죽

볶음김밥

생우유에 반응을 보이는 아기

생우유에 알레르기 반응을 보이는 아기는 소의 몸에서 나오는 모든 것에 반응을 일으키므로 우유, 버터, 치즈, 요구르트, 유산균 음료, 식빵, 쿠키, 비스킷, 케이크, 그리고 카스텔라 등 대부분의 과자와 쇠고기, 햄 등 우유가 들어가는 모든 음식을 피해야 한다. 생우유 대신 콩류, 해조류, 달걀노른자 등으로 대체한다.

대체 식품 … 달걀, 콩류, 해조류

⭐중기 콩호두죽

| 재료 | 콩(청태) 1/3컵, 호두 5~6개, 물 2/3컵

| 만들기 |

1 콩과 호두는 물에 충분히 불려둔다.
2 불려둔 콩은 삶아서 껍질을 벗기고 체에 밭쳐 준비한다.
3 불려둔 호두는 꼬치로 속껍질을 벗기고 삶은 콩과 함께 믹서기에 곱게 간다.
4 콩과 호두 간 것을 분량의 물에 넣고 뭉근히 끓인다.

point

⭐후기 새우미역죽

| 재료 | 베이비새우 1큰술, 불린미역 10g, 쌀 1큰술, 멸치육수 1/2컵

| 만들기 |

1 쌀과 미역을 불린 뒤 분량의 육수를 붓고 뭉근히 끓인다.
2 베이비새우는 살짝 데친 다음 물기를 빼고 다지듯이 잘게 썰어 둔다.
3 미역죽이 한소끔 끓어 오르면 다진 새우를 넣고 쌀알이 뭉개지도록 끓인다.

⭐완료기 볶음김밥

| 재료 | 밥 1/2공기, 양파 1/4개, 당근 1/4개, 쪽파 1뿌리, 구운 김(잘라 놓은 것) 6~8장, 올리브오일 조금

| 만들기 |

1 양파와 당근은 깨끗이 씻어 다듬은 다음 잘게 썬다.
2 쪽파도 다듬어 송송 잘게 썬다.
3 잘 달구어진 팬에 올리브오일을 약간 두르고 양파와 쪽파를 볶다가 밥을 넣고 같이 볶아 식힌다.
4 김을 펼쳐놓고 그 위에 볶음밥을 한 수저씩 얹어 꼬마김밥으로 만들어 먹기 좋게 반으로 어슷하게 썰어 담아준다.

달걀흰자에 반응을 보이는 아기

달걀 알레르기의 원인은 닭이지만 닭고기보다 달걀 쪽이 강하게 작용한다. 특히 노른자보다 흰자에 반응을 많이 보이므로 달걀을 주더라도 노른자부터 먹여 본다. 그 외에 튀김과 마요네즈, 메밀국수, 라면, 카스텔라, 케이크, 비스킷도 피하는 것이 좋다.

대체 식품 … 두부, 닭고기, 달걀노른자, 쇠고기

중기 연두부당근죽

| 재료 | 당근 1/4개, 연두부 1/2모, 쌀죽 1큰술, 야채수프 2/3컵

| 만들기 |

1 당근은 껍질을 벗기고 물에 삶아낸 다음 곱게 으깨어 둔다.
2 냄비에 야채수프를 붓고 으깬 당근과 쌀죽을 넣고 뭉근히 끓인다.
3 죽이 한소끔 끓어오르면 연두부를 넣고 저어가며 무른 죽으로 완성한다.

후기 달걀노른자죽

| 재료 | 달걀노른자 2개, 쌀죽 1큰술, 다시마육수 1/4컵, 소금 조금

| 만들기 |

1 달걀은 팔팔 끓는 소금물에서 완숙으로 삶아낸다.
2 삶은 달걀 껍질을 벗겨 노른자만 체에 넣고 으깨어 걸러낸다.
3 부드럽게 걸러낸 노른자와 쌀죽을 육수와 함께 섞고 은근히 끓인다.
4 죽이 완성되면 소금으로 약하게 간을 맞춘다.

point

완료기 두부동그랑땡

| 재료 | 두부 1/3모, 당근 1/4개, 쪽파 1/2줄기, 밀가루 1큰술, 달걀노른자 1/2개, 올리브오일·소금 조금씩

| 만들기 |

1 당근과 쪽파는 잘게 다져 둔다.
2 두부는 면보에 싸서 물기를 꼭 짠다.
3 당근, 쪽파, 두부를 볼에 넣고 달걀노른자와 밀가루, 소금을 조금 넣어 반죽을 한다.
4 반죽을 동글동글 먹기 좋은 크기로 빚는다.
5 달구어진 팬에 올리브오일을 두르고 동그랑땡을 노릇노릇하게 부친다.

** 달걀 알레르기가 있는 아기라면 10개월 이후에 노른자부터 먹여 본다.*

감자미역국

달걀찜

닭가슴살너겟

콩류에 반응을 보이는 아기

콩 알레르기인 아기는 콩과 콩을 이용한 가공품에 민감하다. 콩, 콩기름, 두부, 유부, 간장, 된장 외에도 콩고물, 콩가루, 땅콩, 콩나물도 피해 주는 것이 좋다. 콩 대신 먹일 수 있는 식품인 단백질이 풍부한 감자, 닭고기 등으로 영양을 보충해 주자.

대체 식품 … 달걀, 감자, 닭고기, 우유, 김, 미역, 다시마, 파래

중기 감자미역국

|재료| 감자 1/2개, 불린미역 1큰술,
멸치육수 1/2컵

|만들기|

1 감자는 껍질을 벗기고 삶아 둔다.
2 미역은 불린 것으로 준비해 잘게 다지듯 썬다.
3 분량의 육수를 냄비에 부은 후 감자와 미역을 넣고 은근히 끓인다.

후기 달걀찜

|재료| 달걀 2개, 닭육수 4큰술, 소금 조금

|만들기|

1 달걀을 작은 볼에 넣고 곱게 푼다.
2 푼 달걀에 육수를 붓고 같이 잘 섞이도록 휘젓는다.
3 육수에 푼 달걀물을 고운 체에 내려 맑은 달걀물만을 받친다.
4 맑은 달걀물을 그릇에 담고 중탕으로 쪄낸다.

완료기 닭가슴살너겟

|재료| 닭가슴살 1쪽, 달걀물 1큰술,
밀가루 1작은술, 치즈 1/3장,
소금·식용유 조금씩

|만들기|

1 닭가슴살을 곱게 다진다.
2 볼에 다진닭가슴살과 달걀물, 밀가루를 섞어 반죽을 만들어 소금으로 약하게 간을 한다.
3 반죽을 손가락만한 크기로 빚어 기름에 튀겨낸다.
4 너겟이 뜨거울 때 치즈를 조금씩 얹어 부드럽게 녹으면 먹인다.

돼지고기에 반응을 보이는 아기

돼지고기는 단백질이 풍부하고 뇌 활동에 없어서는 안 될 식품이긴 하지만 지방질이 많고 기생충 감염 우려가 있어 이유식 재료로는 적합하지 않다. 돌 이후에 먹이도록 하고, 쇠고기나 흰살 생선 등으로 대체해서 먹인다.

대체 식품 … 쇠고기, 흰살생선

치즈생선살전

쇠고기무죽

쇠고기채소오므라이스

⭐중기 소고기무죽

| 재료 | 무 1/6개, 다진쇠고기 1큰술, 다시마육수 1/2컵, 쌀죽 1큰술, 참기름 1작은술, 소금 조금

| 만들기 |

1 냄비에 참기름을 조금 두르고 다진쇠고기를 먼저 넣고 볶는다.

2 무는 살짝 삶아 나박썰기를 해둔다.

3 쇠고기 볶은 것에 육수를 붓고 한소끔 끓인 후 무른 쌀죽과 삶은 무를 넣고 끓여 소금으로 싱겁게 간한다.

⭐후기 소고기채소오므라이스

| 재료 | 달걀 2개, 밥 1/4공기, 다진쇠고기 1큰술, 다진당근 1작은술, 소금·식용유 조금씩

| 만들기 |

1 팬에 다진쇠고기와 다진당근을 넣고 살살 볶다가 밥을 넣고 볶음밥으로 만든다.

2 달걀은 볼에 담고 충분히 저어 부드러운 달걀물을 만든 뒤 약한 불에서 얇게 부친다.

3 볶음밥을 달걀 부친 것에 얹고 반달 모양으로 만든다.

⭐완료기 치즈생선살전

| 재료 | 흰살생선 1/4토막, 밀가루 2큰술, 달걀물 1개분, 아기치즈 1장, 소금·식용유 조금씩 **키위소스**(키위 1/2개, 물엿 2작은술, 물 2큰술, 녹말물 2작은술)

| 만들기 |

1 흰살생선은 끓는 물에 넣고 충분히 데친 다음 종이타월에 얹어 물기를 완전히 뺀다.

2 생선살과 치즈는 잘게 다져 둔다.

3 볼에 다진생선살과 밀가루 1작은술, 달걀물 1작은술과 다진치즈를 한데 넣고 반죽해 동글납작하게 빚는다.

4 빚어 놓은 생선살 반죽에 밀가루를 묻혀 털어내고 달걀물을 씌워 팬에 노릇하게 지진다.

쇠고기배추쌈

버섯연두부탕

시금치생선죽

닭고기에 반응을 보이는 아기

달걀 알레르기가 있는 아기들 가운데는 닭고기 알레르기가
있는 경우가 많다. 하지만 기름기가 적은 닭가슴살은 이유식
중기부터 이유식에 많이 사용하는 재료다.
쇠고기나 흰살 생선, 버섯류 등 자극성도 없고 영양도 풍부한
재료를 사용하도록 한다.

대체 식품 … 두부, 쇠고기, 흰살 생선

중기 시금치생선죽

| 재료 | 흰살생선 1/5토막,
데친시금치 1줄기, 불린쌀 1큰술,
야채수프 1/2컵, 소금 조금

| 만들기 |

1 데친시금치는 잘게 다진다.

2 흰살생선은 데친 다음 물기를 빼고
잘게 다져 약하게 소금간을 한다.

3 불려 둔 쌀은 방망이로 적당히 빻아
놓는다.

4 냄비에 잘게 부순 쌀을 넣고 야채육
수(야채수프)를 부어 한소끔 끓인다.

5 끓고 있는 죽에 다진생선살과 시금
치를 넣고 한 번 더 끓여낸다.

후기 버섯연두부탕

| 재료 | 불린표고버섯 1개, 연두부 1/2모,
멸치육수 1/2컵, 녹말물 1작은술, 참기름 조금

| 만들기 |

1 말린 표고버섯을 물에 불린 다음 물
기를 빼고 잘게 다져 둔다.

2 냄비에 참기름을 조금 두르고 다진
버섯을 볶다가 육수를 붓고 한소끔
끓인다.

3 끓고 있는 버섯국에 연두부를 떠서
넣고 은근히 끓인 다음 녹말물을 넣
어 걸쭉하게 만든다.

완료기 쇠고기배추쌈

| 재료 | 배추 2~3줄기, 다진쇠고기 1큰술,
굴소스 1작은술, 밥 1/2공기, 참기름 조금
데리야끼소스(데리야끼소스 2큰술, 녹말물 1큰술,
깨소금 조금)

| 만들기 |

1 배추는 삶은 뒤 물기를 빼고 뻣뻣한
줄기는 얇게 만들어 사방 8cm크기로
잘라 둔다.

2 팬에 참기름을 두르고 쇠고기를 볶
다가 굴소스를 넣어 간을 맞추고 밥
을 넣어 볶는다.

3 분량의 재료를 섞어 소스를 만든다.

4 볶아 둔 밥을 꼭꼭 눌러 주먹밥을 만
들어 배추 위에 얹어 돌돌 만다.

5 만들어 놓은 소스에 배추쌈을 넣고
같이 조린 다음 깨소금을 뿌린다.

흰살생선사과수프

등푸른생선에
반응을 보이는 아기

등푸른 생선에 풍부하게 들어 있는 DHA는 두뇌 발달에 필수 영양소이다. 그러나 등푸른 생선은 알레르기를 쉽게 일으키는 식품이다. 생선을 먹이고 싶다면 흰살 생선으로 대체하고 다음은 붉은살 생선, 등푸른 생선은 돌이 지난 후에 먹이도록 한다.

대체 식품 … 흰살 생선, 두부, 콩제품, 달걀, 쇠고기

카레스파게티

흰살생선크로켓

중기 | 흰살생선사과수프

| 재료 | 흰살생선 1/5토막, 사과1/4개, 우유 1컵, 밀가루 2작은술, 버터 10ml, 소금 조금

| 만들기 |
1. 흰살생선은 끓는 물에 살짝 데쳐 물기를 빼고 잘게 다져 둔다.
2. 사과는 껍질을 벗기고 씨를 빼낸 다음 과육을 적당히 썰어 둔다.
3. 냄비에 버터를 넣고 생선살과 사과를 넣어 볶다가 밀가루를 넣어 수프의 루를 만든다
4. 여기에 우유를 조금씩 부어가며 수프로 완성한다.

후기 | 카레스파게티

| 재료 | 스파게티 10g, 카레 1큰술, 물 2큰술, 베이비새우 1큰술, 양파 1/6쪽, 당근 1/6개, 브로콜리 1송이, 치킨수프 1/2컵, 식용유 조금

| 만들기 |
1. 스파게티는 끓는 소금물에 삶아낸 다음 아기가 먹기 좋은 크기로 썬다.
2. 당근과 양파는 깨끗하게 다듬어 잘게 다지고, 브로콜리와 베이비새우도 데쳐서 역시 다져 둔다.
3. 카레는 물과 섞어 걸쭉한 상태로 준비해 둔다.
4. 팬에 기름을 두르고 당근과 양파를 넣고 볶다가 브로콜리도 넣고 육수를 부어 뭉근히 끓인다.
5. 여기에 카레를 넣어 소스가 완성되면 새우살과 스파게티를 넣어 버무린다.

완료기 | 흰살생선크로켓

| 재료 | 감자 1/2개, 흰살생선 1/4토막, 브로콜리 1송이, 당근 1/5개, 밀가루·달걀물 1작은술, 소금·식용유 조금씩
튀김옷 (밀가루·빵가루 1큰술씩, 달걀물 1개분)

| 만들기 |
1. 감자는 껍질을 벗기고 삶아서 뜨거울 때 으깨고 흰살생선은 끓는 물에 데친 다음 물기를 뺀 뒤 잘게 다진다.
2. 브로콜리와 당근도 데친 다음 잘게 다진다.
3. 볼에 다진흰살생선과 으깬 감자, 다진채소를 한데 넣고 분량의 재료를 섞어 동글동글 생선볼로 만든다.
4. 밀가루, 달걀물, 빵가루의 순서로 튀김옷을 입히고 끓는 기름에 겉이 바삭하도록 튀겨낸다.

04 아토피 아기의 이유식 스케줄

1단계···▶이유식 준비기

이유식을 시작하기 전인 이 단계에서 주의해야 할 점은 아기에게 우유를 먹였을 때 갑자기 발진이 나거나 구토, 설사 등의 증상이 있는 지 살펴보는 것이다. 또한 아토피성 피부염의 경우 3~5개월 사이의 시기에 가장 나타나기 쉬우므로 아기의 피부 상태를 잘 관찰한다.

만약 이 시기에 아기에게 아토피의 증상이 보이거나 알레르기 증상이 보인다면 아기 이유식의 시기를 조금 늦추는 것이 좋다. 아직은 모유만으로 충분한 영양의 공급이 가능한 시기이다. 너무 조급해 하지 말고 아기의 면역력이 조금 더 튼튼해질 때까지 기다린다는 생각으로 천천히 기다려주는 것이 좋다.

아기가 알레르기 반응을 보였다면 오히려 엄마는 모유에 더 신경을 써 주어야 한다. 엄마의 모유 속에 알레르기 성분이 흘러들어 갔을 경우 아기는 아토피 증상을 보일 수 있기 때문에 모유를 먹이는 동안 엄마는 달걀이나 우유와 같이 알레르기를 일으키기 쉬운 음식을 많이 먹지 않도록 한다.

2단계···▶이유식 초기

아토피성 피부염은 이유식의 시작과 동시에 심해지는 경우가 있다. 이는 식품 알레르기 증상을 가진 아기들이 아토피 증상을 보이는 경우가 많기 때문이다. 또한 아토피성 피부염은 특정 음식을 먹는다고 해서 증상이 나아지는 것이 아니다. 단지 조심하는 것만이 증상을 완화시키는 유일한 방법이다.

처음 이유식을 시작할 때는 쌀과 물만을 재료로 미음형태의 이유식을 만들어 시작한다. 5~7일 정도 간격을 두고 채소를 넣어서 조리한다. 이 때 채소의 가짓수를 늘려가면서 본격적인 이유식을 시작한다. 이 때 채소는 국내에서 재배한 것으로 조리해 주는 것이 좋다. 수입품은 오랜 유통기간으로 방부처리된 것이 많기 때문이다.

두부는 비교적 알레르기나 아토피 증상이 잘 나타나지 않는 식품이므로 쌀죽이나 채소를 섞은 이유식을 어느 정도 먹을 수 있게 되면 부드럽게 끓여서 조금씩 시도한다.

3단계···▶이유식 중기

죽이나 혀로 으깰수있는 정도의 알맹이가 있는 것을 먹는 시기로, 아기에게 특별한 이상반응이 없다면 비타민, 탄수화물, 단백질 등등 다양한 식품으로 영양을 골고루 섭취할수 있도록 이유식 재료를 늘려나간다. 하지만 달걀이나 우유 등은 아토피의 증상을 심하게 할수 있으므로 두부나 콩을 먼저 시도해 보고 달걀 노른자로 우선 아기의 반응을 본다.

만약 우유나 달걀에 알레르기 반응이나 아토피 반응이 나타난다면 되도록 국수나 빵 등의 밀가루 음식은 늦게 시작한다.

4단계···▶이유식 후기

흰살생선에 아토피나 알레르기 반응이 없다면 붉은 생선이나 등푸른 생선을 아주 조금씩 아기의 이유식에 함께 넣어 먹여본다. 처음에는 5g으로 시작해 아기의 상태를 살핀 다음 조금씩 그 양을 늘려간다.

이 시기가 되면 고기류를 시도해 볼 수 있다. 닭 가슴살이나 소의 살코기 등을 이용해 조리해 주고 별 이상반응이 없으면 5g에서 시작해 조금씩 늘려간다. 쇠고기와 닭고기를 먼저 시도한 다음 이상증세가 없으면 돼지고기를 이용해 이유식을 만든다.

만약 고기에 대한 알레르기나 아토피증상이 심해지는 등의 반응을 보이면 잠시 끊고, 두부나 흰살생선, 달걀, 요구르트 등으로 영양을 대체한다. 채소 역시 향이 강한 것은 제외하고 다양한 채소들을 먹여 조금씩 음식 면역력을 기른다.

5단계···▶이유식 완료기

이유식 완료기쯤 되면 부드러운 밥 형태의 조리방법으로 이유식을 진행해 주는 것이 좋다. 쌀로만 이유식을 했다면 현미, 찹쌀, 율무, 보리 등의 저알레르기 곡류를 섞어서 진행해 본다. 우유에 대한 알레르기가 없다면 1년이 지난 다음 생우유로 바꾸어 먹인다. 또 달걀 노른자를 이용한 요리에 알레르기 반응이 없었다면 흰자와 함께 스크램블 형태의 조리를 해도 좋다.

이유식 완료기에는 음식에 약간의 간을 하게 되는데 이때도 역시 화학조미료는 피하는 것이 좋으며, 고춧가루나 고추장, 후춧가루 등의 간이 강한 조미료는 피하도록 한다.

05 엄마표 오가닉 간식&음료

아토피 있는 아이의 간식은 유기농 식품으로 엄마가 직접 만든다

알레르기나 아토피가 있어 이유식 때부터 엄마가 주의를 기울여온 아이의 경우, 간식과 유아식을 시작할 시기가 되면 더 신경을 써야 한다. 기왕이면 유기농 식품을 이용하고 엄마가 직접 음식을 만들어 아이의 건강을 챙겨야 한다. 특정 식품에 알레르기가 있다면 그 식품의 대체식품이 무엇인지 미리 체크해두었다가 그 재료를 이용해 유아식과 간식, 음료를 만들어 먹인다. 그래야 영양결핍을 막을 수 있다.

고등어에 알레르기 반응을 보이는 아이라면 두부나 닭고기 등으로 간식을 만들어 먹이고 달걀에 알레르기 반응을 보이는 아이라면 쇠고기와 흰살생선으로 유아식을 만들면 된다.

간식은 엄마와 아이의 교감형성과 정서발달에도 도움을 준다

한창 자라나는 시기의 아이들은 어른보다 더 많은 칼로리가 필요하므로 간식이 꼭 필요하다. 식사만으로는 부족한 영양소와 칼로리를 보충해 주어야 하기 때문이다. 또한 식사시간에 유난히 편식이 심한 아이라면 간식으로 부족한 영양분을 보충해주는 것이 좋다. 예를 들면, 밥을 싫어하는 아이에겐 감자나 고구마 같은 탄수화물 대체 식품을, 채소 반찬을 먹지 않는 아이에겐 채소를 이용한 간식을 만들어준다. 이 시기 아이들에게 있어 간식은 영양보충은 물론, 먹는 것에 대한 즐거움을 일깨워주고 엄마와 교감을 높일 수 있으며 정서를 풍부하게 해준다.

천천히 오래 씹는 음식을 만들어 먹인다

간식은 오전 10시쯤과 오후 3시쯤에 챙겨 먹인다. 단, 간식으로 인해 배가 불러 식사를 거르면 안 되므로 지나치게 배가 부른 음식은 피한다. 간단히 마실 수 있는 우유나 주스 같은 간식은 후루룩 마시기 때문에 오히려 위 운동을 자극해 공복감을 높인다. 공복감을 없애고 소화가 잘 되게 하기 위해서는 천천히 오래 씹는 음식이 좋다. 이런 음식은 두뇌계발과 구강건강에도 도움이 된다.

고구마김치치즈구이

고구마(길쭉한 것)	2개
피자치즈	5큰술
배추김치	50g(1줄기)
양파	1/6개
청·홍피망	1/6개씩
파슬리가루	조금
양념	
소금	조금
후춧가루	조금
토마토케첩	조금

How to make...

1 고구마는 길이로 반 갈라 찜통에 15~20분 정도 찐 다음 껍질이 찢어지지 않게 속을 파낸다.

2 김치와 양파, 청·홍피망은 입자가 씹힐 정도로 조금 굵게 다진다.

3 파낸 고구마와 다진 소 재료를 고루 섞은 다음 소금과 후춧가루로 간을 한다.

4 간을 한 고구마소를 고구마 껍질에 채운 후 잘게 다진 피자치즈를 소복이 올린다.

5 200℃로 예열한 오븐에서 치즈가 녹을 정도로 구운 후 파슬리가루와 토마토케첩을 조금 뿌려 먹는다.

채소쌀가루찐만두

쌀가루 ················ 2컵
뜨거운 물 ········· 적당량
만두소
다진쇠고기 ··········· 50g
두부 ·········· 1/6모(70g)
신 배추김치 ········· 100g
양파 ············· 1/4개
당근 ············· 1/6개
피망 ············· 1/4개
달걀 ············· 1개
양념
다진파 ············· 1큰술
다진마늘 ········· 1작은술
참기름 ··········· 1/2큰술
깨소금 ··········· 1작은술
소금 ··········· 1/2작은술
후춧가루 ············ 조금

1 쌀가루는 뜨거운 물로 익반죽 한 후 젖은 면보를 덮어 숙성시킨다.
2 두부는 칼등으로 으깬 다음 면보에 싸 물기를 꼭 짜고 쇠고기 다짐육도 면보에 넣고 짜 물기를 최대한 제거한다.
3 배추김치와 양파, 당근은 송송 썰어 물기를 꼭 짠다.
4 볼에 재료를 고루 섞어 넣고 달걀을 푼 다음 양념을 넣어 끈기가 생길 때까지 치댄다.
5 반죽을 얇게 떼어 지름 7cm 내외로 얇게 밀어 만두피를 만든 다음 만두소를 넣고 예쁘게 빚는다.
6 김이 오른 찜통에 빚은 만두를 넣고 15분 정도 쪄 낸다.

🥄 쌀가루라 민두피처럼 쭉쭉 늘어나지 않으므로 빚을 때 주의하세요. 송편 빚듯이 하면 쉽게 완성할 수 있어요.

cooking tip

쌀은 소화흡수율이 100%에 달하는 건강식품이자 나트륨, 지방, 콜레스테롤이 거의 없어 비만이나 알레르기성 질환이 있는 아이들에게 좋은 식품이지요. 때문에 쌀을 가루로 내어 빵이나 각종 반죽에 이용하면 아토피 예방에도 좋아요. 쌀가루 피는 귓불을 만졌을 때 느낌 정도로 말랑한 상태가 될 때까지 오래 치대고 남은 쌀가루는 냉동실에 보관해야 상하지 않아요.

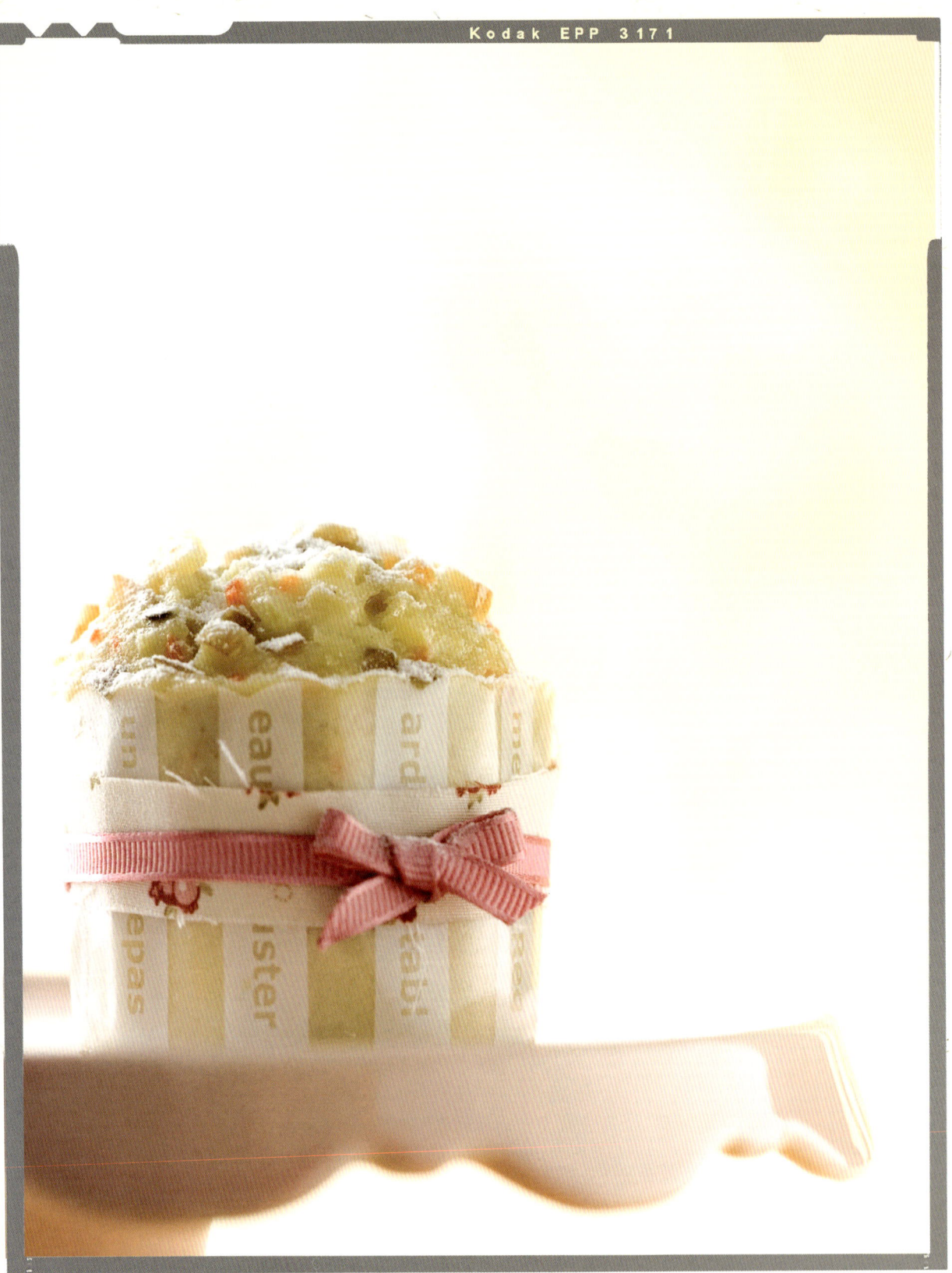

사과당근찜케이크

사과 ········· 중간크기 1개
당근 ·············· 1/6개
우리밀백밀가루 1/2컵(100g)
달걀 ················· 1개
꿀 ················· 3큰술
베이킹파우더 ······ 1작은술
우유 ············· 5큰술
포도씨오일 ········· 1큰술

1 사과와 당근은 깨끗이 씻어 곱게 다진다.
2 밀가루와 베이킹파우더는 두세 번 체에 내려 준비한다.
3 볼에 달걀을 넣어 잘 풀어 준 후 꿀을 넣고 거품을 낸다.
4 거품 올린 달걀에 우유와 포도씨오일을 넣고 잘 섞어 준다.
5 ④에 체에 내린 가루를 넣고 가볍게 섞은 후 곱게 다진 사과와 당근을 넣어 케이크 반죽을 만든다.
6 종이틀을 깐 베이킹컵에 반죽을 넣고 김이 오른 찜통에 넣어 15분 정도 찐다.
7 꼬치로 케이크를 찔러 보아 묻어나지 않으면 완성된 것. 한 김 식힌 다음 먹는다.

cooking tip

사과는 섬유질과 유기산이 풍부해 소화를 돕고 철분 흡수도 잘 되게 도와준답니다.
또한 피로회복에 좋은 구연산이 들어 있어 체력이 떨어져 기운이 없는 아이들의 원기 회복과
스트레스 완화에 좋지요. 특히, 성장발육을 돕는 베타카로틴이 풍부한 당근과 함께 먹으면 시
력이 좋아지고 약해진 피부도 튼튼해진답니다.

단호박경단

찹쌀가루	2컵
단호박	1/3통
꿀	2큰술
녹말가루	조금
끓는물	적당량
호박씨고물	적당량
녹두고물	적당량

고물

호박씨	1컵
깐 녹두	1컵

(꿀 1큰술+소금 조금)

How to make...

1 단호박은 씨를 제거하고 김이 오른 찜통에 껍질째 넣어 20분 정도 찐 다음 살만 발라내어 체에 내린다.

2 단호박이 뜨거울 때 찹쌀가루와 꿀을 넣어 섞어 말랑하게 반죽한 후 적당한 크기로 굴려 경단을 만든다.

3 경단에 녹말가루를 약간 묻히고 끓는물에 넣고 떠오르면 건져내어 준비한 호박씨고물과 녹두고물에 각각 굴려 낸다.

고물 만들기

❶ 호박씨는 아무것도 두르지 않은 팬에 살짝 볶아 식힌 후 분쇄기에 곱게 갈아 호박씨고물을 만든다.

❷ 녹두는 충분히 불려 김이 오른 찜통에 쪄서 꿀과 소금으로 간을 한 후 체에 내려 녹두고물을 만든다.

선식인절미

찹쌀 ················· 1컵
4~5가지 선식가루 3큰술씩
소금 ·········· 1/2작은술
물 ················· 1/2컵

＊ 촬영에 사용한 선식가루는
자색고구마, 청태콩, 단호박
선식가루이다.

How to make...

1 찹쌀은 잘 씻어 찬물에 담가 5시간 정도 불
린다.

2 물 1/2컵에 소금 1/2작은술을 넣어 간 맞출
물을 만든다.

3 김이 오른 찜통에 면보를 깔고 찹쌀을 1시간
정도 푹 찐다. 이때 간을 맞춰 둔 소금물을
중간중간 뿌려 찹쌀에 간이 배게 한다.

4 찹쌀이 익으며 절구나 볼에 넣고 콩콩 찧어
찰기가 생기게 한다.

5 기름 바른 도마에 찰떡을 편 후 먹기 좋은 크
기로 잘라 원하는 종류의 선식가루를 입힌다.

견과류컵약식

찹쌀 ·················· 2컵
밤 ··················· 20개
대추 ················· 10개
잣 ·················· 1큰술
물 ··················· 2컵
양념
흑설탕 ············· 1/2컵
간장 ··············· 5큰술
소금 ··········· 1/2작은술
참기름 ············· 4큰술
계핏가루 ········· 1작은술

1 찹쌀은 잘 씻어 4~5시간 물에 불린 뒤 체에 밭쳐 물기를 뺀다.

2 밤은 껍질을 벗겨 4~5등분하고 대추는 살만 발라내 밤 크기로 자른다. 잣은 고깔을 떼고 깨끗하게 손질해 놓는다.

3 발라낸 대추씨에 물 2컵을 붓고 중간 불에서 20분 정도 끓여 체에 내린다.

4 체에 내린 대춧물에 흑설탕과 간장, 소금, 계핏가루를 넣고 설탕이 녹을 정도로 끓인다.

5 설탕이 녹으면 참기름, 찹쌀, 밤, 대추를 넣고 고루 섞는다.

6 압력솥에 손질한 모든 재료를 담고 센불로 끓이다가 압력솥 뚜껑의 추가 올라오거나 딸랑거리면 약불로 줄여 10분 정도 뜸을 들인다.

7 뜨거울 때 약식에 잣을 섞어 컵에 담고 먹기 전에 한 번 더 쪄 낸다.

> ### cooking tip
> 전기압력솥에 넣고 취사기능으로 조리해도 약식이 만들어져요. 먹기 전에 꿀을 살짝 둘러 한 번 더 쪄 내면 맛도 좋아지고 소화도 잘 된답니다.
> 대추는 찹쌀과 배합하면 궁합이 잘 맞아요. 찹쌀은 칼로리가 높고 질 좋은 단백질을 많이 가지고 있어 소화가 잘되고 비타민 B군이 풍부한데 칼슘과 철분이 거의 없어요. 이러한 단점을 대추가 보완해줄 수 있어요. 대추는 철분, 칼슘, 섬유질이 풍부해 함께 조리해 먹으면 영양만점의 간식이 됩니다.

대추찹쌀부꾸미

찹쌀가루 ·············· 2컵
뜨거운 물 ········ 4~5큰술
대추 ·············· 10개
올리브오일 ··········· 조금
설탕 ·············· 조금
소재료
밤 ················· 15개
꿀 ················· 1큰술
유자청 ············· 1큰술
계핏가루 ········ 1/2작은술
소금 ··············· 조금

1 대추는 잘 씻어 살만 발라내어 곱게 다진다.

2 찹쌀가루에 다진 대추를 골고루 섞은 후 뜨거운 물을 부어가며 말랑하게 반죽한다.

3 밤은 껍질째 삶은 뒤 곱게 체에 내려 꿀과 계핏가루, 유자청, 소금을 넣고 은행알 크기로 빚는다.

4 준비해 둔 반죽을 밤톨 크기로 떼어 부꾸미 피를 만든 다음 소를 넣고 반달 모양으로 빚는다.

5 달군 팬에 올리브오일을 두르고 노릇하게 굽는다.

6 익힌 찹쌀부꾸미는 따뜻할 때 설탕을 뿌려 낸다.

🥄 부꾸미가 완성되면 뜨거울 때 설탕을 뿌려 놓아야 서로 달라붙지 않아요.

cooking tip

대추는 신경을 안정시키는 성분과 비타민을 활성화시키는 물질이 들어 있어 쉽게 피로하거나 소화기가 예민한 아이들에게 좋은 식재료이지요. 찹쌀과 함께 먹으면 기력이 약해 평소 식은땀을 자주 흘리거나 의욕이 없는 아이들에게 좋아요.

찹쌀 부꾸미 요리는 약한 불로 조리하세요. 찹쌀가루는 열을 가하면 늘어지는 성질이 있어 너무 뜨거운 불로 가열하면 부치기가 힘들어요. 또 기름은 너무 많이 두르면 반죽이 늘어져 뒤집기가 힘드므로 기름의 양을 적절히 조절해 주는 노하우도 필요해요.

밤고 구마수프

밤	15개
고구마(중간 크기)	1개
물	3컵
우유	1컵반
생크림	1/2컵
소금 · 후춧가루	조금씩

How to make...

1 밤과 고구마는 껍질을 벗긴 뒤 한 입 크기로 잘라 찬물에 담가 분량의 물을 부어 중불에서 뭉근하게 끓인다.

2 숟가락으로 눌러 보아 부스러지게 익으면 불을 끈다.

3 잘 익은 밤과 고구마를 한 김 식혀 믹서에 곱게 갈거나 체에 내린다.

4 퓌레 상태의 밤과 고구마에 우유를 넣어 끓이다가 생크림을 넣고 소금과 후춧가루로 간을 한다.

밤을 까고 나면 속껍질이 많이 남게 되지요. 이 속껍질을 한방에서는 '율피' 라고 하는데, 체했거나 감기가 있을 때 차로 끓여 마시면 좋답니다.

흑미타락죽

찹쌀	1/3컵
흑미	1/3컵
쌀 불린 물	1컵반
우유	2컵반
소금	조금

How to make...

1 찹쌀과 흑미는 고루 섞어 잘 씻은 뒤 2~3시간 불려 믹서에 물을 넣고 곱게 갈아 체에 거른다.

2 체에 거른 찹쌀과 흑미를 냄비에 담고 멍울 없이 고루 저어가며 끓인다.

3 죽이 끓기 시작하면 불을 줄이고 우유를 조금씩 부어가며 약한 불에서 서서히 끓인다

4 주걱으로 들어 보았을 때 약간 흐르는 정도가 되면 불을 끄고 소금으로 간을 맞춘다.

🥄 흑미타락죽의 고운 색은 흑미 불린 물을 넣어야 더욱 잘 우러난답니다. 쌀 불린 물은 버리지 말고 쌀을 믹서에 갈 때 사용하세요.

단호박모듬콩찐빵

우리밀백밀가루 ········1컵
베이킹파우더 ········1큰술
달걀 ················3개
설탕 ···············4큰술
우유 ···············1/2컵
포도씨오일 ········ 3큰술
모듬콩 ············1/3컵
단호박퓌레 ·········1/2컵
단호박퓌레
단호박 ············1/3개
콩 조림물
물 ················1컵
설탕 ··············1큰술
소금 ···············조금

1 단호박은 삶은 다음 껍질을 벗기고 살만 체에 내려 단호박퓌레를 만든다.
2 모듬콩은 잘 씻은 후 분량의 재료를 넣고 부드럽게 조린다.
3 밀가루와 베이킹파우더는 체에 두세 번 내려 준비한다.
4 볼에 달걀을 넣고 잘 풀어 준 후 설탕을 넣고 거품을 단단하게 올린다.
5 체에 친 가루에 우유와 포도씨오일, 단호박퓌레를 넣고 잘 섞어 반죽을 만든다.
6 달걀 거품에 반죽을 넣고 가볍게 섞은 후 조린 모듬콩을 넣는다.
7 기름칠을 한 용기에 반죽을 넣고 김이 오른 찜통에 15분 정도 쪄 낸다.

🥄 콩을 조리지 않고 그냥 넣으면 빵의 단맛을 콩이 흡수하여 빵 맛이 싱거워지고 빵이 잘 부풀어 오르지 않아요.

cooking tip

찐빵에 흔히 들어가는 강낭콩은 비만을 예방하는 데 아주 좋은 식재료예요. 또한 체내의 독소를 배출해 간 기능을 회복하는 데도 아주 좋아요. 하지만 강낭콩은 충분히 익혀 먹어야 하는 재료 중 하나. 충분히 익히지 않고 먹으면 시안화수소산 중독을 일으킬 수 있기 때문이에요. 강낭콩 중 맛이 단것은 독성이 없고 쓴것은 독성이 있다는 것도 알아 두고 조리에 활용하세요. 콩은 익는 데 시간이 오래 걸리므로 미리 부드럽게 조려야 찐빵의 부드러운 질감과 잘 어울리게 됩니다.

레모네이드

레몬 ……………………1개
탄산수 ……………………1컵
꿀이나 설탕시럽 ……조금

How to make...

1 레몬은 과육과 껍질의 노란 부분만 잘라내어 믹서에 넣고 곱게 간다.
2 레몬 간 것을 체에 걸러 탄산수와 섞은 후 꿀이나 설탕 시럽(물과 설탕을 1:1로 섞은 것)을 탄다.

오렌지에이드

오렌지 ……………………1개
탄산수 ……………………1컵
꿀이나 설탕시럽 ……조금

How to make...

1 오렌지 과육만 잘라내어 믹서에 곱게 간다.
2 간 오렌지를 체에 걸러 탄산수와 섞은 후 꿀이나 설탕시럽을 타서 차게 마신다.

토마토쿨러

토마토 ……………………1개
잘게 부순 얼음 ……1/2컵
꿀 · 민트잎 ………조금씩

How to make...

1 토마토는 열십자로 칼집을 낸 뒤 끓는 물에 데쳐 껍질을 벗긴다.
2 과육을 굵직하게 잘라 믹서에 넣고 잘게 부순 얼음도 같이 넣어 곱게 간다.
3 취향에 맞춰 적당량의 꿀을 탄 후 민트잎을 곁들인다.

땅콩호두주스

볶은 땅콩 ……………………1컵
호두 ……………………1/2컵
꿀 ……………………적당량

How to make...

1 볶은 땅콩과 호두를 분쇄기에 넣고 곱게 간다.
2 간 견과류에 엉길 정도로 꿀을 넣고 병에 담는다.
3 꿀에 절여 둔 견과류가루를 한 큰술씩 떠서 따뜻한 물에 타서 마신다.

사과당근주스

사과 ·············· 1개
당근 ·············· 1/4개

How to make...

1 사과는 잘 씻어 8등분으로 잘라 씨를 제거한다.
2 당근은 껍질을 벗기고 사과와 함께 주서기에 넣는다.
3 곱게 갈아 차갑게 마신다.

🥄 씹는 것을 유난히 싫어한다면 체에 한 번 걸러 주세요.

단호박두유

단호박 ·············· 1/6통
두유 ·············· 1컵

How to make...

1 단호박은 부드럽게 삶아 살만 발라내어 적당한 크기로 자른다.
2 믹서에 단호박과 두유를 넣고 곱게 갈아 마신다.

바나나밀크

바나나 ·············· 1개
우유 ·············· 1컵
꿀 ·············· 1큰술

How to make...

1 바나나는 껍질을 벗기고 굵게 깍둑 썬다.
2 믹서기에 우유와 바나나, 꿀을 넣고 곱게 간다.

배마주스

배 ·············· 1/4개
마(10cm) ·············· 1/4개
우유 ·············· 1/2컵

How to make...

1 배와 마는 껍질을 벗기고 믹서기에 넣는다.
2 우유와 함께 곱게 간다.

이유식, 궁합 맞는 식품으로 만드세요

감자 ♥ 치즈

성장기 어린이의 완벽 영양식

왜 좋을까? 감자는 쉽게 피로를 느끼고, 감기에 잘 걸리며, 스트레스에 약한 아기에게 잘 어울린다. 감자에 부족한 단백질과 지방을 보충하려면 삶은 감자를 뜨거울 때 으깨 생치즈를 섞어 먹인다. 치즈와 감자가 만나면 영양의 상승효과로 완벽한 식품이 된다.

굴 ♥ 레몬

빈혈을 예방 치료한다

왜 좋을까? 굴은 '바다의 우유'로 불리는 영양 덩어리로 우수한 단백질과 철분이 많아 허약체질에 효과가 있다. 다만 부패가 문제인데, 이것을 보완해 주는 식품이 바로 레몬이다. 레몬은 식중독을 일으키는 세균을 살균시키고, 철분의 흡수율도 높인다.

당근 ♥ 양배추·식용유

아토피성 피부염 치료에 효과

왜 좋을까? 당근은 카로틴과 양질의 섬유질, 칼슘, 인, 철 등 각종 무기질이 풍부하며, 비피더스균을 활성화해 변비를 없앤다. 지용성 비타민 카로틴은 기름으로 조리해야 흡수율이 높아지고, 당근주스를 만들 때 양배추를 섞으면 효과가 뛰어나다.

쇠고기 ♥ 파인애플·키위

영양의 소화흡수를 돕는다

왜 좋을까? 쇠고기는 성질이 따뜻하고, 영양이 풍부하며 소화흡수율이 좋고, 기운을 돋우며 비·위장 기능을 강화한다. 또 허리와 다리를 튼튼하게 한다. 쇠고기와 파인애플·키위는 궁합이 잘 맞는데, 단백질 분해 효소가 있어서 쇠고기를 부드럽게 해준다.

두부 ♥ 무

어린이 영양의 필수 아이템

왜 좋을까? 두부는 고기 못지 않게 우수한 단백질과 칼슘, 비타민 B군 등이 풍부한 영양제로 기력을 보충하며 소화를 촉진하고 비·위장과 대장을 강화한다. 두부를 먹고 이상이 생겼을 때, 무 끓인 물이나 무씨를 갈아 가루약처럼 먹이면 좋다.

딸기 ♥ 우유·콩

각종 호흡기 질환을 완화시킨다

왜 좋을까? 감기, 기관지염 등에 딸기가 좋다. 딸기에 꿀을 넣으면 비타민 C의 흡수가 좋아지고, 우유를 섞으면 단백질, 칼슘 등을 보강할 수 있다. 또한 딸기는 콩의 불포화 지방산 산화를 막아주므로 두유를 섞고 레먼즙을 떨어뜨려 먹이면 좋다.

토마토 ♥ 부추

식욕증진에 효과 있다

왜 좋을까? 토마토는 아기가 더위를 잘 타거나 갈증을 호소할 때 좋다. 또한 피로회복을 돕고 피를 맑게 해주는 정혈작용이 뛰어나며, 신경흥분으로 쉽게 긴장하고 쉽게 불안해 할 때 진정작용을 한다. 특히 토마토와 부추는 궁합이 잘 맞는다.

메추리 ♥ 타락죽

기력 회복을 돕는다

왜 좋을까? 메추리는 아기들에게 아주 좋은 식품으로 성질이 따뜻하며 맛도 좋고 내장 기능을 보강하며, 기력을 향상시킨다. 특히 팥과 함께 삶아 먹이면 아기의 설사가 멎고, 타락죽에 삶아 먹으면 하초가 살찐다고 한다.

무 ♥ 찹쌀

기침·가래에 효과 있다

왜 좋을까? 호흡기가 약해 기침, 가래가 많고, 변비가 잘 되는 아기에게는 무가 좋다. 몸이 차거나 늘 소화가 안 되어 뭔가 얹힌 듯한 느낌이 들거나 속 쓰린 증세가 나타날 때는 무를 채 썰어 찹쌀가루와 섞어서 '무떡'을 만든다. 무와 찹쌀은 궁합이 잘 맞는다.

미역 ♥ 참기름·두부

유아의 영양 다이어트 식품

왜 좋을까? 미역 요리에 참기름을 넣으면 요오드 흡수율이 높아진다. 두부는 이유식 재료로 많이 이용되는데, 지나치게 섭취하면 몸 속의 요오드가 빠져나간다. 이때 필요한 것이 미역이다. 미역은 칼슘이 풍부한 반면 열량은 적어 다이어트 식품으로도 인기다.

시금치 ♥ 우유

철분의 흡수를 돕는다

왜 좋을까? 시금치는 비타민 A, C 및 철분이 많이 들어 있다. 맛은 달고, 그 잎이 대단히 부드러워 자극성이 적고 소화를 촉진시킨다. 그래서 아기 이유식에 시금치를 많이 응용하고 있다. 특히 철분이 풍부한 시금치를 우유와 함께 먹으면 흡수가 잘된다.

우유 ♥ 된장·옥수수

칼슘을 보충해 준다

왜 좋을까? 우유는 고단백 식품이자, 다양한 비타민이 총집결된 완전 식품이다. 특히 칼슘 보급에 효과적이다. 우유는 된장과 잘 어울리므로 '우유된장국'을 끓여 먹으면 좋다. 또 옥수수에 부족한 단백질을 우유가 보충해 주므로 두 식품도 잘 맞는다.

오이 ♥ 식초

비타민 C의 손실을 막아준다

왜 좋을까? 이뇨작용이 탁월한 오이에는 비타민 파괴 효소인 아스코르브나아제가 들어 있어 다른 야채와 함께 주스를 만들 때나 요리할 때 비타민 C가 손실되기 쉬우므로 식초를 약간 섞어 주스를 만들거나 염분을 조금 넣어 조리하도록 한다.

잣 ♥ 해조류·우유

기관지염 치료에 효과 있다

왜 좋을까? 대단한 자양강장제로 맛이 달며 성질이 따뜻한 잣은 비타민 B2, 비타민 E 외에 호도나 땅콩보다 엄청난 양의 철분이 함유되어 있지만 인이 많고 칼슘이 적은 산성 식품이기 때문에 해조류나 우유 등 칼슘이 많은 식품과 함께 먹는 게 좋다.

도라지 ♥ 굴

호흡기가 약한 아기에게 좋다

왜 좋을까? 도라지는 폐를 맑게 해 주므로 선천적으로 호흡기가 약한 아기에게 좋다. 도라지에 영양이 풍부한 굴을 섞어 조리하면 천식이나 기관지염, 편도선염, 감기에 잘 걸리는 아기, 또는 가래에 시달리는 아기에게 더 큰 효과를 볼 수 있다.

호박 ♥ 돼지고기·꿀

이뇨·해독작용이 뛰어나다

왜 좋을까? '남과(南瓜)'로 불리는 호박은 어린 열매를 애호박, 익어서 잘 굳은 것을 청동호박, 보기에 예쁜 것을 화초호박이라 하는데, 어느 것이나 약효가 있다. 그 약효는 크게 이뇨작용과 해독작용으로 나눠볼 수 있다. 호박은 돼지고기나 꿀과 궁합이 맞는다.

신재용의
이유식동의보감

신재용 선생이 제안하는 新 이유식 동의보감. 한방요법은
같은 병, 같은 증세라 하더라도 체질에 따라 처방이 달라진다.
사실 아기들은 체질 김별에 어려움이 많지만 부모의 체질을
닮는 경우가 많으므로 그에 따라 맞는 식품과 맞지 않는
식품을 알아본다. 더불어 체질에 맞는 음식을 소개해 아기의
두뇌발달과 성장발달을 도울 수 있게 했다. 아픈 아기를 위한
한방 이유식도 소개한다.

체질과 이유식

이유식을 할 때 주의해야 할 점은 크게 두 가지다. 첫째, 내 아기의 성장발육을 다른 아기와 비교하여 조급하게 서두르지 않는것, 둘째, 이유식 단계나 이유식의 재료 및 조리법 등을 내 아기에게 맞추어 나간다는 것으로, 이때 이왕이면 내 아기의 체질을 알고 그 체질에 맞추는 것이 더 바람직하다.

그러나 아기의 체질을 감별하기는 쉽지 않다. 단지 아기의 체질은 부모의 체질을 닮기 때문에 부모의 체질을 정확히 안다면 아기가 어떤 체질인지 유추하는 데 도움이 될 수는 있다.

예를 들어 태음인 아빠와 소양인 엄마 사이의 아기는 태음인이거나 소양인이거나 혹은 보다 태음인에 가까운 소양인이거나 또는 보다 소양인에 가까운 태음인일 수는 있어도 엉뚱하게 태양인이나 소음인일 수는 없다는 것이다.

물론 태양인 경향을 띤 태음인과 태양인 경향을 띤 소양인 사이에서 태양인 아기가 태어나거나 혹은 소음인 경향을 띤 태음인과 소음인 경향을 띤 소양인 사이에서 소음인 아기가 태어날 수도 있겠지만 그럴 확률은 극히 희박하기 때문이다.

양성체질과 음성체질

아기의 체질을 정확하게 감별하기란 쉽지 않다. 따라서 처음부터 체질을 세분하기는 힘들므로 우선은 양(陽)체질인지 음(陰)체질인지부터 구별해 보도록 한다.

●양성체질의 아기

체온이 높고 뜨거운 것을 싫어하며 찬물을 즐겨 마신다

양성체질인 아기의 경우, 몸이 더우며 손발이 항상 뜨거운 편이다. 따라서 더우면 짜증을 내고 서늘한 것을 좋아하며, 물을 많이 마시되 특히 찬물을 즐긴다. 음식도 찬 것을 찾는다. 열이 있는 편이기 때문에 소화도 잘되어서 식욕이 왕성한 편이고, 무엇이든 잘 먹는 편이며, 특히 쓴 것도 어렵지 않게 잘 먹는 게 특징이다.

담백한 음식을 좋아하며 변비가 되기 쉽다

일반적으로 담백하고 정갈한 음식을 좋아한다. 변비가 잘 되거나 열에 의하여 소변이 붉으면서 탁하고, 소변 역시 적고 횟수도 드문 편이다.

얼굴에는 붉은 빛이 돈다. 머리·목·어깨 등 상체가 몸통에 비해 상대적으로 발달해 있다. 졸리면 밝은 불빛이나 소음 속에서도 잘 자는 편인데, 졸린 데도 잘 수 없는 상황에서는 발악에 가까울 정도의 분노성 울음을 터뜨린다.

자기 주장이 강하고 욕심이 많으며 활발하다

열성질환을 앓게 되면 열성경기를 잘 일으킨다. 또 능동적이고 적극적이기 때문에 감정 변화가 극렬하고, 잘 웃고 경쾌한 편이지만 화날 때는 부들부들 떨면서 자기 주장을 한다. 울음소리나 말소리가 쩌렁거릴 정도로 우렁차고 욕심이 강한 편이다. 차분하지 못하여 항상 부산하고 육체적 움직임이 많은가 하면 눈빛이 번득거릴 만큼 안광이 강하고, 맥박도 빠르고 강한 편이며, 내뿜는 숨이 강하다.

●음성체질의 아기
손발이 차고 따뜻한 음식을 좋아하며 편식하는 경향이 있다

음성체질인 아기는 손발 또는 하복부가 냉하고 손발이 저리기 쉽다. 그래서 따뜻한 곳을 찾으며 음료도 따뜻한 것을 즐긴다. 그러나 그리 많이 마시려고 하지 않는다. 음식도 따뜻한 것을 좋아하며 단것을 즐기고 소식하며 편식하는 경향이 있다.
어린아기인데도 자극성 있는 음식을 잘 먹는 게 특징이다.

추위를 많이 타며 식욕이 없고 설사가 잦다

추위를 잘 타기 때문에 따뜻한 계절을 좋아하지만, 봄이면 생동·충동하려는 생리적 욕구에 따라가지 못하기 때문에 소위 '봄타는 병'을 잘 앓는다. 또 몸이 찬 편이기 때문에 소화 기능이 약해, 뱃속이 항상 꾸르륵거리며, 식욕도 왕성하지 않고, 설사하기 쉽다. 소변이 맑고 분량이 많고 횟수도 잦다.

외모가 유순한 편이고눈이 가늘고 턱이 예리한 편이다. 얼굴색은 희거나 푸른 기가 돌며 피부가 창백하거나 얇다. 목이 가늘고 가슴이 좁고 손가락이 가늘며 근골이 박약하고 근육이 무른 편이다.

움직임이 적고 감정의 변화가 크며 성격이 예민하다

행동의 반경이 넓지 않고 몸 움직임도 적어서 얌전한 편이다. 사소한 것에 감정 변화가 크다. 그러나 자기 감정을 쉽게 표현하지는 않는다.
밝은 불빛이나 조그만 소음에도 잠을 이루지 못하거나 잘 깨며, 특히 장소가 바뀌거나 생소한 사람이 있을 때는 졸려도 자지 못하고 칭얼대며 보채기를 잘한다.
울음소리나 목소리가 가늘고 낮으며, 쉽게 목이 쉰다. 웃어도 활짝 웃기보다는 수줍은 듯 웃고, 잘 울거나 눈물을 잘 흘리는 편이다.

사상체질

아기의 체질이 태양·소양·태음·소음 네 가지 체질 중 어떤 체질인지 감별해 보는 것이 좋다. 이 네 가지 체질을 '사상체질'이라고 한다.

●태양인 아기는 양성체질이다
머리가 크고 목덜미가 두툼하지만 하체는 약한 편이다

태양인 아기는 몸통에 비해 상대적으로 머리가 크다. 물론 아기들은 몸통에 비해 상대적으로 머리가 다 큰 편이지만, 이 경우는 그냥 큰 것이 아니라 마름모꼴 형태로 광대뼈가 툭 튀어나와 있고 이마도 넓으면서 툭 불거져 있으며 목덜미와 뒷머리도 두툼하고 귀도 잘생겼다고 할 만큼 크면서도 단단하다.
다리가 약하며, 변비에 잘 걸리고, 소변 양이 적거나 색깔이 짙을 수 있다. 위에서 말한 양성체질의 특징을 거의 다 갖고 있다.

● 소양인 아기는 양성체질이다
역삼각형 얼굴에 창백한 기운이 돌며 변비가 되기 쉽다

소양인 아기는 머리가 좁은 편이며 역세모꼴 얼굴로 턱이 좁게 빠져 있어 '하관이 빠르다'고 표현할 만큼 가냘프다. 동그란 눈은 아름다우며 눈빛이 매우 강렬하다. 입이 작고, 콧대가 날카롭고 (아니면 낮거나 짧은 경우도 있다) 피부는 윤기가 적고 희누런 빛을 띠어 매우 병약한 느낌을 준다. 변비가 잘 되며, 입안이 잘 헐고, 피부가 잘 짓무른다. 위에서 말한 양성체질의 특징을 비교적 많이 갖고 있다.

● 태음인 아기는 음성체질이다
몸집이 크고 이목구비가 큼직하며 호흡기가 약한 편이다

태음인 아기는 몸집이 크고 (몸집이 크지 않을 때는 뼈대가 굵다) 얼굴도 네모꼴로 크고 넓적하며, 코도 둥글넓적 큼직하고, 둥근 눈이 크고 시원하며, 귀도 크면서 귓볼도 두툼하고, 입도 크고 입술도 두툼하다. 피부는 질기고 두꺼우며 검은빛을 띠고 있다.
물론 허여멀금한 얼굴에 상기된 듯 붉으스름한 빛이 감도는 경우도 있다. 피부질환을 앓기 쉽고, 호흡기가 약하다. 위에서 말한 음성체질의 특징을 비교적 많이 갖고 있다.

● 소음인 아기는 음성체질이다
갸름한 얼굴에 하얀 피부를 갖고 있으며 손발이 찬 경우가 많다

소음인 아기는 달걀형 얼굴로 갸름하지만 턱과 볼기가 풍만하여 아랫볼이 약간 부운 듯하다. 입술이 창백하고 입안이 텁텁하며 단내가 나고, 눈밑도 거무스름해지고 잘 붓는다. 피부는 부드럽지만 마치 부은 듯 푸석푸석한 느낌이 있고, 피부색은 비교적 깨끗한 흰빛일 때가 많다. 소화장애를 잘 일으키고 냉한 체질이기 때문에 손발이 차고 설사가 잦다. 위에서 말한 음성체질의 특징을 비교적 많이 갖고 있다.

체질에 따른 이유식

체질에 따라 섭취해야 할 영양소도 달라진다. 사상체질에 따라 플러스 효과를 낼 수 있는 이유식 영양 섭취법을 알아본다

● 태양인 아기…
시원한 성질의 음식을 먹인다

태양인 아기는 변비가 있다 하더라도 걱정할 필요가 없지만 소변 양이 적거나 색깔이 짙으면 질병에 걸리기 쉬우므로 주의한다.
그리고 폐로 상승하는 양 기운이 많고 간장으로 하강하는 음 기운이 적으므로 하체를 보강하고, 소변을 원활하게 해주는 이유식을 먹인다.
그리고 양 기운을 억제하고 음 기운을 도와 상승시키는 담백한 맛의 이유식, 그러면서도 식품의 성질이 더운 것보다 시원한 것을 주도록 한다.

● 소양인 아기 …
채소류와 해물류가 좋다

비뇨생식기가 약한 편인 소양인 아기는 변비가 잘 되며 환절기를 잘 탄다. 입안이 잘 헐고, 피부가 잘 짓무르며, 비위장 소화기에 양 기운이 많고 신장에 음 기운이 적다. 따라서 비위장의 열을 풀어주면서 신장의 음을 보강하는 이유식이 좋다. 식품의 성질이 서늘하면서 싱싱한 오이, 호박, 복숭아, 참외 등의 채소, 과일류가 좋으며 청어, 새우, 생굴, 오징어 등의 해물류를 많이 섭취하는 것이 좋다.

● 태음인 아기…

고단백·고칼로리 이유식을 먹인다

심장순환계와 호흡기계가 약한 태음인 아기는 간과 소화기 질환에 걸리기 쉽다. 또 폐로 발산하는 기운이 적고, 간으로 모아들이는 기운이 많으므로 허약한 폐의 기능을 보호해줘야 하며, 항상 소변과 대변이 잘 소통되게 하면서 체내에 노폐물이 축적되지 않게 해야 한다.

그러기 위해서는 동·식물성 단백질이나 칼로리가 높고 맛이 중후한 식품으로 이유식을 만들어 주는 것이 좋다.

● 소음인 아기…

소화하기 쉽고 따뜻한 성질의 식품이 좋다

소화장애를 잘 일으키고 냉한 체질인 소음인 아기는 손발이 찬 경우가 많고 걸핏하면 설사를 한다. 또 조금만 움직이거나 외출해도 금방 힘이 빠지고 지치며, 각종 질병에 대한 저항력마저 약한 편이다. 따라서 소화기 기능을 비롯해서 질병에 대한 저항력을 강화하고 에너지를 보강하는 이유식, 그러면서도 소화하기 쉽고 따뜻한 성질의 식품이 좋다.

태양인 아기에게 좋은 식품 & 피해야 할 식품

좋은식품

배추, 감, 조개, 시금치, 모밀, 새우, 붕어, 송화가루, 방게, 포도

피해야 할 식품

밀가루, 수수, 찹쌀, 참깨, 흰콩, 잣, 호도, 밤, 은행, 대추, 칡, 코코아, 초콜릿, 우유, 설탕, 버터

소양인 아기에게 좋은 식품 & 피해야 할 식품

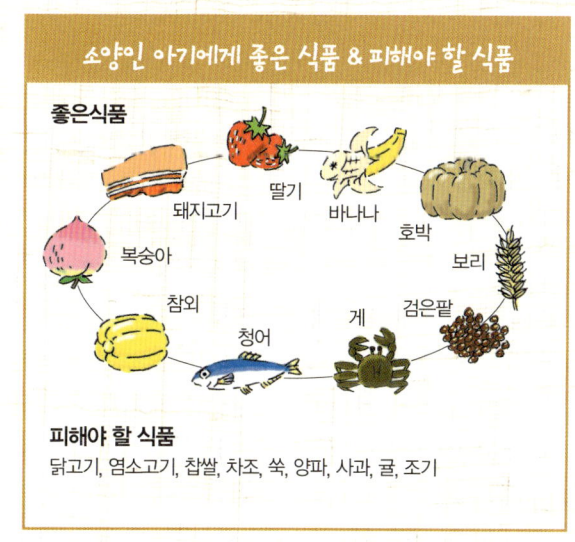

좋은식품

돼지고기, 딸기, 바나나, 호박, 보리, 검은팥, 게, 청어, 참외, 복숭아

피해야 할 식품

닭고기, 염소고기, 찹쌀, 차조, 쑥, 양파, 사과, 귤, 조기

태음인 아기에게 좋은 식품 & 피해야 할 식품

좋은식품

두부, 쇠고기, 고구마, 김, 땅콩, 우유, 살구, 은행, 버섯, 잣

피해야 할 식품

오이, 상추, 시금치, 수박, 참외, 포도, 바나나, 조개류, 생굴, 홍합, 새우, 게, 장어, 돼지고기, 닭고기, 꿀

소음인 아기에게 좋은 식품 & 피해야 할 식품

좋은식품

벌꿀, 사과, 생강, 쌀, 감자, 대추, 토마토, 닭, 조기, 복숭아

피해야 할 식품

팥, 보리, 메밀, 밀가루, 딸기, 배, 참외, 오이, 수박, 바나나, 밤, 배추, 고구마, 굴, 게, 오징어, 돼지고기

이유식 재료 베스트

머리 좋고
원만한 성격
만드는 이유식

태양체질의 아기

녹두…

신경질적인 아기에게 좋다

녹두는 신경질적인 아기, 열성체질로 더운 것을 못 참는 아기, 몸 안에 생긴 열독으로 걸핏하면 부스럼이 잘 나는 아기에게 잘 어울리는 식품이다. 열성체질은 입안도 잘 헐고 입 냄새가 나며, 열 때문에 소변이 농축되기 쉽다. 그럴 때도 녹두를 자주 먹이는 게 좋다.

녹두로 만든 죽은 이유식 초기부터 먹일 수 있으며, 이유식 중기부터는 녹두를 싹 틔워 숙주나물로 키워 먹여도 좋다. 〈본초강목〉에서는 '사람 몸에 가장 좋은 나물'로 숙주나물을 꼽았을 정도다. 청포묵이나 빈대떡 등은 이유식 후기부터 먹이도록 한다.

그러나 냉증체질이 녹두를 자주 먹으면 원기가 떨어지고 소화기가 약한 아기에게도 좋지 않다.

들깨…

양성체질 아기는 들깨, 음성체질 아기는 참깨를 먹인다

들깨는 음액을 늘리고 골수를 보강하는 식품이다. 또 기가 위로 상충하면 머리가 맑지 못하고 정신도 안정이 되지 못하는데, 바로 이 기를 아래로 끌어내리는 '하기(下氣)' 작용이 들깨에 있다.

그리고 들깨는 위 점막도 보호한다. 따라서 들깨, 들기름을 이유식에 많이 응용해 본다.

이유식 후기쯤부터는 향긋한 들깻잎도 먹기 좋게 요리해 자주 먹이도록 한다. 한편 참깨는 음성체질에 잘 어울리고 들깨는 양성체질에 잘 어울리므로 아기의 체질에 맞추어 쓰도록 한다. 그리고 들기름은 햇볕과 공기 중에서 쉽게 산패하기 쉬워 부작용을 일으킬 수 있으므로 냉장고에 보관해 두고 먹이거나 짠 지 오래 된 것은 먹이지 않도록 해야 한다.

태음체질의 아기

땅콩…

철분 흡수율을 높이고 기억력을 증진시킨다

땅콩의 지방은 콩의 3배, 비타민 B1은 12.6배에 이르며, 리신, 레시틴, 비타민 B1, B2, E 등도 많다. 땅콩은 적혈구를 증식시켜 철분의 흡수를 향상시키고, 기억력을 증진시키며, 호흡기 기능을 강화한다. 특히 레시틴은 간장 기능을 강화하고 혈액순환을 원활하게 한다.

땅콩 날것 300g을 껍질을 벗기고 짓이겨 약탕관에 넣고 물 한 사발을 부어 달이면 기름이 뜨는데 이 기름을 떠낸 뒤 설탕을 조금 넣고 계속 달여 한 공기 가량으로 줄면서 우유처럼 되면 이것을 냉장고에 보관해두고 아기의 개월 수에 맞추어 조금씩 먹이는 것도 좋다. 또 땅콩의 붉은 껍질에는 조혈 효능이 있기 때문에 껍질째 이유식에 응용하여 먹는 게 좋다.

미역…

신경을 진정시키고 뼈를 강화하며 변비를 치료한다

미역은 번열증을 내리며, 신경을 진정시키는 효과가 있다. 그래서 속에 열을 느끼며 가슴이 답답하거나 화를 잘 내고 잘 보채는 아기에게 좋다. 또 미역은 피를 만들어주고 피를 깨끗하게 해주며, 뼈를 강화하고, 변비를 개선해준다.

미역국을 끓여 그 국물을 이유식으로 응용하면 좋은데, 미역 요리를 할 때는 참기름과 함께 조리하면 미역의 요오드 흡수율이 훨씬 높아진다. 그러나 냉성체질의 아기에게는 많이 안 먹이는 게 좋으며, 설령 미역이 잘 맞는 열성체질이라고 해도 한꺼번에 많이 먹으면 복통을 일으키기 쉬우며, 요오드 과잉이 되므로 주의해야 한다.

밀…

쭉정이가 아기의 놀람을 진정시킨다

밀은 찬 성질을 가졌기 때문에 가슴이 답답하면서 열이 날 때, 신경이 예민해지고 분노를 잘 일으킬 때 좋다. 밀 중에서도 통밀을 물에 담갔을 때 물 위로 뜨는 쭉정이 밀을 '부소맥'이라고 하는데, 이것이 신경안정제로 효과가 더 크다.

부소맥은 땀을 멈추게 하며, 아기가 잠을 잘 못 이루거나 불안해할 때, 혹은 아기가 굉장히 부산스러울 때나 밤에 울어대며 잘 놀랄 때 진정시키는 작용을 한다. 물론 잦은 소변을 억제하므로 밤에 오줌을 지리거나 잠을 이루지 못할 정도로 소변을 자주 볼 때도 좋다.

부소맥 한 줌에 대추, 감초를 조금 섞어 끓여 보리차 대신 먹인다. 또는 이유식을 조리할 때 부소맥 끓인 물을 이용한다.

호두…

열량이 높고 영양가가 풍부한 건뇌식품이다

호두는 신경안정제 역할을 할 뿐 아니라 뇌세포를 활성화시키고, 원기를 돋우며 기력을 강화한다. 특히 만성기관지염, 천식, 기침이 심하고 가래가 많을 때 아주 좋다.

호두 10여 개의 겉껍질을 벗기고 뜨거운 물에 넣어 속껍질을 벗겨, 잘 씻어 물에 불린 다음 150g 정도의 쌀과 함께 물을 조금 넣고 믹서에 간 다음 체로 거른다. 여기에 물을 붓고 꿀을 적당히 넣고 끓인다.

다 끓여져 갈 때 씨를 발라낸 대추를 넣어 죽을 만들어 먹이면 아주 좋다. 그러나 열성체질 또는 대변이 항상 묽은 아기에게는 안 좋다.

소양체질의 아기

토마토…

피로회복을 돕고 총명한 아이로 길러 준다

토마토는 머리를 총명하게 해주는 성분을 함유하고 있으며, 또 신경흥분으로 긴장, 불안할 때 진정작용을 한다. 따라서 감정의 변화가 매우 심한 아기에게 좋다. 이 외에도 토마토는 소화를 돕고 간장 기능을 좋게 해주며, 피로를 빨리 회복시킨다. 또 피를 맑게 해주는 정혈작용도 뛰어나다.

토마토는, 예로부터 서양에서는 '의사를 필요 없게 만드는 야채'로 정평이 나 있다. 토마토는 냉한 체질보다는 열성체질에 더 잘 어울리는 식품으로 특히 열성체질로 더위를 잘 타거나 갈증을 호소할 때 좋다.

그리고 토마토는 성질이 찬 편이므로 생으로 먹으면 몸을 차게 하므로 아기에게 이유식으로 줄 때는 언제나 완전히 익힌 것을 먹이거나 혹은 가열해서 먹이도록 한다.

상추…
감정이 격변하는 아기에게 좋다

상추는 신경을 안정시키는 작용을 한다. 그래서 신경이 예민한 아기에게 잘 어울리는 식품이다. 가슴이 답답하거나 머리가 무겁고 멍하거나 잠이 안 올 때도 좋다. 또 상추는 소변을 원활하게 하는 이뇨작용을 한다.

그리고 성질이 찬 식품이기 때문에 열성체질로 구취가 심해질 때도 좋다. 피를 맑게 하는 정혈작용 및 해독작용도 하므로 피부 트러블을 잘 일으키거나 상습적으로 변비가 있을 때도 너무 좋다.

단, 상추는 성질이 냉한 식품이기 때문에 냉한 체질, 또는 설사를 잘 할 때에는 안 맞는다.

홍화…
아기의 뼈를 강화하여 성장을 돕고 두뇌발달을 돕는다

홍화에는 셀레늄이 많이 들어 있는데, 이 성분은 머리를 좋게 해준다. 이 밖에도 홍화는 혈액순환을 원활하게 해주며, 심장기능을 강화하고, 피부를 맑게 해주는 식품이기도 하다. 한편 홍화씨에서 짠 기름에는 리놀산이 많이 함유되어 있으며, 대단한 체력 보강제로 알려져 있을 뿐 아니라 머리를 총명하게 해준다고 알려져 있다.

또 홍화씨는 아기의 뼈를 강화하고 성장에도 도움이 된다고 한다. 홍화 또는 홍화씨를 보리차처럼 멀겋게 우려낸 물을 소량씩 이유식 조리 때 이용해 보자.

홍화는 적당히 쓰면 혈액순환도 촉진하고 혈액을 생성하기도 하지만 지나치게 많이 쓰면 오히려 피를 파괴하니 지나치게 많이 복용하지 않도록 주의한다.

미나리…
열을 내려 머리를 시원하고 맑게 해준다

〈동의보감〉에는 미나리가 갈증을 풀어 주고, 머리를 맑게 해 주며, 대·소장을 편안하게 해주고, 이뇨작용과 해독작용을 한다고 했다. 특히 미나리는 시원한 성질의 식품이기 때문에 열이 있어 머리가 맑지 못할 때 좋다. 그러나 소화기가 약하고 몸이 냉한 아기에게는 맞지 않는다.

소음체질의 아기

대추…
잘 놀래고 잘 울 때 안정제로 좋다

대추는 특히 신경안정 작용이 크다. 걸핏하면 노여움을 타고 대수롭지 않은 일에도 울음을 터뜨리거나, 혹은 잠을 잘 못 이루거나, 감정이 쉽게 바뀌고, 어디에 열중하지 못하여 괜히 부산한 데다 하품을 자주 할 때, 혹은 아기가 밤중에 자주 깨거나 악몽을 꾸는 것처럼 자지러지게 울거나 놀랄 때 좋다.

이 밖에도 대추는 기침을 멎게 하고 건조한 목을 풀어 주며, 소화흡수 능력을 키우고 변비를 없애는 데도 효과가 크다. 이유식을 만들 때 찐 대추살을 짓찧어 응용하거나 대추 끓인 물을 이용해 보도록 한다.

대추를 보관하기 위해 말릴 때는 그냥 말려도 좋지만 살짝 수증기로 찐 뒤 햇볕에 말리는 것이 좋다. 단, 생대추를 많이 먹으면 몸에 열이 생기고 소화장애를 일으키므로, 열성체질로 입이 마르고 변비가 있을 때는 삼가야 한다.

태음체질의 아기

당근…

영양 균형이 잘 이루어진 채소로 '만병의 묘약'이다

당근은 체질이 허약하여 기력이 없는 아기, 감기에 잘 걸리는 아기, 식욕이 없고 소화기가 약한 아기, 치아와 뼈가 튼튼하지 않은 아기, 점막의 지형력이 떨어져 천식 등을 쉽게 일으키는 아기, 소변이 잦거나 야뇨증이 있는 아기, 변비가 되면 금방 건강이 안 좋아지는 아기에게 너무 좋다. 그러나 당근을 잘게 자르거나 으깨면 당근 속의 산화효소에 의해 카로틴이 급속히 산화해버리므로 주의해야 한다. 당근은 열이 많은 체질은 많이 먹지 않는 게 좋다. 그리고 당근을 날로 먹으면 속이 냉해지고 당근을 익혀 먹으면 속이 더워지므로 체질에 따라 조리 방법을 달리해야 한다. 또 당근 잎에도 영양이 많으므로 잎이 조금 세더라도 버리지 말고 끓여서 그 물을 이유식에 응용하도록 한다.

밤…

생명활동과 성장발육을 돕는다

밤은 오장육부의 생명활동에 필수적으로 요구되는 영양물질과 성장발육에 관여하는 여러 물질을 함유하고 있다. 특히 비타민 B1이 쌀보다 4배나 더 많이 들어 있다. 신체를 따뜻하게 하고, 소화기의 기능을 튼튼히 하며, 신장기능을 보하고, 근육을 강하게 하는 작용을 하므로 이유식으로 밤암죽이 좋다.

만드는 방법은 껍질을 벗긴 밤을 물에 불려 강판에 갈아낸 뒤에 물을 조금 넣고 체에 거른 다음 불에 천천히 끓여 익힌다. 단, 밤을 지나치게 먹거나 잘못 먹으면 체하여 명치 밑이 막혀 가슴이 답답해지는 일도 있으므로 주의해야 한다.

순무…

몸을 가볍게 하고 기를 늘린다

순무는 호흡기가 약한 아기에게 좋다. 특히 순무의 잎은 모든 야채 중에서 칼슘 함량이 가장 높고 비타민 C의 경우 오렌지와 토마토의 3배가 함유되어 있으며, 칼륨도 상당량 함유되어 있는 대단한 알칼리성 식품이며, 엽산도 풍부하다. 때문에 기가 허한 아기의 기력을 돕우는 데 아주 좋은 식품이다.

순무나 순무 잎으로 수프를 끓이거나, 혹은 순무씨 한 홉을 또 삶아 말리기를 3회 이상 거듭한 후 가루를 내어 쌀과 함께 죽을 쑤어 먹는다.

표고버섯…

체력보강과 식욕증진에 효과가 있다

표고버섯은 체력보강과 식욕증진에 효과가 있으며, 장의 연동운동을 증진시켜 변비를 방지하며, 적혈구를 늘려 빈혈을 개선한다. 또 혈액순환을 촉진하는데, 반드시 햇볕에 말린 표고버섯을 써야 한다. 말린 표고에 케톤류가 많기 때문이며, 특히 에르고스테린 성분은 햇볕에 말린 표고에서만 얻을 수가 있기 때문이다. 에르고스테린은 자외선에 닿으면 비타민D로 변하는 물질로 체내에서 칼슘 흡수율을 높인다.

두부…

우수한 단백질이 풍부해 기력을 보충하는 영양제이다

두부는 우수한 필수아미노산이 풍부한 단백질과 엄청난 양의 칼슘, 그리고 리놀레산과 비타민 B군 등이 풍부한 영양제이므로 기력을 보충한다. 물론 신경을 안정시켜 초조와 불안을 내리고 소화를 촉진하고 비위장과 대장을 강화한다. 또 가래가 많이 나오는 기침에는 순두부를 매일 먹으면 낫는다고 할 정도로 기관지염에도 좋다. 두부에는 연두부와 손두부가 있는데, 연두부에는 비타민 B1과 칼륨 함량이 높고 손두부에는 단백질과 칼슘 및 철분 함량이 높다. 혈열(血熱) 타입에는 연두부가, 기허(氣虛) 타입에는 손두부가 잘 어울린다. 단, 냉한 체질로 설사를 잘 하는 아기, 방귀를 잘 뀌는 아기, 여름에 땀을 많이 흘리는 아기에게는 많이 안 먹이는 게 좋다.

밀…
체력을 키우고 머리를 맑게 한다

밀을 '소맥' 또는 '진맥' 이라 하는데, 체력과 저항력을 키운다. 또 소변을 원활하게 해주며, 간이 혈액을 듬뿍 간직할 수 있도록 돕는다. 물론 심장 기능도 돋우며, 머리를 맑게 해준다. 열이 있고 땀을 많이 흘릴 때 좋으며 대변 소통도 원활하게 해준다. 그래서 밀가루, 국수, 빵 등이 아기의 이유식으로 좋다.

그러나 찬 성질을 가졌기 때문에 몸이 냉한 아기에게 안 좋다. 밀가루는 이렇게 성질이 찬데, 국수로 만들면 더 차진다. 그래서 열성체질이 아닌 아기에게는 더 주의해야 한다.

또 밀가루는 정제할수록 영양분이 적어지며, 오히려 변비를 일으키므로 가급적 껍질과 배아를 함께 제분한 통밀가루를 이용하는 게 좋다. 또 밀가루를 많이 먹게 될 때는 육식을 곁들이는 게 좋다.

쇠고기…
기운을 돋우고 다리를 튼튼하게 한다

쇠고기는 성질이 따뜻하고, 영양이 풍부하며 소화흡수율이 좋고, 기운을 돋우며 비위장 기능을 강화한다. 또 허리와 다리를 튼튼하게 한다. 한편 소의 골수는 내장을 보하여 오장을 안정시키고, 골수를 보강해준다. 특히 여윈 아기나 신장이 약한 아기, 폐 기능이 약한 아기의 이유식으로 쇠고기 수프, 잘게 다진 쇠고기 등을 적극 활

용하도록 하고, 쇠고기를 끓일 때 소 골수를 함께 넣어 끓이면 더 좋다.

혹은 소 골수 150g에 호두가루, 볶은 은행가루 각 150g과 마가루 300g, 꿀 600g을 함께 버무려 물을 넣고 뭉근한 불로 끓여 걸쭉하게 만들어, 냉장고에 보관하고, 아기의 개월 수에 맞추어 소량씩 먹여도 좋다.

우유…
질병에 대한 저항력을 키운다

우유는 칼슘 보급에 가장 효과적인 식품이다. 칼슘이 부족하면 뼈가 약해지고 산성체질이 되어 질병에 걸리기 쉽다. 또 우유에 풍부한 비타민 B2는 에너지대사를 촉진한다. 비타민 B2가 부족하면 입 끝이 갈라지고 입술이 튼다. 따라서 이유식으로 '우유된장국' 을 만들어도 먹이면 좋다. 조개국물에 된장을 풀고 한소끔 끓인 후 우유를 넣고 골고루 섞이도록 살짝 끓여 먹인다. 우유와 된장은 궁합이 잘 맞는다. 그러나 '우유된장국' 등 우유를 끓여 먹어야 할 경우에 우유를 지나치게 끓이면 영양소가 파괴되고, 우유의 단백질이 응고하여 걸쭉하게 되므로 주의해야 한다.

잉어…
기혈의 순환을 돕는다

잉어는 호흡기가 약한 아기에게 좋다. 또 만성소모성 질환에 시달리는 아기에게 좋으며, 기의 순환을 촉진하고 혈액순환을 돕기 때문에 몸이 나른하고 피로해하는 아기에게도 좋다. 예를 들어 '용봉죽' 같은 게 좋은데, 내장을 뺀 잉어와 내장을 빼낸 영계를 쌀, 기름에 볶은 버섯류를 함께 넣어 죽을 쒀서 먹인다. 단, 잉어를 요리할 때는 비늘을 벗기지 말고 머리 위 정수리 부위를 칼집 내어 악혈을 풀고 담낭을 떼어내고 요리해야 한다. 잉어 내장에는 아노이리나아제라는 비타민 B1을 분해하는 성분이 들어 있지만 가열하면 파괴되므로 내장을 일부러 걷어낼 필요는 없다.

참깨…
오장을 보강하고 기력을 돋운다

〈신농본초경〉에는 "참깨는 허약한 몸과 오장을 보강하고 기력을 북돋아 준다. 또 머리를 좋아지게 한다."고 했으며, 〈식료본초〉에는 "참깨는 위와 장의 기능을 다스리고 혈맥을 잘 통하게 해주며 피부를 윤택하게 해준다."고 했다. 온몸에 활력을 주고 기관지염이나 변비, 위궤양, 감기 등을 막아주며, 특히 근육과 뼈를 강화시켜서 사지무력증에 좋다. 참깨를 이유식 재료에 배합해서 응용하는 것도 좋고, 참깨 1kg을 쪄서 말리기를 두세 번 거듭한 다음 가루 내어 꿀에 버무려 보관해두고 개월 수에 맞추어 소량씩 먹이는 것도 도움이 된다.

콩…
질병에 걸리기 쉬운 아기에게 좋다

콩은 아기의 단백질 공급원으로 필요하다. 노폐물이 축적되기 쉽고 질병에 걸리기 쉬운 아기에게 좋은 식품이다. 유난히 땀이 많은 아기에게 전해질 균형을 이루어지게 하므로 좋고, 또 혈액순환을 촉진하기 때문에 심혈관계가 취약한 아기에게 좋다.

특히 두유는 장내 유용세균의 증식을 도와 장을 튼튼하게 하므로 장이 약한 아기에게 좋다. 콩기름에는 올레산이나 리놀산, 리놀렌산 등이 들어 있어 아기들 이유식에 응용할 필요가 있다. 단, 콩은 알레르기를 일으키기 쉬운 식품이므로 알레르기 반응을 관찰하면서 조절해야 한다.

현미…
혈액의 흐름을 좋게 하고 뇌에 에너지를 공급한다

현미에는 비타민 B1, B2, 식물성 기름이 풍부하다. 특히 장의 연동운동을 증가시키고, 유해물질의 장내 흡수를 막으며, 당질을 에너지로 변화시키는 한편, 혈액의 흐름을 좋게 하고, 뇌와 신경에 필요한 에너지를 공급하고, 온몸의 신경조직과 근육의 작용을 정상으로 유지시키기 때문에 아기의 이유식 재료로 좋은 식품이다. 입맛이 없을 때, 까닭 없이 살이 여윌 때, 설사로 탈수증이 있을 때, 안색이 안 좋을 때, 손발이 저릴 때 두루 좋다. 현미죽은 노르스름하게 볶은 현미를 뭉근하게 끓여 현미의 색이 누렇게 변하고 향긋한 냄새가 나게 끓이면 된다. 이때 다시마 우려낸 물을 쓰면 더 좋다.

태양체질의 아기

귤…
비타민 C가 많아 저항력을 키운다

귤은 비타민 C가 많아 저항력을 키운다. 또 생리기능이 잘 발휘되도록 돕고, 비생리적 체액을 삭히며, 특히 향기 좋은 위장약으로 소화를 돕고 체기도 풀어 주는 역할을 한다. 신경 안정 효과까지 있다. 이유식 초기·중기에는 귤즙을 내어 먹이고, 이유식 후기에는 귤을 그냥 먹이거나 귤을 통째로 검게 구워 뜨거운 물을 부어 마시게 한다.

오가피…
아기의 다리 힘을 길러준다

〈동의수세보원〉에 의하면 "오가피는 세 살 난 소아가 걷지 못하는 데 이를 쓰면 곧 다니게 된다."고 했다. 간장과 신장의 기능을 강화하여 근육과 뼈를 튼튼하게 하는 작용, 다시 말해서 장골(壯骨)하고 강근(强筋)하는 효과가 있기 때문이다. 소변을 보고 나도 소변을 다 본 것 같지 않고, 소변 줄기도 힘차지 못한 데에도 오가피가 효과적이다. 오가피를 살짝 볶으면 향기가 좋아지므로 살짝 볶은 오가피 5g 정도를 물 2~3컵에 넣고 20분 정도 끓여, 이 물을 이유식의 물로 이용한다.

소양체질의 아기

청어…
기력을 돋우고 살이 찌게 한다

〈동의보감〉에 의하면 청어는 "익기(益氣) 작용이 있어

기력을 돋우고 심력을 돋운다. 소화력을 증진시키고 식욕을 늘리며 간 기능을 원활케 하고 이뇨작용도 한다."고 하였다. 그래서 살이 찌게 하는 식품으로 잘 알려져 있다.

청어는 항 빈혈 성분을 함유하고 있기 때문에 빈혈에도 좋다. 청어는 5월에서 7월 사이가 맛이 가장 좋은데, 산란기에 제일 먼저 몰려오는 청어가 가장 기름지고 살이 쪄서 맛이 좋다고 한다.

그러나 청어의 쓸개에는 독성이 있어 소화기와 간을 손상시킬 수 있으므로 쓸개를 빼고 요리하도록 한다. 또 가시가 많기 때문에 아기에게 줄 때 주의해야 한다.

해삼 …

체력과 저항력을 키워준다

해삼은 '바다의 인삼' 이라 해서 '해삼' 이라고 이름 붙였다. 그래서 인삼만큼 체력을 돋우며 저항력을 키워주는 대단한 강장식품이다. 해삼을 많이 먹으면 신경이 편안하게 가라앉으며 지구력도 생긴다.

생해삼을 쓰는 것보다 말린 해삼을 쓰는 것이 맛도 낫고 영양가도 더 높다. 해삼을 말리면 해삼에 들어 있는 요오드가 훨씬 많아지기 때문이다. 그러나 설사가 잦은 아기나 소화기가 약한 아기, 감기에 잘 걸리는 아기에게는 좋지 않다.

소음체질의 아기

감자 …

면역력을 높이는 영양식품이다

감자는 알칼리성 식품으로 철분과 칼륨 등 무기질이 풍부하며, 피로를 회복시키고 면역능력을 도우며 감기를 예방한다. 그래서 체력이 약해 쉽게 피로해 하고 질병에 잘 걸리며 스트레스에 약한 아기에게 좋다.

속쓰림, 메스꺼움, 설사에도 좋다. 이유식에 감자를 많이 응용하되, 감자를 삶아 뜨거울 때 으깬 생치즈를 섞어 먹이면 영양의 상승효과를 기대할 수 있다.

그러나 감자의 싹이 난 부분에는 솔라닌이라는 독성이 있으므로 싹이 나거나 푸르게 변한 감자는 쓰지 말아야 하며, 또 열성체질의 아기에게는 너무 많이 먹이지 않는 것이 좋다.

달걀 …

기혈을 보강하는 완전식품이다

달걀의 흰자와 노른자는 각각 다른 성질을 가지고 있으며 그 작용도 다르다. 흰자는 성질이 차고 노른자는 성질이 따뜻하다. 그래서 이유식 초기에는 노른자만 먹이고, 이유식 후기쯤 가야 달걀의 흰자까지 먹일 수 있다. 또 흰자는 기를 보충해주며 노른자는 피를 보충해주고, 흰자는 유기물을 흡수하는 능력이 있으며 노른자는 영양작용을 한다.

따라서 항상 기가 부족하고 영양상태가 부실해지기 쉬운 아기에게 기혈 양면을 동시에 보강해줄 수 있는 좋은 식품이 바로 달걀이다. 각종 영양소들이 고루 포함되어 있는 저칼로리 식품이자, 단백질의 영양 평가를 나타내는 단백가가 100에 가까운 식품이요, 체내에서 조성할 수 없어서 음식으로 받아들이지 않으면 안 되는 필수 아미노산의 이상적인 조성 비율을 나타내는 아미노산가 역시 100에 가까운 완전식품이 바로 달걀이다.

단지 달걀, 콩, 우유 등은 알레르기 질환을 유발하는 알레루겐 식품이므로 알레르기성 아기에게는 주의해야 한다.

닭고기 …

오장의 다섯 허약 증상을 다스린다

옛 의학책에 닭은 "오장의 다섯 가지 허약 증상을 다스리며 기력을 늘린다."고 하였다. 닭고기는 단백질과 지방이 풍부하기 때문에 허약자의 체력보강에 이만큼 좋은 음식도 없다. 따라서 몸이 항상 냉한 아기, 몸이 항상 무기력한 아기, 잔병치레가 잦은 아기, 소화기가 약해 입맛이 없는 아기, 아침에 쉽게 일어나지 못하는 아기, 입이 잘 말라 물을 많이 마시되 찬물보다 더운물을 찾는 아기, 소변이 잦은 아기에게 특히 잘 맞는다. 그러나 열성체질의 아기에게는 잘 맞지 않는다.

메기…

어지럼증이 있는 아기의 몸을 보한다

〈동의보감〉에는 메기가 "몸을 보하는 작용이 크다."고 했다. 따라서 몸이 항상 약하고 무기력하며 피로를 잘 느끼는 아기에게 좋다. 특히 철분이 굉장히 많이 들어 있어서 빈혈 때문에 항상 어지럽거나 혈색이 안 좋은 아기에게 아주 좋다. 이뇨작용도 뛰어나기 때문에 잘 붓거나 소변을 잘 못 보거나, 혹은 코피가 잘 나올 때 푹 고아 곰탕을 끓여 먹이면 효과가 있다. 예로부터 "메기고기는 백병을 다스린다. 곰국을 만들어 먹으면 몸을 보한다."고 했다. 그러나 메기 중에서 아가미뼈가 없는 것, 또는 눈이 붉고 수염이 붉고 아가미마저 없는 것은 먹지 않는 것이 좋다.

조기…

기력을 보강하고 혈액순환을 촉진시키다

조기는 살이 부드러워 맛도 좋지만 양질의 단백질 등 영양가도 높다. 기력을 보강해 주기 때문에 이름도 '조기(助氣)'라고 했으며, 혈액순환을 촉진시키기 때문에 항상 무기력하기 쉬운 아기에게 좋다.

또 심신을 안정시키고, 설사를 멈추게 하며, 위장을 튼튼하게 하고 소화를 촉진시키기 때문에 설사를 잘 하거나 복부가 팽팽해지기 쉬우며, 음식에 잘 체하며, 식욕이 떨어지기 쉬운 아기에게 너무 잘 어울리는 식품이다. 열이 많아 종기가 잘 생기거나, 얼굴이 붉게 상열되며, 변비가 심한 아기에게는 좋지 않다. 또 감기로 기침을 할 때 먹으면 증상이 더 악화될 수 있으므로 주의해야 한다.

멸치…

칼슘이 풍부하고 생명력이 강한, 따뜻한 식품이다

멸치는 생명력이 강한 따뜻한 성질의 식품으로 아기를 튼튼하게 만드는 영양식품이다. 따라서 체력이 약하면서 냉한 체질인 아기에게는 생명력 강하고 따뜻한 성질의 멸치가 필요하다. 멸치에는 칼슘이 많다. 그래서 불안, 초조해지며 눈이 충혈되고, 양 뺨에 열기가 달아오르며, 입이 마르며 입안이 쓰고 입에서 단내가 나고, 혹은 대변이 굳은 아기, 특히 내성적이고 세심한 성격의 아기에게 좋다.

말린 멸치를 우려낸 물로 된장국을 끓여 먹이면 좋다. 특히 멸치는 뼈를 튼튼하게 해주지만 어려서부터 많이 먹어야 도움을 받을 수 있다.

황기…

원기를 돋우고 면역력을 높인다

황기는, '단너삼'으로 원기를 북돋아주는 효과가 크기 때문에 기운이 없거나, 몸이 야위면서 땀을 많이 흘리는 허약한 아기에게 좋은 약재로 첫손에 꼽힌다.

또 황기는 면역력을 높이고, 소장의 포도당과 아미노산 흡수율을 높이며, 피부를 곱고 아름답게 해주며 소변을 원활하게 하고 설사를 멈추게 한다. 식은땀이나 화농성 질환, 피부병 등을 다스릴 때는 날것을 그대로 쓰고, 만성 소화기 질환이나 폐 질환을 치료하거나 보약에 넣을 때는 꿀물에 불린 다음 볶아서 쓴다.

대추와 함께 끓여 차로 자주 먹이거나 닭을 삶을 때 황기를 넣고 삶은 후 그 국물만 이유식에 이용해도 좋다.

오트밀…

기력을 돋우고 대장을 원활하게 해준다

오트밀은 귀리를 빻은 것이다. 귀리는 야생보리의 일종으로 참새나 제비가 즐겨 먹는다고 해서 '참새보리' 또는 '제비보리'라 불리는 곡물로 보리보다는 작고 가지가 사방으로 뻗으며, 싹과 잎은 오히려 밀과 비슷하다. 예전에는 봄에 껍질을 까서 버리고 가루를 만들어 찐 것을 먹거나 떡을 만들어 먹음으로써 구황식품으로 이용했다. 서양에서는 빻은 귀리가루를 오트밀이라 하여 식용하고 있으며, 요사이는 이유식 재료로 많이 이용하고 있다. 기력을 돋우며, 대장을 원활하게 해주는 작용이 뛰어나다.

신체 균형 이루고 피와 살이 되는 이유식

태양체질의 아기

굴 …
생혈(生血) · 정혈(淨血) · 보혈(補血) 식품이다

굴은 혈액을 생성하거나 생성된 혈액을 맑게 해주는 보혈 식품이다. 즉 생혈 · 정혈 · 보혈의 식품이다. 물론 소화도 잘 시킬 뿐 아니라 신경을 안정시키는 데도 좋다.

굴은 '바다의 우유'로 불릴 만큼 어패류 중 여러 가지 영양소를 가장 이상적으로 갖고 있는 영양 덩어리이지만, 성질이 찬 식품이기 때문에 몸이 찬 아기에게는 많이 먹이지 않는 것이 좋다. 또 5~8월엔 영양도 떨어지고 수컷이 돌연변이하여 암컷이 되므로 이때 먹으면 중독이 될 수 있다. 굴을 요리하려고 씻을 때는 찬 소금물에 가볍게 헹구듯 씻어야 영양소의 파괴를 막을 수 있다.

새우 …
기력을 증진시키며 눈과 치아 건강에 효과가 있다

새우는 기력을 증진시키며, 뇌수를 충족시키고, 빈혈도 개선하며, 눈과 치아를 튼튼하게 해준다. 특히 다리가 튼

튼해지는 효과까지 얻을 수 있다. 어느 요리에 넣어도 그 맛이 훌륭하므로 각종 이유식을 만들 때 이용하면 좋다. 이유식 후기쯤부터는 새우젓도 이용하도록 한다. 새우젓은 단백질, 칼슘이 들어 있는 뛰어난 영양 보급원이며, 소화에도 많은 도움을 주기 때문이다.

그러나 새우를 삶았을 때 하얗게 되는 것은 먹지 말아야 하며, 특히 수염이 없는 새우도 먹지 못한다. 또 알레르기 체질이나 냉성체질은 새우를 피하는 것이 좋다.

태음체질의 아기

김 …
식욕 증진에 도움되는 알칼리성 영양 식품이다

알칼리성 홍조류인 김은 영양이 풍부한 먹거리이다. 김에는 단백질도 많이 들어 있다. 마른 김 한 장에 들어 있는 단백질이 달걀 한 개에 들어 있는 단백질의 양과 비슷하다. 특히 비타민 B12는 해조류 가운데 김에만 들어 있다.

김의 향기는 미생물에 의해 분해되어 나오는 것인데 식욕을 증진시킨다. 김은 또 가래를 삭히므로 폐 기능이 약한 아기에게 좋은 식품이다. 김은 색이 검고 광택이 나며, 향이 좋고, 구우면 청록색이 되는 것이 좋은 것이다.

다시마 …
혈액순환을 돕고 장을 튼튼하게 하여 배변을 돕는다

다시마는 적혈구나 혈색소를 늘리는 등 혈액 형성을 강하게 자극한다. 혈액순환과 신진대사를 원활하게 해주며, 장에 필요한 균을 도와 장을 튼튼하게 만들기 때문에 배변을 부드럽게 한다. 또 칼슘이 많으며 미네랄이 풍부한 대표적인 알칼리성 식품으로 갑상선 호르몬의 생성을 도와 아기들에게 잘 나타날 수 있는 갑상선기능저하증을 막아줄 수 있으며, 뼈를 튼튼하게 해준다. 운

동능력을 증강하고 피로회복을 빠르게 하며, 어혈을 풀고, 근육이 뭉친 것이나 체내에 응어리가 생긴 것을 삭힌다. 다시마는 빛깔이 검고 두꺼운 것이 좋으며, 붉거나 주름진 것은 질이 나쁘다. 살이 두껍고 옅은 짠맛과 감칠맛, 연한 단맛이 나는 게 좋다. 겉껍질 검은 부분에 발육촉진 성분이 있으므로 버리지 말아야 한다.

잣 …
잣죽이 오장을 윤택하게 한다

'해송자'로 불리는 잣은 맛이 달며 성질이 따뜻하여, 속이 냉한 아기나 오장이 윤택하지 않고 메말라 기침이 잦거나 입이 마르며 입 냄새가 심한 아기, 또는 변비가 잘 되는 아기, 또는 코피를 잘 흘리는 아기, 피가 탁하여 피부가 건조해지고 피부 트러블이 잘 생기는 아기에게 좋다. 이런 아기에게는 평소에 잣죽을 많이 먹이도록 한다.

먼저 잣의 눈을 떼고 프라이팬에 살짝 볶은 뒤 불린 쌀과 섞어 믹서에 곱게 간 다음 가제에 걸러 내어 중불로 서서히 끓이면 된다. 이때 해조류를 끓인 물이나 우유 등을 붓고 죽을 끓이면 인이 많고 칼슘이 적은 잣죽에 칼슘을 보충할 수 있어서 좋다. 그러나 설사하거나 대변이 묽을 때는 먹지 않는 게 좋다.

소양체질의 아기

구기자 …
근육과 뼈를 튼튼하게 하고 눈을 밝게 해준다

구기자는 음액과 골수를 충족시키며, 근육과 뼈를 튼튼하게 하고, 눈을 밝게 하며, 다리에 힘이 없을 때 힘이 생기게 하며, 기침이 심하면서 낫지 않고 오래 끌 때 기침을 가라앉히며, 시력이 날로 감퇴될 때 시력을 강화시키는 좋은 효과를 가진 약재이다.

특히 구기자는 몸이 마르고 성격이 예민하며 허약한 아기에게 도움이 된다. 그러나 유난히 몸이 뜨거워 추위를

안 타는 아기에게는 별로 좋지 않다. 또 감기 때나 설사 때는 쓸 수 없다. 구기자 우려낸 물을 이유식 만들 때 이용하면 좋다.

딸기 …
철분 함유량이 높고 호흡기 질환을 완화시킨다

딸기에는 철분이 많이 들어 있어 빈혈에 좋고 혈색도 좋게 해 준다. 비타민 C가 풍부하며, 해열, 이뇨, 거담 작용도 하기 때문에 감기의 열을 떨어뜨리며, 기관지염이나 기타 호흡기 질병으로 가래가 가랑거릴 때도 좋다. 또 잇몸을 튼튼하게 해준다. 이유식 초기부터 딸기즙을 먹이도록 하되 우유와 배합해 보는 것이 좋다.

딸기를 우유와 배합하면 딸기에 부족한 단백질, 칼슘 등을 보강할 수 있다. 딸기는 잼을 만드는 등 가열해서 먹는 것보다는 신선한 그대로 먹는 것이 가장 좋다. 딸기를 씻을 때는 식초를 탄 물에 씻도록 한다.

자라 …
빈혈이나 체력이 허약할 때 좋다

자라는 빈혈이나 체력이 허약할 때 좋다. 또 혈액을 알칼리성으로 유지시키고 심근수축을 활성화시킨다. 한편 자라 등껍질은 피곤하면서 식욕이 없고 항상 미열이 있을 때 효과가 있다.

그래서 한의학에서는 아기들의 '복학'이라는 질병에 자라 등껍질을 약으로 쓰고 있다. 자라 살코기를 뜨거운 물에 데쳐 피막을 제거하고 다시 삶아 수프로 만들어 맛을 내어 자주 먹이면 좋다. 그러나 몸이 냉한 아기, 설사를 잘 하는 아기에게는 삼가는 것이 좋다.

전복 …
전복 내장은 우수한 영양 덩어리다

전복의 성질은 서늘하다. 그래서 얼굴에 열이 달아오르며, 눈이 잘 충혈되거나 입과 목이 자주 마르며, 갈증으로 찬물을 즐겨 찾으며, 구취가 심하거나, 입안이 잘 헐

고 혓바늘이 잘 돋으며, 잇몸이 잘 부을 때 좋다.

전복 껍데기에 뚫린 구멍 수에 따라 전복의 질을 따지는데, 구멍이 9개 있는 것을 제일 좋은 상품으로 치고, 10개가 넘으면 하품이라 하여 값이 싸다. 맛이나 영양성분이 아주 뛰어난 전복의 내장에서는 해조류의 독특한 향기가 나기 때문에 아기들이 먹기 어려울 수 있지만 특히 우수한 영양 덩어리이므로 전복 내장을 빼지 말고 먹이는 것이 좋다.

4~5월에는 전복 내장에 독성이 있으므로 날것으로 먹으면 안 된다. 또 속이 냉할 때나 설사할 때는 삼가는 것이 좋다.

산수유…
가장 인기 높은 어린이 보약이다

산수유는 어린이 보약으로 한의원에서 많이 쓰는 약 중의 하나다. 눈이 침침해지고 머리가 맑지 못하고 입이 마르며, 때로 뺨이 발그스름해지면서 미열이 있고, 소화장애가 오며, 소변이 잦고 다리에 힘이 빠질 때 산수유를 쓴다. 맛이 약간 시기 때문에 너무 진하게 달이지 말고 맹물에서 살짝 우려낼 정도로 하여 이유식 조리 때 응용해 보면 좋다.

소음체질의 아기

당귀…
혈액 생성을 촉진하여 빈혈을 예방한다

〈동의보감〉에 의하면 당귀는 대표적인 보혈약재이다. 당귀는 비타민 B12를 비롯해서 엽산류 등을 함유하고 있기 때문에 실제로 빈혈을 예방하는 효과가 있다.

항상 나른하고 의욕이 없으며 무기력할 때, 얼굴이 누렇게 들뜨고 눈이 침침해지며, 손발이 냉할 때, 머리카락이 빨리 나지 않거나 머리카락이 잘 빠질 때 당귀를 쓰면 큰 효과를 얻을 수 있다.

대변이 굳을 때도 좋다. 당귀를 진하게 끓이면 너무 쓰므로 엷게 우려낼 정도로 하여 각종 이유식 조리에 응용

해 본다. 그러나 열성체질로 체온이 높은 아기, 또는 소화기가 약해 식욕이 없거나 소화를 못 시키거나 혹은 변이 항상 묽거나 설사를 잘 하는 아기에게도 삼가는 것이 좋다.

양파…
'피로회복 비타민', 뇌신경에 에너지를 공급한다

양파는 위액분비를 촉진시켜 소화력도 높여 주고, 변비를 없애 준다. 따라서 선천적으로 소화기가 약한 아기에게 잘 맞는 식품이다. 또 잠을 잘 자게 해주며, '피로회복 비타민'으로 불리는 성분을 함유하고 있어 피로회복 작용이 뛰어나다. 또한 뇌와 신경에 필요한 에너지를 공급하여 정신을 향상시키고 마음을 편하게 해준다. 따라서 허약하고 성격이 예민한 아기에게는 피로도 풀고 신경도 안정시키는 좋은 식품이 양파다.

특히 여름에는 양파를 많이 먹여야 좋다. 복부냉증을 없애며, 더위에 지쳐 식욕도 떨어지고 소화도 안 되며, 헛배만 불러오고 설사하며, 때로 살살 아파 오는 복통이 있을 때 양파보다 좋은 것이 없기 때문이다.

그러나 양파를 볶거나 끓이면 휘발성 성분인 유화알릴이 파괴되므로 될수록 가열을 많이 하지 않도록 한다. 또 양파는 열성식품이므로 열성체질의 아기에게는 과용하지 않도록 한다.

브로콜리…
저항력을 높이고 알레르기를 예방한다

브로콜리는 체력을 길러 주는 단백질을 비롯해서 비타민 A, B, C가 많고 무기질도 풍부하다. 바이러스에 대한 저항력을 높이고 감기를 막아 주며, 피부나 점막의 저항력을 높일 뿐 아니라 세포를 지켜주는 인터페론의 분비를 촉진시키는 효능이 있다고 알려져 있다.

혈액의 순환도 원활하게 해주며, 철분을 풍부하게 갖고 있기 때문에 빈혈에도 도움이 된다. 뼈가 약한 데도 좋으며, 리놀렌산을 풍부하게 함유하고 있기 때문에 몸 안에서 합성이 불가능한 필수불포화 지방산의 균형이 깨질 때 발병 확률이 높은 것으로 알려진 알레르기성 질환

을 예방해주는 효과도 큰 것으로 알려져 있다. 맛이 그다지 강하지 않아서 어떤 요리에도 잘 어울리므로 이유식에 어떤 형태로든 응용하는 것이 바람직하다.

식욕 증진시키고 소화를 돕는 이유식

태양체질의 아기

감…
위를 활발하게 하고 장을 튼튼하게 한다

감은 정장작용을 한다. 그래서 설사를 잡아줄 뿐 아니라 찔끔거리며 잘 나오지 않는 소변을 시원하게 풀어 준다. 특히 곶감은 위장기능을 활발하게 하고 장을 튼튼하게 하기 때문에 곶감을 쌀가루와 함께 갈아 죽을 쒀서 먹이면 좋다.

그러나 감에는 타닌산이 있는데 타닌산은 철분이 몸 안에 흡수되는 것을 막으므로 철 결핍성 빈혈이 있는 아기에게는 먹이지 않아야 한다. 또 덟은 감은 펩신, 트립신, 디아스타제 등 소화효소의 작용을 방해하므로 먹이지 않는 것이 좋다.

매실…
복통 · 설사에 효과가 있다

매실은 간 기능과 담즙 분비를 활성화시키고, 구토를 멎게 하고, 갈증을 풀어 입이 마르며 침을 자주 뱉는 것을 낫게 한다. 설사에도 좋다. 그래서 예전에는 매실조청을 만들어 보관해두고 아기들이 복통, 설사가 있을 때 할머니들이 조금씩 먹였다.

매실조청은 풋청매를 씻어 물기를 뺀 후 껍질을 벗기고

씨를 발라내고 강판에 갈아 즙을 내어 센 불에서 한 번 끓였다가 약한 불에서 눋지 않게 고아 조청으로 만든 것으로 물에 조금씩 타서 먹이거나 혹은 콩가루에 굴려 먹였다. 그러나 풋매실을 날것 그대로 먹으면 청산중독을 일으키므로 주의해야 한다. 또 매실은 감기나 감기로 인한 기침에 좋지만 감기 고열에는 쓰지 못한다.

붕어…
위장의 기를 편안하게 해준다

〈동의보감〉에는 붕어를 일컬어 '위장의 기를 편하게 조화시키며 오장을 튼튼하게 하고 설사가 잦은 것을 다스린다'고 했다. 붕어는 설사를 멈추게 하는 효과만 있는 것이 아니라 소변을 시원하게 보게 해주기도 하다. 붕어를 고아 체로 걸러 즙을 취해서 쌀을 넣고 죽을 쒀서 먹이면 좋다.

붕어는 크고, 살찌고, 선도 높은 것을 고르도록 한다. 붕어를 회로 먹으면 간디스토마에 감염되기 쉽고, 비타민 B1의 분해효소인 타미나아제가 있으므로 날것으로 먹으면 안 좋다.

태음체질의 아기

갈치…
맛이 산뜻하여 입맛이 돌게 한다

갈치는 맛이 달고 성질은 따뜻하며, 맛이 산뜻하여 입맛을 돌게 한다. 또 오장에 작용하므로 기혈을 보충해주는데, 특히 간을 보양하고 건조한 피부에 윤기를 준다. 갈치는 가을철에 제일 맛이 좋아 '가을 갈치'라고 하는데, 부위에 따라 영양소가 많기도 하고 적기도 하니 되도록 여러 부위를 골고루 먹이는 것이 좋다.

갈치를 구워 먹으면 입맛이 돈다고 했지만 지나치게 많이 먹으면 설사를 할 수 있다. 그리고 갈치 껍질에는 콜라겐이나 엘라스틴 성분이 있으므로 껍질째 먹이되, 비늘을 잘 처리해야 한다. 복통과 두드러기를 일으킬 수 있다.

무…

가래를 없애주고 소화를 촉진시킨다

무는 디아스타제가 함유되어 있어 소화를 촉진시키고, 식물성 섬유가 있어 장내의 노폐물을 청소해준다. 또 가래를 제거하고, 변통을 원활하게 해주고, 혈액을 깨끗하게 해서 세포가 탄력을 얻게 한다. 한편 무잎은 몸의 여러 가지 기능을 조절하고 배변을 부드럽게 하며, 세포에 활력을 주는 작용도 뛰어나므로 무잎도 아기에게 먹이는 게 좋다.

특히 무의 껍질에 소화효소와 비타민 C가 많으므로 껍질째 요리하는 것이 좋다. 무로 이유식을 만드는 방법에는 여러 가지가 있지만 이유식 후기쯤에는 무떡이 좋다.

늘 소화가 안 되어 뭔가 얹힌 듯한 느낌이 들 때 무를 채썰어 찹쌀가루와 섞어서 무떡을 만들어 먹이면 좋다. 또 무는 단면이 많을수록 약효가 높으므로 작게 썰거나, 채썰어 이유식으로 준비하는 것이 좋다.

무는 보통 겨울에 썰어 말리지만 신맛이 강한 여름 무를 썰어 강렬한 햇볕에 말리면 철분, 비타민 B1, B2, 칼슘 같은 성분이 크게 늘어나 철분 함량이 시금치보다도 많아진다.

수수…

속을 따뜻하게 하고 장기능을 조절한다

수수의 빛깔은 흰색, 누런색, 갈색, 적갈색 등 여러 가지인데 녹말의 성질에 따라 메수수와 찰수수로 나뉜다. 식용으로는 찰수수가 쓰인다.

〈동의보감〉에 의하면 수수는 급성위염이나 급성장염에 효과가 있다고 하였다. 그러므로 장이 약한 아기에게는 수수가 좋다. 또 수수는 소변불통이나 천식에도 효과가 있어, 호흡기가 선천적으로 약한 아기에게 수수는 좋은 식품이요, 약이 된다.

소양체질의 아기

수박…

더위먹어 식욕이 없을 때 좋다

수박은 특히 더위를 먹어 식욕이 전혀 없고, 밥 대신에 물만 자꾸 들이키고 싶을 만큼 갈증이 심할 때 좋다. '수박물엿(일명 수박당)'으로 만들어 두면 한여름 수박철이 아니더라도 항상 먹일 수 있어서 좋다.

수박을 잘라 속을 숟가락으로 퍼낸 후 떠낸 수박 속살을 믹서에 갈아 거즈에 밭쳐 즙을 짜낸다. 이 수박즙을 약한 불에서 끓이는데 붉은 거품이 뜨는 것을 떠내면서 바닥이 눋지 않도록 주걱으로 저어가며 물엿처럼 만든 다음 이것을 냉장고에 보관하고 아기의 개월 수에 맞추어 조금씩 먹인다. 그러나 몸이 차고 소화기가 약하며 설사가 잦을 때, 또는 평소에 물을 많이 먹지 않는 아기에게는 많이 먹이지 않도록 한다.

연근(연뿌리)…

소화력을 향상시키고 기초체력을 길러준다

연근은 소화력을 향상시킨다. 또 기초체력을 튼튼히 하고 빈혈, 기침을 다스리며, 신장기능을 강화하여 소변을 원활하게 하고, 열을 내리고 갈증을 푼다.

그래서 연근에 현미를 섞어 쑨 죽을 먹이면 소화력이 향상될 뿐 아니라 몸이 따뜻해지고 감기나 천식으로 기침이 나고 몸이 피곤할 때 좋다. 연뿌리는 마디에 약효가 있으니 즙을 낼 때는 마디를 함께 넣어야 한다.

엿기름…

대표적인 소화제로 식욕을 증진시킨다

엿기름은 겉보리를 발아시킨 종자를 건조한 것이다. 한의학에서는 '맥아'라고 부르는데, 소화제로 많이 쓰인다. 급성, 만성 체증으로 소화가 되지 않아 명치 밑이 뿌듯하고 팽창해서 아프며 식욕이 떨어지고 트림이 나오고 신물이 넘어오는 것을 다스린다.

소화가 잘 되고 식욕이 증진되면 기혈이 허해졌던 것도 개선된다. 엿기름을 볶아서 달인 후 그 물을 수시로 먹

이거나, 그 물을 이유식 만들 때 이용한다. 그러나 가래
가 있거나 기침을 많이 할 때는 삼가야 한다.

소음체질의 아기

대구…
잘 먹고, 잘 소화시키게 한다
대구를 먹으면 식성이 좋아진다. 잘 먹게 하고, 잘 소화
시키게 된다. 따라서 선천적으로 소화기 기능이 약한 아
기에게 꼭 필요한 식품으로 손꼽을 수 있다. 몸도 따뜻
하게 해준다. 그러므로 항상 몸이 냉해 손발이 차고 뱃
속이 냉한 아기에게 대구는 좋은 약이 된다. 특히 뱃속
에 알을 남겨 둔 채 그대로 말린 대구를 약으로 쓰면 효
과가 높다. 그래서 이것을 '약대구'라고 부른다. 물론
'약대구'가 더 좋을 건 분명하지만, 그냥 대구를 많이 먹
어도 좋다. 한편 대구를 요리할 때는 껍질이나 내장을
버리지 말고 다 이용하는 것이 좋다.

사과…
식욕을 증진시키며 대변을 고르게 해준다
사과는 변비에는 말할 것도 없고 설사가 심할 때
도 갈아서 먹이면 속이 한결 편해진다. 펙틴 성
분이 있어 장의 운동을 자극해주기 때문이다. 이
성분은 설사 때는 장의 벽에 젤리 모양의 벽을 만들어
장벽을 보호하고 유독성 물질의 흡수와 장안의 이상
발효를 막아 주고, 변비일 때는 수분을 함유하여
변을 부드럽게 해준다.
이유식 초기에는 사과를 갈아 먹이고, 후기에는 썰
지 말고 통째로 먹인다. 또 사과를 씻어 물기를 닦
고, 네 쪽으로 자른 뒤, 심지 부분을 버리고 1cm
두께로 얇게 썰어, 채반에 겹치지 않도록 널어
서 1주일 정도 완전히 골고루 말린 다음 이것을 용기
에 담아 보관해 두었다가 말린 사과를 물로 끓여 사과향
이 우러나면 먹이는 것도 좋다. 그러나 열성체질의 아기
에게 사과를 많이 먹이면 가래가 잘 생긴다.

쑥…
속이 냉하고 소화기가 약할 때 좋다
쑥을 '애엽'이라고 한다. 속이 냉하고, 소화기가 약하며,
허약하고 저항력이 약해 감기에 걸리기 쉬운 아기에게
쑥은 참 좋은 식품이다. 워낙 냄새가 향긋하고 진하기
때문에 어떤 음식으로 만들어도 독특한 맛과 향이 강렬
해서 아기들이 먹기에 다소 거북하지만, 워낙 효과가 좋
은 식품이므로 가능하면 먹여보도록 한다.
말린 쑥을 끓인 물에 찹쌀을 넣고 죽을 쑤어 엿기름을
넣어 삭힌 후, 삭은 죽을 짜서 약물만 받아, 냄비 밑이
눌지 않도록 나무주걱으로 계속 저어가면서 졸여 조청
을 만든 후 아기 개월 수에 맞추어 조금씩 떠서 더운물
에 타서 먹이면 좋다. 쑥은 묵은 쑥이 햇쑥보다 약효가
좋다.

양배추…
소화장애나 위장을 정화시키는 데 좋다
양배추는 '가난한 사람의 의사'라고 불릴 정도로 값이
싸고 건강에도 좋은 식품이다. 소화장애나 무기력, 잠을
잘 이루지 못하고 시달릴 때도 좋고, 감
기에 걸렸을 때도 비타민 C가 풍부
한 양배추가 좋다. 양배추에는 이
온과 염소가 많이 들어 있는
데, 이 두 가지 미네랄 성분은
강력한 정화작용을 한다.
양배추를 많이 먹으면 위장이나
호흡기 속에 쌓여 있던 노폐물이 분해되
어 정화되기 때문에 장과 피부가 깨끗해
진다. 양배추를 가늘게 채썰어 분마기에 갈
아서 즙을 짜 먹이거나 이유식 재료로 써서
수프로 만들어 먹인다. 양배추는 녹색 부위가
담록색 부위나 백색 부위보다 비타민 A, C, U를 비
롯한 영양 성분의 함량이 더 높다.

태양체질의 아기

검은콩…

신장기능을 강화하는 훌륭한 해독제이다

검은콩은 해독작용이 뛰어나며, 신장 기능을 보양하고, 상기된 기를 아래로 끌어내리며, 피를 맑게 해준다. 약으로 쓸 때는 검은콩 중에서 가장 작은 것, 즉 검은 숫콩을 쓰는데, 빛이 검으면서 단단하고 작다.

콩알이 쥐 눈알처럼 생겼다 해서 쥐눈이콩, 또는 자리콩이라고 한다.

검은콩을 달여서 농축한 액을 마시면 뼛속 깊이 배어 있던 독까지 빠져 나온다. 그러나 끓일 때 설탕을 넣고 끓이면 젖산이 증가하여 피로해질 수 있다.

태음체질의 아기

고구마…

호흡기를 강화하며 변통을 좋게 한다

고구마는 성질이 약간 차고, 호흡기를 강화하는 식품이다. 또 배변이 원활하지 못할 때 좋은 식품이다. 날고구마를 자르면 하얀 점액이 나오는데 이것이 변통을 부드럽게 해주어 변비를 막아 준다. 고구마에 든 섬유질이 배변을 촉진하는 작용을 하는 것이다. 고구마를 찔 때는 껍질째 쪄서 먹이는 것이 좋다. 식물섬유나 변통을 도와주는 세라핀이 껍질 부분에 많기 때문이다.

또 껍질에 들어 있는 미네랄이 당분의 이상 발효를 억제해주기 때문에 껍질째 먹으면 많이 먹어도 가슴 쓰림 증상이 생기지 않는다.

고구마의 비타민 C 보유량은 뿌리채소 중에서 단연 으뜸이다. 그러나 고구마에 검은색 반점이 생기면 이포메아마론이라는 독성 물질이 생기므로 주의해야 한다.

배…

기침, 가래에 좋다

배는 기침, 가래에 좋다. 특히 기관지염, 또는 감기 후유증으로 기침과 가래가 그치지 않을 때 좋고, 선천적으로 폐 기능이 약한 아기에게도 좋다. 배는 변비에도 좋고 이뇨작용도 하며, 소화효소가 많이 들어 있기 때문에 소화가 안돼 속이 더부룩하거나 가슴이 답답할 때 먹으면 속이 시원하게 풀어진다.

기침이 심해서 웬만해서는 그치지 않을 때는 배의 속을 긁어 빼내고 그 속에 꿀 한 수저를 넣고 찐 다음 짜서 즙을 먹여도 좋고, 혹은 비타민 C가 많고 점막의 염증을 가라앉혀 주는 역할을 하는 연근을 즙으로 내어 배즙과 함께 섞어 먹어도 좋다. 그러나 소화력이 약한 아기, 찬 것을 먹으면 탈이 잘 나는 아기는 배를 많이 먹으면 설사를 할 수 있으니 주의한다.

은행…

결핵균을 억제하며 기관지염에 효과 있다

은행은 결핵균을 억제하며 기관지염이나 해수, 호흡곤란, 천식에 효과 있다. 그래서 폐 기능이 약한 아기에게 은행이 좋다. 은행은 반드시 익혀 먹여야 하지만, 그것도 지나치면 복통, 구토, 설사, 발열, 경련 등의 중독 증상을 보일 수 있으므로 주의한다. 은행을 이유식 재료에 배합해서 응용하거나, 혹은 볶은 후 겉껍질을 벗긴 은행을 으깬 후 가루 내어 꿀과 물을 붓고 냄비에서 조청처럼 고아 실온에 보관하고 아기의 개월 수에 맞추어 조금씩 더운물에 타서 먹여도 좋다.

칡뿌리…

호흡기가 약하고 경기가 있을 때 좋다

칡뿌리를 '갈근' 이라고 한다. 강력한 해열작용이 있어서 감기, 인플루엔자 등에 효과가 있으며, 또 천식을 다스리며 호흡기가 약한 것을 개선한다.

구토, 설사 후나 중병을 앓은 후에 몸이 차졌다 열이 났다 하며 입과 눈이 뒤틀리고 손발에 경련이 일어날 수 있는데 이런 경우가 자주 있는 아기에게는 이유식에 '갈분(칡뿌리 전분)'을 만들어 두고 자주 응용하는 것이 좋다.

호박 …
오랜 기침에 효과 있고 뇌발달을 돕는 성분이 있다

호박은 이뇨작용이 있어 부종의 치료제로 널리 쓰인다. 기침이 낫지 않고 오래 끌 때 훌륭한 약이 되며, 해독작용이 있고, 소화기도 편하게 해주어 특히 어떤 병을 앓고 난 후 회복기의 아기나 위장이 약한 아기에게 아주 좋다. 호박은 쉽게 이용할 수 있는 이유식 재료이다. 한편 호박씨에는 머리를 좋게 해주는 레시틴이 많이 들어 있으며, 특히 만성적인 기침, 천식 또는 어린이의 백일해에도 좋다. 백일해를 앓는 아기에게 호박씨를 질그릇에 넣고 까맣게 볶아 만든 가루를 꿀이나 설탕물에 갠 다음 조금씩 여러 번에 나누어서 먹이면 증상이 훨씬 가벼워진다.

소양체질의 아기

결명자 …
소변이 붉거나 소변보기가 어려울 때 좋다

결명자는 몸에 열이 많아 소변이 붉거나 소변보기가 어렵고 변비가 있을 때 효과가 있다.

결명자가 이뇨작용도 하고 장의 연동을 활발하게 하여 변통을 좋게 하기 때문이다. 또 위장을 튼튼하게 하고 떨어진 입맛을 찾아 주며, 눈이 붉고 눈물이 저절로 나오는 것을 다스린다. 결명자를 가루 내어 조금씩 쌀미음에 타서 먹이면 좋다. 혹은 결명자를 볶은 후 물로 달여 껍질이 터져 진득한 속이 나올 때까지 줄여 나누어 보리차 대신 먹여도 좋다. 그러나 결명자는 약재의 성질이 아주 차기 때문에 열성체질에 더 잘 맞는다.

오이 …
이뇨작용이 뛰어나고 식욕 증진에 효과가 있다

오이는 몸 안의 열을 내려 주면서 피를 맑게 해주고, 몸 속에 쌓인 불순물과 쓸데없는 염분까지 배출시켜 우리 몸을 정화시키며, 이뇨작용이 탁월하다. 그러면서도 타액이나 위액 등 체액성분을 보충해준다.

또 여름철 더위로 체내에 쌓인 열기나 장마철에 체내에 쌓이는 습기와 갈증도 풀어 주고 더위에 지쳐 몸이 나른하고 식욕이 뚝 떨어졌을 때도 좋다.

그러나 평소에 몸이 냉하고 설사를 잘 하는 아기에게 오이를 너무 먹이면 몸이 점점 차가워져 몸의 균형이 깨지기 쉽다.

소음체질의 아기

복숭아 …
기침 · 가래 · 부종을 다스린다

복숭아는 갈증에 좋으며, 폐 기능을 강화시켜서 기침이나 가래를 삭히고, 신장의 노폐물 배설을 촉진해서 부종을 다스린다. 또 간장 기능을 강화하고 감기를 예방하며 눈을 밝게 해주며, 피를 깨끗하게 해준다.

이유식으로 '복숭아요구르트'를 만들어 먹이면 좋다. 복숭아 한 개를 껍질 벗기고 씨를 뺀 다음 레먼즙과 요구르트, 꿀을 적당량씩 섞어 믹서에 갈면 복숭아요구르트가 된다.

그러나 복숭아는 알레르기를 일으키기 쉬운 식품이므로 알레르기 체질, 또는 아토피 체질의 아기에게 줄 때는 주의해야 한다.

또 열성체질의 아기에게 많이 먹이면 열을 일으킬 수 있다.

아픈 아기를 위한 한방 이유식

비위가 약한 아기····▶

까치콩죽과 마죽을 먹이세요

비위가 약한 아기 중에 위장내에 진액이 부족한 경우에는 입과 목구멍이 건조해지며 잠을 자고 나면 증상이 더 뚜렷해지고 대변도 굳어지는데, 이때는 까치콩과 멥쌀을 같은 양으로 배합해서 하룻밤 물에 불려 믹서에 갈아 죽을 쑤어 먹인다. 까치콩은 진액을 보충하기 때문에 여름철 무더위를 이겨내는 데도 도움이 된다. 백편두라는 이름으로 건재약국에서 구입할 수 있다.

특히 위장이 선천적으로 약할 때는 마를 강판에 간 후 꿀과 우유를 섞어 약한 불 위에서 끓여 푹 익힌 다음 쌀죽에 넣어 잘 섞어서 여러 차례 나누어 먹인다. 이유기 중기쯤을 기준으로 한다면 마 10g, 꿀 1작은술, 우유 1/3컵, 쌀죽 30g 정도로 한다. 식욕도 늘고 피로도 가신다.

고기 먹고 체한 아기····▶

아가위차를 먹이세요

고기 먹고 체한 데는 그 종류에 관계없이 아가위차를 끓여 먹인다. 아가위는 산사나무의 열매로 건재약국에서는 '산사육'이라 부른다. 육류를 소화시키는 데 뚜렷한 효과가 있다. 4~8g을 물 200~300cc로 끓여 반으로 줄인 것을 하루 동안 아기의 개월 수에 맞추어 소량씩 여러 차례 차처럼 나누어 먹인다.

곡류에 체한 아기····▶

엿기름을 먹이세요

밥을 비롯한 곡물에 체한 데는 설탕에 물을 부어서 묽은 꿀같이 될 때까지 끓여 먹이거나, 엿기름을 우려낸 물 또는 엿기름으로 식혜를 만들어 먹여도 좋고 혹은 엿기름을 가루로 만들어 2~4g을 아이의 개월 수에 맞추어 이유식에 타서 먹인다. 엿기름은 곡물을 소화시키는 약효가 뛰어나며 국수를 먹고 체한 데도 좋다.

식욕이 없는 아기····▶

계내금을 먹이세요

비위가 약해 잘 먹지 않고, 먹어도 소화를 잘 시키지 못하며, 걸핏하면 메스꺼워하고, 설사를 잘 할 때는 계내금(닭의 멀구니 안쪽의 황금빛 내막)을 건재약국에서 구하여 깨끗이 씻어서 말린 후 프라이팬에서 살짝 볶은 다음 곱게 가루로 내어 아기의 개월 수에 맞추어 조금씩

↑ 계내금을 깨끗이 씻어 말린다.

↓ 프라이팬에 살짝 볶는다.

↑ 곱게 가루낸다.

↑ 이유식에 조금씩 타서 먹인다.

이유식에 타서 먹인다.

이유식 중기쯤을 기준으로 한다면 1회 2~4g이 적당하다. 계내금은 위액의 분비를 늘리고 소화력을 좋게 하며 위장의 연동운동을 강하게 해주며 위장 내용물의 배출 속도를 빠르게 해준다. 계내금이 소화 흡수되어 혈액 중에 들어가, 체액 성분을 통하여 위벽의 신경근을 흥분시키기 때문이다.

복통이 있는 아기 ···▶
당근 · 고구마를 먹이세요

식물성 음식의 섭취를 늘리면 장이 과다하게 수축하여 복통과 변비가 생길 수 있는데 이때는 섬유질이 풍부한 당근과 고구마가 좋다. 설사, 구토가 심할 때는 수분을 공급하고 유동식을 주어야 하는데, 찹쌀 1큰술에 말린 생강 3g을 씻어 물을 붓고 중탕하여 푹 익힌 찹쌀중탕이 아주 좋다. 그러나 토마토, 우엉, 오이, 버섯, 수박, 참외 등 몸을 차게 하는 식품은 좋지 않다.

변비가 있는 아기 ···▶
고구마 · 프룬 · 사과 · 무를 먹이세요

섬유질이 풍부한 식품을 많이 먹으면 변의 양이 늘게 되고 이로써 장의 운동도 활발해지기 때문에 변비를 개선할 수 있다. 그리고 수분 섭취를 늘린다. 분유를 먹는 경우라면 분유를 평소보다 묽게 타서 주고 물을 더 주는 것이 좋다.

곡류로는 현미, 보리, 콩, 완두, 메밀, 검은깨, 씨리얼 등이 좋은데 특히 고구마가 좋다. 고구마의 세라핀 성분이 변통을 부드럽게 해주며, 고구마의 섬유소도 변통을 좋게 해준다. 껍질째 쪄서 많이 먹이도록 한다.

과일이나 견과류로는 사과, 배, 파인애플, 건포도, 살구, 복숭아, 호두, 바나나 등이 좋은데 특히 프룬(서양자두)이 좋다. 솔비톨이라는 당분을 갖고 있어서 변을 묽게 해줄 뿐 아니라 섬유질이 다른 과일에 비해 3~6배 정도 많기 때문이다. 또 사과도 좋다. 펙틴 성분이 있어 장의 운동을 자극해주기 때문이다. 껍질째 베어먹게 한다. 갈아서 아침 공복에 차게 해서 먹여도 좋지만 사과즙이나

사과 소스는 변비에 도움이 안 되거나 오히려 변비를 유발할 수 있다.

채소류 중에는 우엉, 연근, 표고버섯, 양배추, 시금치, 근대, 쑥갓, 쑥, 당근, 알로에, 셀러리, 브로콜리, 죽순 등이 좋은데 특히 무가 좋다. 무의 리그닌이라는 식이섬유는 소화관의 기능을 활발하게 하고 소화물의 장내 통과 시간을 단축시켜 유해물질을 빨리 배설시켜 주기 때문에 변비를 막는다.

▲ 무를 믹서에 갈아 즙을 낸다.　　▲ 이유식에 조금씩 섞어 먹인다.

설사를 하는 아기 ···▶
사과죽 · 현미수프를 먹이세요

설사를 할 때는 음식을 먹지 않더라도 수분은 충분히 섭취해야 한다. 이유식은 설사의 정도가 완화되면 다시 시작하되 지방질은 줄이고 죽 같은 탄수화물을 위주로 하다가 단백질을 첨가해 늘린다. 밥을 먹이는 경우에도 죽, 익힌 과일 등으로 서서히 평상시 식사법으로 진행한다. 특히 소화가 잘되고 따뜻한 음식을 제때 적당량 섭취하는 것이 중요하다. 그러나 해조류나 버섯 등 섬유질이 많은 식품, 기름과 지방이 많은 음식, 설탕이나 향신료, 조미료가 많이 첨가된 음식은 피한다. 콩류나 호박은 가스를 발생시키므로 피하도록 하고, 탄산음료, 유제품(우유, 요구르트), 오렌지주스, 찬 음료수, 생과일 등도 피하는 것이 좋다.

도움이 되는 이유식으로는 우선, 사과죽이 좋다. 펙틴 성분은 장내에서 유산균 같은 유익한 세균이 번식하는 것을 도와 장을 튼튼하게 해준다. 쌀죽을 끓여 쌀알이 퍼지기 시작할 때 사과즙을 넣는다. 펙틴은 껍질에 많기 때문에 껍질째 강판에 가는 것이 좋다. 잘 섞어지도록 저으면서 조금 더 끓인 후 소금으로 간을 맞춰 먹인다.

그리고 현미수프도 좋다. 심한 설사로 탈수증이 있거나 체력이 떨어졌을 때 효과가 있다. 현미를 프라이팬에서 다갈색으로 볶은 다음 다시마를 우려낸 물을 부어 죽을 쑨다.

천식이 있는 아기 ···▶
뿌리야채 수프 · 달팽이를 먹이세요

천식으로 고생하는 아기에게는 무, 당근, 우엉, 연근 등의 뿌리야채를 먹이는 것이 좋다. 각종 비타민과 미네랄이 풍부하기 때문이다.

그러나 식물섬유에서 만들어진 단단한 세포벽으로 싸여 있기 때문에 수프로 만들어 먹어야 세포벽이 붕괴되고 유효성분이 용해되어 나오게 된다.

여러 가지 근채를 배합하여 물로 끓인 후 상온에서 차가워지면 소쿠리에 키친타월을 깔고 걸러내어, 수프만 용기에 옮겨 담아 냉장고에 보관하고, 하루 여러 차례 아기의 개월 수에 맞추어 조금씩 나누어 먹인다.

달팽이도 좋다. 달팽이를 깨끗이 씻어서 소금물에 담갔다가 꺼내 국을 끓여 먹인다.

혹은 프랑스식 달팽이 요리처럼 버터를 이용해 요리해도 아기들이 잘 먹는다. 호흡기 질환에 대단한 위력을 가진 식품이다.

▲ 뿌리야채를 적당량의
물에 넣고 끓인다.

▲ 식으면 걸러서 용기에
담아 냉장고에 보관해두고
조금씩 나눠 먹인다.

급성기관지염인 아기 ···▶
해조류 · 무설탕 시럽을 먹이세요

요오드 함유가 많은 식품, 즉 해조류를 많이 섭취할 수 있게 해준다. 요오드 함유가 높은 해조류는 가래침을 액체화하는 데 도움이 된다.

혹은 무를 얇게 저며 설탕에 켜켜이 재워 냉장고에 2~3

일 두면 무에서 우러난 무즙과 설탕이 함께 녹아 시럽이 되는데, 이 시럽을 커피잔 한 잔 분량의 물에 3~4티스푼 타서 아기의 개월 수에 맞추어 양을 조절하면서 조금씩 먹인다.

감기로 열이 있는 아기 ···▶
갈분죽을 먹이세요

감기로 열이 있으면 칡의 전분, 즉 '갈분'을 멥쌀죽에 적당히 타서 먹인다. 혹은 된장 한 술을 푼 물에 파 흰 뿌리(잔뿌리가 말려 있는 채)를 썰어 넣고 수프처럼 끓여 우러난 물에 갈분을 타서 여러 차례 나누어 먹인다.

여름 감기에 걸린 아기 ···▶
향유율무죽을 먹이세요

여름철에 몸을 너무 냉하게 해서 얻은 감기, 또는 장마철 습기에 손상되어 얻은 감기에는 향유 4g을 물 300cc로 끓여 반으로 줄인 다음 불린 율무쌀을 넣고 죽을 쑨 후 식혀서 차게 한 상태로 먹이면 효과가 크다. 뜨거운 상태 그대로 먹이면 구토 증상이 생긴다.

특히 향유는 한랭한 환경이나 날음식, 혹은 냉한 음식을 먹고 생긴 위장 타입의 여름철 감기에 좋다. 신장 사구체에 작용하여 여과압을 증대시켜 이뇨 작용을 한다. 따라서 오뉴월 감기로 몸이 무겁고 얼굴과 손발이 부으면서 입안이 마르고 구취가 심할 때도 좋다.

여윈 아기 ···▶
장어나 청어 · 굴죽을 먹이세요

살이 안 찌거나 오히려 체중이 감소한다면 먼저 질환의 유무를 잘 검사하여 원인 질환의 치료를 적극적으로 해주어야 한다. 아무런 이유없이 여윈 아기에게는 장어나 청어를 많이 먹인다. 장어에는 비타민 A가 풍부하고 단백질, 지방, 철분, 나이아신 등 많은 영양소가 함유되어 있어서 수척하게 여윈 몸을 보강하는 훌륭한 식품이다. 또 청어의 단백질을 구성하고 있는 필수 아미노산으로는 로이신, 리신, 이솔로이신 등이 들어 있어 그 질이 대단히 우수하며 칼슘, 철, 인, 비타민 A, B1, B2, 나이아신 등이 함유되어 있기 때문에 기력을 돋우고 소화력을 증진시키고 식욕을 늘리기 때문에 살이 찔 수 있다.

굴도 좋다. 굴에는 아미노산이 풍부하여 쉬 피로하고 아침에 개운치 않고 눈이 피로하며 여위어 가는 것을 예방할 수 있다. 이유식으로는 굴죽 또는 굴밥이 좋다.

허약한 아기···▶

알로에수수죽을 먹이세요

허약한 아기는 여러 가지 다양한 만성소모성 증상을 나타낸다. 이를 '감병(疳病)'이라고 하는데, 머리카락이 기름기가 없으면서 성글어지고 코가 마르며, 입맛이 없고, 눈이 침침하고 짓무르며, 등뼈가 앙상하게 드러나고, 손톱을 뜯고 이를 갈며, 땀을 많이 흘리고, 시큼한 냄새가 나는 설사를 하고 배가 불러 오르고, 열이 오르락내리락 하고, 몸에 가려운 헌데가 많이 생긴다. 또 숯·생쌀·진흙 등을 즐겨 먹으려 하고, 잇몸이 상해 헐면서 피가 난다.

증상이 오래되면 여위고 추워한다. 대변 빛이 희고 소변이 흐려서 쌀뜨물 같다. 이럴 때는 알로에의 젤 부위를 수수죽이나 조죽에 조금씩 타서 먹인다.

기침을 하는 아기···▶

은행·호박을 먹이세요

기침하는 아기에게는 은행이 좋다. 은행을 구워 하루 3~5알 정도를 아기의 개월 수에 양을 맞추어 으깬 후 이유식에 섞어 먹인다. 혹은 도라지 한 줌을 쌀뜨물에 담가 거품이 생기면 거품을 걷어낸 후 물 500cc로 끓여 반으로 줄여서 하루 동안 여러 차례 나누어 먹인다. 이때 으깬 은행을 하루 3~5알 정도 도라지 끓인 물에 타서 먹

이면 효과적이다.

호박도 좋다. 늙은호박을 죽 쒀서 먹거나, 늙은호박을 쌀과 함께 쑨 죽을 엿기름 가루로 삭힌 다음 약물만 받아 밑에 눋지 않도록 나무주걱으로 저어가면서 졸여 조청처럼 만든 다음 1회 1~2티스푼씩, 1일 2~3회 먹인다. 아기의 개월 수에 따라 양을 조절한다.

땀을 많이 흘리는 아기···▶

황기계탕을 먹이세요

닭 뱃속에 대추, 찹쌀, 황기를 넣고 찹쌀이 뭉그러지도록 끓여 그 국물만 먹이거나 혹은 그 국물에 뭉그러진 찹쌀을 덜어내어 먹여도 좋다. 황기라는 약재는 땀샘을 조절하여 다한증을 개선시키는 데 가장 효과 높은 약재다. 물론 기가 쇠약해진 것도 보강하는 대표적인 보기제로 인삼에 버금가는 약재로 알려져 있다.

따라서 황기를 썰어 진하게 탄 꿀물에 담가 꿀물이 황기에 듬뿍 배어들었을 때 꺼내어 프라이팬에서 노릇노릇하게 구운 후, 황기 10g에 물 300cc를 붓고 끓여 물이 반으로 줄면, 이것을 하루 동안 아기의 개월 수에 양을 맞추어 가면서 여러 차례 나누어 먹이는 것도 좋다.

키가 작은 아기···▶

표고버섯·귤·두부를 먹이세요

키가 크려면 잘 먹어야 한다. 성장을 결정하는 요소 중 30%가 영양일 정도로 키가 크는 것은 성장호르몬의 분비를 촉진하는 영양에 직접적으로 좌우될 수도 있다. 또 정해진 시간에 규칙적으로 식사하되 천천히, 꼭꼭 씹어 먹는 버릇을 키우면 타액 분비를 촉진하게 되고, 이 속에는 '성장 호르몬'이라고 불리는 파로틴이 많기 때문에 성장 촉진에 큰 도움이 된다. 그리고 탄수화물과 단백질, 지방의 섭취를 65:15:20의 비율로 한다. 특히 단백질은 키를 자라게 하는 성장호르몬의 원료가 되므로 아주 중요하다.

또 비타민을 많이 섭취하도록 한다. 특히 '성장 촉진 비타민'으로 불리는 비타민 B의 결핍은 성장을 지연시키므로 많이 섭취해야 한다.

호박을 적당한 크기로 자른다.

호박에 쌀을 넣어 죽을 쑨다.

엿기름 가루를 넣어 삭힌다.

눋지 않게 졸여 조청으로 만든 후 1회 1~2티스푼씩 먹인다.

또 비타민 D 역시 칼슘의 흡수를 높여 뼈의 성장에 기여하므로 표고버섯 등을 많이 먹어야 한다. 물론 과일과 채소를 많이 섭취하도록 한다. 과일 중에는 귤이 아주 좋으며, 채소 중에는 당근·쑥갓·시금치 같은 녹황색 채소류가 좋다. 칼슘도 많이 섭취해야 하는데 예를 들어 뼈째 먹는 생선, 등푸른 생선을 비롯해서 유제품, 콩 및 두부 등 콩 제품, 해조류, 사골 등이 도움이 된다.

잠자면서 땀을 많이 흘리는 아기⋯▶
굴조개를 먹이세요

소화기가 약해 입도 짧고 시큼한 변을 보거나 냄새나는 트림을 잘 하는 아기로 도한증(잠잘 때 땀을 흘리고 눈을 뜨면 땀을 흘리지 않는 병)까지 있는 경우에는 굴조개껍질(모려)을 씻어 말린 후 가루로 내어 1회 2~4g씩 아기의 개월 수에 맞춰 양을 조절하면서 이유식에 타서 먹인다. 혹은 1일 12g씩을 물 300cc로 끓여 반으로 줄여 하루 동안 여러 차례 나누어 먹인다.

혈허증이 있는 아기⋯▶
당귀·오디를 먹이세요

'혈허'라는 병증은 눈이 침침하고, 조금만 움직여도 숨이 차며, 피부·점막이나 귓바퀴·손톱이 창백하고, 손톱이 잘 갈라지며, 혓바닥이 미끈거리고, 입술 주위가 부르트며 입안이 잘 헤어지고 파이며, 손발이 차고, 근육이 뭉치거나 근육이 바들바들 떨리며, 때로 미열을 느끼거나 갈증이 있으며, 의욕이 없고 집중력·기억력·지구력이 모두 떨어지는 것을 말한다.

우선 당귀가 좋다. 뛰어난 보혈제다. 장기 복용하면 혈허 상태를 개선할 뿐 아니라 폐렴이나 세기관지염 등 호흡기질환을 예방·치료하는 데도 도움이 된다. 아기의 개월 수에 맞추어 양을 조절하면서 1일 4~8g씩을 물 300~500cc로 끓여 반으로 줄여 하루 동안 여러 차례 나누어 먹인다.

오디도 좋다. 오디는 상심자라 하는데 뽕나무열매이다. 유기산, 점액질, 당분, 비타민 등을 많이 함유하고 있다. 다량의 오디를 들통에서 뭉근한 불로 끓여 즙만 받아서 밑이 눈지 않도록 자꾸 저어가면서 졸여 조청처럼 만들어 아기의 개월 수에 따라 양을 조절하면서 1/2~1티스푼씩 온수에 타서 먹인다. 맛이 좋아 먹기에 수월하다.

빈혈이 있는 아기⋯▶
간·구아바·굴·달걀노른자를 먹이세요

빈혈에는 철분이 필요한데, 식품으로 철분을 섭취한다는 게 이론처럼 쉽지가 않다. 잘 흡수되지 않기 때문이다. 그렇지만 동물성 식품 속에 들어 있는 철분의 흡수율은 25~37%가 되므로 동물의 간을 꾸준히 먹이는 것이 좋다. 고기도 많이 먹이는 것이 좋고, 전복·은어·장어 같은 것도 아주 좋다.

한편 비타민 C에는 철분의 흡수를 촉진하는 작용이 있으므로 구아바를 비롯해 키위·피망·컬리플라워·갓·파슬리·케일·무청·금귤·자몽·파파야·오렌지·브로콜리·딸기 등을 많이 먹인다. 또 비타민 B12는 적혈구를 만들거나 재생하여 빈혈을 막고, 특히 어린이의 성장을 돕기 때문에 콩팥·육류·대합·생굴·정어리·다랑어·해조류·치즈·분유 등도 많이 먹여야 한다.

그리고 엽산도 빈혈을 예방하므로 효모·간·육류·달걀노른자·우유·두류·콩가루·호도·배아 등도 많이 먹이도록 한다.

짜증이 심한 아기⋯▶
까치콩·등심을 먹이세요

짜증을 잘 부리는 데는 크게 두가지 타입이 있다. 첫째 타입은 얼굴이 푸르며 희고, 눈밑이 항상 거무스름하고, 입가에 침이 잘 고이고, 추위를 유난히 잘 타며, 손발과 배가 항상 차다.

▲ 오디에 물을 적당히 붓고 은근히 끓인다.　▲ 즙을 걸러낸다.　▲ 냄비에 즙을 담고 눋지 않게 졸여 조청을 만든다.

소변이 잦으면서 양은 적고 색이 희다. 대변은 자주 보거나 묽은 편이다. 이 타입을 '한증' 타입이라고 한다. 이 타입에는 까치콩이 좋다.

까치콩을 볶아 가루 내어 이유식에 타서 먹이거나 까치콩과 멥쌀을 함께 섞어 죽을 쒀 먹이거나 혹은 까치콩 가루를 진하게 끓인 대추차로 먹인다.

둘째 타입은 눈이 잘 충혈되며, 얼굴이 벌겋게 상기되고, 콧속이나 입안이 마르고 입안이 잘 헐며 갈증이 나서 물을 자꾸 마시려고 한다.

소변이 붉으며 양이 적고 냄새가 심하게 날 때가 있다. 대변을 잘 보지 못해 변비로 고생을 하거나 토끼똥 마냥 동글동글 딸구기도 한다. 이 타입을 '열증' 타입이라고 한다. 이 타입에는 등심이라는 약제가 좋다. 신경 안정제 역할도 하고 열을 떨어뜨리기도 한다.

1일 4~8g을 물 300cc로 끓여 물이 반으로 줄면, 그 물만을 받아 하루 동안 여러 차례 나누어 조금씩 먹인다. 차게 식혀 먹이도록 한다.

봄을 타는 아기···▶

딸기를 먹이세요

딸기에는 철분이 무척 많이 들어 있어서 빈혈에 아주 좋아 춘곤증으로 얼굴이 누렇게 들뜨고 거칠어지고 또는 창백한 것을 화색이 예쁘게 돌게 해준다.

또 딸기에는 비타민C도 많이 들어 있어서 봄바람에 피부가 거칠어지거나 꽃샘추위에 감기가 떨어지지 않고 호흡기 증상이 있을 때 좋으며, 간세포의 기능을 되살려주는 작용도 있기 때문에 봄철 피로를 깨끗이 해소시킨다.

딸기의 꼭지를 떼고 만든 딸기즙에 우유를 섞어 먹이거나, 혹은 이유식 완성기쯤에는 딸기즙에 샐러드유, 식초, 소금으로 만든 프렌치드레싱을 섞어 큼직하게 썰어 놓은 양상치와 브로콜리, 치커리 등을 곁들여 자주 먹이면 풍부한 영양을 섭취할 수 있다.

항상 불안하고 초조해 하는 아기···▶

멸치를 먹이세요

항상 화가 들끓어 치솟아 오르고, 불안하고 초조해 하면서 잠을 못 이루고, 눈이 충혈되고, 양 뺨에 열기가 달아오르며, 입안이 쓰고, 입에서 단내가 나며, 가슴이 번거롭고 내쉬는 숨이 들이쉬는 숨보다 많아지며, 소변이 잦고, 대변이 굳을 때 멸치가 신경안정제로 좋다. 말린 멸치를 우려낸 물로 된장국을 끓여 자주 먹인다. 된장콩 역시 불안과 울화증에 좋기 때문이다.

특히 뼈째 먹는 말린 멸치는 칼슘의 덩이리, 그 자체이기 때문에 성징기 어린이의 발육과 키를 키우는 역할도 하고, 신경 전달을 원활하게 해주어 신경을 안정시키므로 마음의 병을 가라앉힌다.

비만인 아기···▶

송이 · 미역 · 아스파라거스를 먹이세요

모유보다 분유를 먹인 아이 중 비만아가 많다. 따라서 모유를 신생아 때부터 3개월까지는 먹여서 유아기 비만을 예방해야 한다. 그리고 밥을 잘 먹으면 보상으로 요구 조건을 들어주겠다는 흥정 따위는 아예 처음부터 쓰지 말아야 한다. 식사를 제한하기보다 식사 습관 ─ 예를 들어 급히 식사하기, '소나기밥' 처럼 한번에 몰아서 먹기, 놀다 먹다 하기, 국물 없는 맨밥을 먹기 등 ─ 을 바꾸어 나가는 게 바람직하며, 섭취 칼로리 양을 줄이되 단백질 · 비타민 · 칼슘 등은 줄여서는 안 된다.

비만인 아기에게 좋은 식품은 지방이 적은 붉은 살코기나, 등이 푸르지 않은 생선, 패류, 해조류를 비롯하여, 오이, 양배추, 사과, 귤, 복숭아, 딸기, 콩, 식물성 기름, 우유 등을 들 수 있다. 특히 송이차 또는 사과식초나 미역을 말려 빻은 것, 또는 미나리 생즙, 아스파라거스 주스 등을 꾸준히 복용하는 것이 효과적이다.

비교적 좋지 못한 식품은 지방이 많은 육류, 초콜릿, 단팥죽, 쌀, 빵, 떡, 국수 등이다. 또 과일 중에서도 바나나, 포도, 곶감, 감 또는 단맛이 강한 사과 등이 나쁘고, 채소류 중에서도 녹황색 야채를 제외한 단맛이 강한 고구마, 무말랭이 같이 칼로리가 높은 것, 튀긴 것, 찐 것 등은 해롭다.

결핵에 걸린 아기···▶
목이버섯을 먹이세요

결핵은 만성적으로 몸을 허약하게 만드는 질병이다. 그래서 결핵을 '만성소모성질환'이라고 한다. 그러나 거꾸로 몸이 허약하면 걸릴 수 있는 질병이 결핵이다. 따라서 가급적 충분한 영양 섭취가 중요하다.

식이요법으로 좋은 것은 뱀장어나 마를 비롯해서 연뿌리가 좋다. 또 더덕이나 호도, 잣 같은 것도 좋다. 그리고 특히 목이버섯이 좋다. 목이버섯은 면역력을 높여 폐결핵을 회복시키는데 아주 큰 몫을 한다. 마른 목이버섯에 누런 설탕가루를 버섯의 4~5배 가량 넣고 함께 끓여 조림을 만든 후 냉장고에 보관해 두고 10g씩 꺼내어 아기의 개월 수에 양을 맞추어 가면서 차가운 채로 먹인다.

▲ 목이버섯을 황설탕을 넣어 끓인다.　▲ 국물이 졸아들면 용기에 담는다.　▲ 냉장고에 보관해 두고 10g씩 먹인다.

야뇨증이 있는 아기···▶
감꼭지 · 당근을 먹이세요

은행은 야뇨증에 대단한 효과가 있다. 그러나 은행으로도 낫지 않는 야뇨증에는 감꼭지가 좋다. 감을 먹고 버리는 감꼭지를 실에 꿰어 매달아 말려두고 쓰면 된다. 건재약국에서도 구입할 수 있다.

딸꾹질이나 설사에도 효과가 아주 좋기 때문에 가정 상비약으로 준비해 둘만 하다. 감꼭지 4~5개를 물 300cc로 끓여 물이 반으로 줄면 여기에 불린 쌀을 넣고 죽을

쒀서 하루 3회 나누어 먹인다.

야뇨증 어린이는 거의 엉덩이가 차고 몸이 냉한 편이며, 복부는 대개 복직근(배꼽 양쪽으로 복부 측부에 세로로 있는 근육)이 당겨져 있으므로, 이럴 때 당근을 꾸준히 먹이면 복부가 따뜻해지고 몸 전체가 훈훈해진다. 영양면에서도 좋고 체질 개선의 측면에서도 좋다.

신선하고 짙은 적갈색이 나는 당근을 껍질째 1cm 두께로 썰어 석쇠에서 갈색이 나도록 구워 뜨거울 때 먹인다. 단, 당근을 믹서에 갈아 생즙을 내어 꾸준히 먹이면 오히려 몸이 더 냉해질 수 있으므로 주의해야 한다.

편도선염으로 고생하는 아기···▶
검은콩죽 · 금은화죽을 먹이세요

검은콩과 쌀을 같은 비율로 배합해서 하룻밤 불린 후 믹서에 갈아 죽을 쒀서 먹인다. 혹은 검은콩 한 줌과 감초 약간을 함께 달여 그 물에 불린 쌀을 넣고 죽을 쒀서 먹여도 좋다. 금은화 12g을 물 300cc로 끓여 반으로 줄인 물에 불린 쌀을 넣고 함께 죽을 쑤어 먹여도 좋다. 통증이 심하고 열이 있을 때는 도라지, 감초를 각각 8g씩, 금은화 12g에 넣고 함께 끓여 그 물로 쌀죽을 쑤어 먹인다.

눈이 짓무른 아기···▶
냉이를 먹이세요

눈이 침침하고 짓무를 때는 비타민 A, B1, B2, C를 섭취하여 영양의 균형을 꾀해야 하는 것은 당연하지만 비타민 A가 많이 함유된 식품, 그러니까 동물의 간이나 치즈, 버터, 달걀 노른자, 시금치 등이 역시 좋다. 그리고 결명자를 끓인 차가 눈의 피로 회복에 대단한 효과가 있으므로 보리차 대신 결명자차를 먹인다.

단, 결명자는 프라이팬에 볶아서 쓰는 것이 좋다. 성질이 너무 차서 장기 복용할 경우 속을 냉하게 할 수도 있기 때문이다. 아울러 냉이가 좋다. 냉이는 콜린 성분이 있어 눈도 좋게 하고 눈의 피로도 풀어준다. 냉이된장국을 만들어 자주 먹이는 것이 도움이 되는데 이때 호박, 전복 등도 좋으므로 냉이 요리를 할 때 함께 이용해 보는 것도 좋다.

열감기를 앓는 아기…▶
산나리죽을 먹이세요

인플루엔자는 감기의 한 타입인데 감기 중 열도 높고 통증도 있으며 가장 심한 증세를 보인다. 합병증으로 폐렴을 비롯해서 중이염·부비동염 및 드물게 심장이나 뇌막의 염증 등이 올 수 있으므로 주의해야 한다. 그러나 그 중 특히 고열이 3~4일 지나도 내리지 않거나 혹은 내린 열이 다시 상승하거나 기침과 가래가 심해지면 폐렴의 합병증을 의심해 볼 필요가 있다. 산나리뿌리, 즉 백합이라는 한약재 10g을 물 200cc로 달여 반으로 줄여 여기에 불린 쌀을 넣고 죽을 쒀서 하루 동안 여러 차례 나누어 먹인다.

↑ 백합 10g에 물 200cc를 넣고 달인다.　↑ 반으로 줄면 불린 쌀을 넣어 죽을 쑨다.　↑ 여러 차례에 나누어 먹인다.

세기관지염인 아기…▶
감초맥문동죽엽죽을 먹이세요

아기가 흔히 잘 걸리는 호흡기 질환 중 대표적인 것이 세기관지염이다. 늦가을부터 초겨울, 그리고 봄에 많이 유행하는 염증 질환으로 모세기관지염이라고 부르며, 일명 바이러스성 폐렴이라고도 부른다. 주로 2세 이하의 아기에게 발병하며, 특히 생후 6개월 전후의 아기에게 가장 많이 나타난다.

아기는 가래가 조금만 나와도 숨이 쉽게 가빠오고, 숨이 가쁠수록 숨을 통해 몸 밖으로 나가는 수분의 양이 늘어나고 합병증에 잘 걸리므로 몸 밖으로 빼앗긴 수분을 보충할 겸 가래를 묽게 해주기 위해 보리차 등 수분 섭취를 늘려 주어야 한다.

특히 가래가 끈끈해서 잘 뱉어지지 않고, 기침이 발작적으로 연달아 일어나고 목 안이 건조할 때는 멥쌀 20g을 물에 불렸다가 자감초 12g, 맥문동 8g, 죽엽 15조각, 대추 2개를 끓인 물로 죽을 쒀서 하루 동안 여러 차례 나누어 먹인다.

부산하고 주의력이 부족한 아기…▶
소맥죽을 먹이세요

'주의력결핍 과잉운동장애'란 집중을 못하고 주의가 산만한 경우를 말한다. 그리고 부산하며 안절부절 좀이 쑤셔 가만히 있지 못하는 아이들을 일컫는다.

'주의력결핍 과잉운동장애'의 어린이들은 이미 영아 때부터 자극에 지나치게 민감하며 소음, 빛, 온도 및 다른 환경 변화에 쉽게 동요되는 경향을 보였던 아기들이다. 특히 첫 번째로 태어난 남자아이에서 많이 나타난다. 발병시기는 보통 3세이지만, 이것을 예방하려면 이유식 시기부터 엄마가 관심을 가져주는 것이 바람직하다. 감초 4g, 소맥 28g, 대추 10개를 물 300cc로 끓여 반으로 줄인 후 불린 조를 넣고 죽을 쒀서 자주 먹인다.

열성경련을 일으키는 아기…▶
멥쌀호박죽을 먹이세요

생후 6개월에서 3세 사이에 고열로 전신경련을 일으켰다가 열이 내리면 곧 정상으로 회복되는 경우를 전체 아이의 3~4%가 경험한다. 유전적인 경향이 강하며, 특별한 뇌손상이 없는 한 3세 이후에는 나타나지 않는다. 이럴 때는 멥쌀죽이나 조죽에 호박(琥珀)을 가루로 내어 2g 정도를 타서 먹인다. 호박은 진경작용, 즉 경련을 진정시키는 작용이 크다.

◀ 3세 이전의 아기가 고열로 전신경련을 일으켰을 때는 멥쌀죽이나 조죽에 호박가루를 2g 정도 타서 먹인다.

우울증이 심각한 아기···▶
용안육죽을 먹이세요

신생아에서 3세까지의 유아기에 볼 수 있는 정신질환은 전반적 발달장애, 정신지체, 특수발달장애, 소아학대 및 태만, 유아기 반응성 애착장애, 영아기 반추장애 및 유아기 우울증 등의 정신신체질환이다.

증상은 대개 식욕이 떨어지고 먹지 않아 영양상태가 좋지 않으며 대개 배가 튀어나와 있다. 피부가 창백하며 근육도 약하다.

이럴 때는 용안육을 불린 멥쌀과 함께 죽을 쒀서 먹인다. 맛도 좋다. 이유기 후기쯤에는 용안육을 통째로 넣으면 쫄깃쫄깃 씹는 맛도 즐길 수 있다. 용안육은 무환수나무의 열매인데 건재약국에서 구할 수 있다.

아토피성 피부염을 일으키는 식품들

아토피성 피부염을 가진 영유아들이 흔하게 알레르기를 일으키는 식품이 새우이다. 그리고 달걀, 닭고기에 알레르기 반응을 나타내는 아기들이 많고 우유, 멸치 등에 알레르기 반응을 보이는 아이들도 적지 않다. 그 뒤를 잇는 식품이 등푸른 생선(고등어, 꽁치 등), 오징어, 돼지고기, 바닷가재 등이다.

식물성 식품 중에서 가장 많은 알레르기를 일으키는 식품은 콩이다. 두부나 감 등에 알레르기 반응을 보인 아이들도 상당히 많고, 밀, 옥수수, 완두, 땅콩, 피망, 굴, 복숭아, 호두, 밤 등에 알레르기를 보이는 아이들도 있다. 알레르기를 일으키는 이유는 여러 가지가 있겠지만 이유식을 너무 일찍 시작하는 것도 그 이유 중 하나이다. 소화가 제대로 안 된 단백질이 장으로 흡수되면 알레르기를 일으키기 쉽기 때문이다.

밥은 생후 10~12개월 정도에 먹이는 것이 좋다. 처음 밥을 먹일 때 부모가 음식을 꼭꼭 씹어 먹는 모습을 보여줘 아이에게 꼭꼭 씹어 먹는 습관을 꼭 길러준다. 아토피성 피부염이 있는 아이들 중에는 음식을 꼭꼭 씹어 먹지 않고 빨리 먹는 습관이 있는 경우가 많다.

기억력을 좋게 하는 영양 섭취

해조류와 패류 ··· 뇌에 맑은 혈액을 듬뿍 공급해주는 역할을 한다. 특히 다시마에 많이 들어있으며, 또 '바다의 현미'라고 불리는 굴도 건뇌식품으로 그만이다.

셀레늄 ··· 뇌의 노화를 예방하고 뇌를 건강하게 해주는 작용을 하는데 버터, 청어 훈제품, 동물의 간, 마늘, 패류, 소맥배아, 사과산 등에 많이 함유되어 있다. 다만 열에 약하여 가열하면 성분이 파괴되므로 주의해야 하며 비타민 E와 함께 섭취하면 셀레늄의 흡수율을 높일 수 있다. 특히 홍화에서 뽑아낸 잇꽃유는 뇌혈류 양을 늘리고 뇌혈류 상태를 원활하게 해주기도 하므로 건뇌식품으로 중요하다.

비타민 E ··· 역시 건뇌작용에서 빼놓을 수 없는 성분이다. 열매의 기름에 많이 함유되어 있으므로 참깨, 해바라기씨, 아몬드, 소맥배아유 등을 많이 섭취시키도록 하면 된다. 특히 참깨는 '영양의 보고'라고 할 정도로 다양한 영양소를 포함하고 있으며, 발육을 촉진시키고 정신건강을 높인다.

비타민 B₁ ··· 신경조절 기능이 있고 당질대사에 관여하므로 많이 섭취하도록 해야 한다. 효모에 가장 많이 함유되어 있다. 물론 현미, 소맥배아나 해조류, 대두 등에도 많이 함유되어 있다.

철분 ··· 혈중의 산소를 세포로 보내는 역할을 하는 건뇌식품이다. 해태, 녹미채 등의 해조류를 비롯해서 목이, 녹차, 죽순, 코코아, 참깨 등에 많이 함유되어 있다.

칼슘과 칼륨 ··· 필요하다. 칼슘은 특히 게, 말린 새우, 정어리 치즈 등에 많이 들어 있으며, 칼륨은 미역 말린 것에 다량 함유되어 있다. 또 녹미채, 썰어 말린 무, 말린 표고 등에도 풍부하다.

우리 아기 ♥ 건강캘린더

이유식
다이어리

책 속 보너스

#2

우리 아기 ♥ 건강캘린더

이유식 다이어리,
이렇게 활용하세요

<u>이 유 식 다 이 어 리 는</u> 이유식 준비기(4개월)부터 이유식 완료기(12개월 이후)까지
아기가 매일 이유식을 먹는 시간과 메뉴, 양을 기록하고 변을 본 시간과 횟수, 상태 등을 체크해
아기의 건강을 매일매일 체크해볼 수 있도록 캘린더 형식으로 구성했습니다.

<u>하 루 하 루 꼼 꼼 히 기 록 하 다 보 면</u> 아기에게 맞는 식품, 안 맞는 식품이 한 눈에 보여
이유식 메뉴 구성에 도움이 되며 아기가 이유식에 적응해 가는 과정도 한 눈에 볼 수 있어 아기의
영양관리 · 건강관리에 도움이 됩니다.

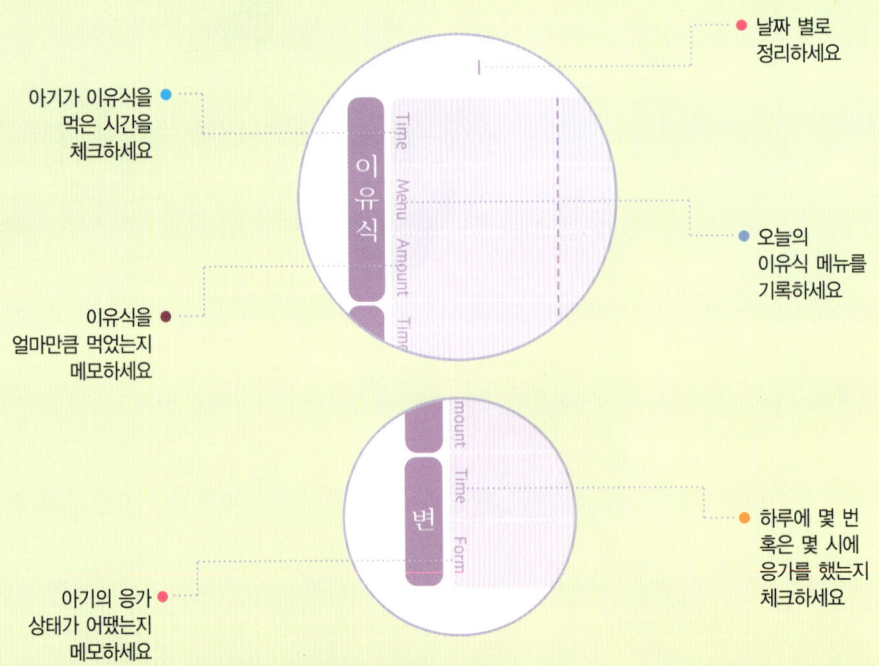

아기가 이유식을
먹은 시간을
체크하세요

이유식을
얼마만큼 먹었는지
메모하세요

날짜 별로
정리하세요

오늘의
이유식 메뉴를
기록하세요

하루에 몇 번
혹은 몇 시에
응가를 했는지
체크하세요

아기의 응가
상태가 어땠는지
메모하세요

	1	2	3	4	5	6	7	8
이유식	Time							
	Menu							
	Amount							
변	Time							
	Form							

	9	10	11	12	13	14	15	16
이유식	Time							
	Menu							
	Amount							
변	Time							
	Form							

	17	18	19	20	21	22	23	24
이유식	Time							
	Menu							
	Amount							
변	Time							
	Form							

	25	26	27	28	29	30	31	메모
이유식	Time							
	Menu							
	Amount							
변	Time							
	Form							

이유식 초기 5개월

		1	2	3	4	5	6	7	8
이유식	Time								
	Menu								
	Amount								메모
변	Time								
	Form								

		9	10	11	12	13	14	15	16
이유식	Time								
	Menu								
	Amount								
변	Time								
	Form								

		17	18	19	20	21	22	23	24
이유식	Time								
	Menu								
	Amount								
변	Time								
	Form								

		25	26	27	28	29	30	31	
이유식	Time								메모
	Menu								
	Amount								
변	Time								
	Form								

6개월

이유식 초기

| | | 1 | 2 | 3 | 4 | 5 | 6 | 7 | 8 |

이유식 / 변

| Time | Menu | Amount | Time | Form |

| | | 9 | 10 | 11 | 12 | 13 | 14 | 15 | 16 |

이유식 / 변

| Time | Menu | Amount | Time | Form |

| | | 17 | 18 | 19 | 20 | 21 | 22 | 23 | 24 |

이유식 / 변

| Time | Menu | Amount | Time | Form |

| | | 25 | 26 | 27 | 28 | 29 | 30 | 31 | 메모 |

이유식 / 변

| Time | Menu | Amount | Time | Form |

		1	2	3	4	5	6	7	8
이유식	Time/am								
	Menu								
	Amount								
	Time/pm								
	Menu								
	Amount								
변	Time/am								
	Form								
	Time/pm								
	Form								

		9	10	11	12	13	14	15	16
이유식	Time/am								
	Menu								
	Amount								
	Time/pm								
	Menu								
	Amount								
변	Time/am								
	Form								
	Time/pm								
	Form								

이유식 중기

		17	18	19	20	21	22	23	24
이유식	Time/am								
	Menu								
	Amount								
	Time/pm								
	Menu								
	Amount								
변	Time/am								
	Form								
	Time/pm								
	Form								

		25	26	27	28	29	30	31	메모
이유식	Time/am								
	Menu								
	Amount								
	Time/pm								
	Menu								
	Amount								
변	Time/am								
	Form								
	Time/pm								
	Form								

이유식 중기 8개월

	1	2	3	4	5	6	7	8
이유식 Time/am								
Menu								
Amount Time/pm								
Menu								
Amount Time/am								
변 Form								
Time/pm								
Form								

	9	10	11	12	13	14	15	16
이유식 Time/am								
Menu								
Amount Time/pm								
Menu								
Amount Time/am								
변 Form								
Time/pm								
Form								

이유식 중기

		17	18	19	20	21	22	23	24
이유식	Time/am								
	Menu								
	Amount								
	Time/pm								
	Menu								
	Amount								
변	Time/am								
	Form								
	Time/pm								
	Form								

		25	26	27	28	29	30	31	메모
이유식	Time/am								
	Menu								
	Amount								
	Time/pm								
	Menu								
	Amount								
변	Time/am								
	Form								
	Time/pm								
	Form								

이유식 중기

9개월

		1	2	3	4	5	6	7	8
이유식	Time/am								
	Menu								
	Amount								
	Time/pm								
	Menu								
	Amount								
변	Time/am								
	Form								
	Time/pm								
	Form								

		9	10	11	12	13	14	15	16
이유식	Time/am								
	Menu								
	Amount								
	Time/pm								
	Menu								
	Amount								
변	Time/am								
	Form								
	Time/pm								
	Form								

이유식 중기

		17	18	19	20	21	22	23	24
이유식	Time/am								
	Menu								
	Amount								
	Time/pm								
	Menu								
	Amount								
변	Time/am								
	Form								
	Time/pm								
	Form								

		25	26	27	28	29	30	31	메모
이유식	Time/am								
	Menu								
	Amount								
	Time/pm								
	Menu								
	Amount								
변	Time/am								
	Form								
	Time/pm								
	Form								

이유식 후기

10개월

	1	2	3	4	5	6	7	8
Time/am								
Menu								
Amount								
Time/pm								
Menu								
Amount								
Time/pm								
Menu								
Amount								
Time								
Form								

이유식 / 변

	9	10	11	12	13	14	15	16
Time/am								
Menu								
Amount								
Time/pm								
Menu								
Amount								
Time/pm								
Menu								
Amount								
Time								
Form								

이유식 / 변

10개월

이유식 후기

	17	18	19	20	21	22	23	24
Time/am								
Menu								
Amount								
Time/pm								
Menu								
Amount								
Time/pm								
Menu								
Amount								
Time								
Form								

이유식 / 변

	25	26	27	28	29	30	31	메모
Time/am								
Menu								
Amount								
Time/pm								
Menu								
Amount								
Time/pm								
Menu								
Amount								
Time								
Form								

이유식 / 변

10개월

이유식 후기

		1	2	3	4	5	6	7	8
이유식	Time/am								
	Menu								
	Amount								
	Time/pm								
	Menu								
	Amount								
	Time/pm								
	Menu								
	Amount								
변	Time								
	Form								

		9	10	11	12	13	14	15	16
이유식	Time/am								
	Menu								
	Amount								
	Time/pm								
	Menu								
	Amount								
	Time/pm								
	Menu								
	Amount								
변	Time								
	Form								

이유식 후기

	17	18	19	20	21	22	23	24
Time/am								
Menu								
Amount								
Time/pm								
Menu								
Amount								
Time/pm								
Menu								
Amount								
변 Time								
Form								

이유식

	25	26	27	28	29	30	31	메모
Time/am								
Menu								
Amount								
Time/pm								
Menu								
Amount								
Time/pm								
Menu								
Amount								
변 Time								
Form								

이유식

이유식 후기

12개월

		1	2	3	4	5	6	7	8
이유식	Time/am								
	Menu								
	Amount								
	Time/pm								
	Menu								
	Amount								
	Time/pm								
	Menu								
	Amount								
변	Time								
	Form								

		9	10	11	12	13	14	15	16
이유식	Time/am								
	Menu								
	Amount								
	Time/pm								
	Menu								
	Amount								
	Time/pm								
	Menu								
	Amount								
변	Time								
	Form								

이유식 후기

		17	18	19	20	21	22	23	24
이유식	Time/am								
	Menu								
	Amount								
	Time/pm								
	Menu								
	Amount								
	Time/pm								
	Menu								
	Amount								
변	Time								
	Form								

		25	26	27	28	29	30	31	메모
이유식	Time/am								
	Menu								
	Amount								
	Time/pm								
	Menu								
	Amount								
	Time/pm								
	Menu								
	Amount								
변	Time								
	Form								

이유식 완료기

13개월 이후

		1	2	3	4	5	6	7	8
이유식	Time/am								
	Menu								
	Amount								
	Time/pm								
	Menu								
	Amount								
	Time/pm								
	Menu								
	Amount								
변	Time								
	Form								

		9	10	11	12	13	14	15	16
이유식	Time/am								
	Menu								
	Amount								
	Time/pm								
	Menu								
	Amount								
	Time/pm								
	Menu								
	Amount								
변	Time								
	Form								

13개월
이후

이유식 완료기

	17	18	19	20	21	22	23	24

이유식

Time/am Menu Amount Time/pm Menu Amount Time/pm Menu Amount

변

Time Form

	25	26	27	28	29	30	31	메모

이유식

Time/am Menu Amount Time/pm Menu Amount Time/pm Menu Amount

변

Time Form